U0792190

普通高等教育“十一五”国家级规划教材
高等学校“十二五”精品规划教材

节水技术及管理

河海大学 李国芳 夏自强 主编

中国水利水电出版社
www.waterpub.com.cn

内 容 提 要

本书为普通高等教育“十一五”国家级规划教材。全书较为系统地阐述了技术层面和管理层面节约用水和高效用水的基本理论和方法，共分8章，内容包括：绪论、工业节水技术、工业节水管理、农业节水技术与管理、生活节水技术与管理、节水综合管理、非常规水源利用和节水型社会建设规划等。

本书可作为高等学校水文与水资源工程、水务工程、水利水电工程等专业的本科生教材，也可供给排水工程、农业水利工程、环境工程、资源环境与城乡规划管理等相关专业师生以及从事节水工作的专业人员参考使用。

图书在版编目（CIP）数据

节水技术及管理 / 李国芳，夏自强主编. -- 北京 : 中国水利水电出版社，2011.8(2026.1重印).

普通高等教育“十一五”国家级规划教材 高等学校“十二五”精品规划教材

ISBN 978-7-5084-8918-6

Ⅰ. ①节… Ⅱ. ①李… ②夏… Ⅲ. ①节约用水－高等职业教育－教材②用水管理－高等职业教育－教材 Ⅳ. ①TU991.64②F294.1

中国版本图书馆CIP数据核字(2011)第168465号

书　　名	普通高等教育“十一五”国家级规划教材 高等学校“十二五”精品规划教材 **节水技术及管理**
作　　者	河海大学　李国芳　夏自强　主编
出版发行	中国水利水电出版社 （北京市海淀区玉渊潭南路1号D座　100038） 网址：www.waterpub.com.cn E-mail：sales@mwr.gov.cn 电话：(010) 68545888（营销中心）
经　　售	北京科水图书销售有限公司 电话：(010) 68545874、63202643 全国各地新华书店和相关出版物销售网点
排　　版	中国水利水电出版社微机排版中心
印　　刷	天津嘉恒印务有限公司
规　　格	184mm×260mm　16开本　15.5印张　368千字
版　　次	2011年8月第1版　2026年1月第4次印刷
定　　价	**46.50**元

前 言

当面临水资源短缺时，人们很自然地想到两种缓解供需矛盾的途径，一是增加供给，即开源；二是缩减需求，即节流。早期主要采取“开源”途径，即根据工农业用水需求，建设各种水利工程来实现水资源供需平衡，其追求的目标是扩大供水，直到需水满足为止，这种水资源管理侧重于供水管理。然而，随着水利工程的不断兴建，可供开发的水源越来越少，工程难度增大，成本也相应增加，供水的增长速度赶不上用水需求的增长速度，结果是虽然供水能力加大了，但水资源的供需矛盾不仅没有缓解，反而更加突出。在此情形下，“节流”途径开始受到重视，水资源管理进入了“开源与节流并重”的时代。随着水资源开发力度的进一步加大，带来了河流断流、地下水位下降、水环境污染、土地荒漠化等一系列生态环境问题。“治污”逐渐被大家所重视，并重新思考“开源”与“节流”的关系。目前我国水资源管理正处在一个重要的转变期，包括：在管理理念上，从供水管理向需水管理转变；在规划思路上，把水资源开发利用优先转变为节约保护优先；在用水模式上，从粗放利用向高效利用转变，大力推进节水型社会建设，坚持“节水优先、治污为本、合理开源”的用水模式，增强全社会用水、节水自律意识，采取更加有力的措施，促进经济发展方式转变和产业结构调整，全面提高用水效率与效益。可见，节水作为实现水资源可持续利用的根本途径，必将在我国水资源管理中发挥越来越重要的作用。

供水与用水、排水之间的关系不可割裂，低效率用水必然引起水需求增加，无节制排水必然导致水环境恶化，从而影响供水及水资源供需平衡的实现。所以，水资源管理不只是对供水的管理，还必须延伸到对用水和排水的管理。同时，对于一个流域（或区域），往往是生活用水、生态用水及各类生产用水并存，必须从全局角度对各类用水进行统一管理，协调好三者之间、三者之和与可供水量之间的关系，才能实现流域水资源的可持续利用。

本书注重节约用水的全方位性和多层次性，从技术和管理层面全面阐述节约用水的基本理论和方法。本书共分8章，内容包括：绪论、工业节水技术、工业节水管理、农业节水技术与管理、生活节水技术与管理、节水综合管理、非常规水源利用和节水型社会建设规划等。其中第二章至第五章分别阐述工业、农业和生活节水技术及微观管理层面的内容；第六章从节水管理的整体性和综合性出发，讲述宏观管理层面的内容；第七章从非常规水源利用可以有效减少淡水资源用量的视角，介绍雨水利用和海水利用方面的内容；第八章介绍节水型社会建设规划的内容。

河海大学朱元甡教授、刘新仁教授、陈元芳教授对本书编写给予了大力支持和热忱帮助，提出了许多宝贵意见，特致衷心的感谢。本书编写过程中参考了国内外许多著作和论文，在此谨向所有作者表示诚挚的感谢。

限于编者的水平，书中不免存在挂一漏万甚至谬误之处，恳请读者批评指正。

编　者

2010年8月

于南京河海大学

目 录

第一章　绪　论

第一节　水　资　源

一、水资源及其特性

（一）水资源的定义

我国广泛使用“水资源”一词大约始于20世纪70年代，但由于水资源涉及的范围广泛（包括地球大气圈、水圈、岩石圈、生物圈）和表现形式多样（包括大气水、地表水、土壤水、地下水）等原因，在不同学科领域或不同行业部门对水资源含义的理解至今未取得一致的结论。目前，较为普遍的观点是：水资源有广义和狭义之分，广义的“水资源”是指存在于地球上的任何形态的水（包括水的固态、液态和气态的形式）；而狭义的“水资源”是指地球上可利用的或者可能被利用的、具有一定数量和质量保证的、在一定时间内可以恢复更新的那部分淡水量。狭义的水资源必须具备两个条件：一是水质应符合人类利用的要求；二是在现代技术经济条件下可以被人类利用。

（二）水资源的特性

水资源不像一般矿产资源那样稳定，而是一种随着时间、地点的变化而变化的动态资源，并可以再生。因此，水资源具有许多独特的自然特性和功能。

1. 可恢复性和有限性

大气圈、水圈、岩石圈中的水，彼此之间都有密切的转化关系，这种关系主要通过水循环实现。水的循环形成了自然界的水在时间、空间与区域上的不停运动，并从一种形态转化为另一种形态，从而处于动态平衡之中。这就是水资源的可恢复性。

水资源的可恢复性并不意味着水资源是“取之不尽，用之不竭”的，从狭义的水资源概念分析，地球上的水资源是非常有限的。全球总水量约为$13.86\times10^8km^3$，其中海洋水量为$13.38\times10^8km^3$，占总储量的96.54%；陆地水量为$0.48\times10^8km^3$，这里面淡水量为$0.35\times10^8km^3$，占总储量的2.53%。淡水大多数储存在冰川、极地和埋藏在很深的地下含水层中，真正容易开发利用的河水、湖泊水及地下交替带中的地下水等水资源量约为$0.03\times10^8km^3$，不足地球水总储量的0.3%。因此，水资源在数量上是十分有限的。

2. 时空分布不均匀性

影响水资源的因素很多，如气象、地形、地貌以及人类活动等。因此，水资源在时空上变化很大，水资源时空分布的不均匀性给水资源的开发利用带来了诸多不便。

由于降水量的空间分布不均，使得全球水资源的地区分布极不均匀。1977年联合国水会议论文《世界水平衡和地球水资源》的资料表明，全球陆地平均年降水量为800mm，降水量最大的是南美洲（1600mm），最小的是南极洲（165mm），两者相差近10倍。全球平均年地表径流深为 314mm，径流深最大的是南美洲（660mm），最小的是非洲（151mm），两者相差 4 倍多。

水资源时间上的不均匀性主要表现在年际变化和年内变化的不平衡。水资源的年际变化和年内变化主要受降水量变化的影响。一般在多雨的地区，年际变化幅度相对较小，丰水年的降水量是枯水年降水量的 1.5～3.0 倍；而在干旱地区，年际变化相对较大，丰水年的降水量是枯水年降水量的 3～6 倍。降水不仅在年与年之间是不均衡的，在年内也同样是不均衡的，如在我国的东北、华北、西北与西南地区，降水主要集中在 6～9 月，约占全年降水量 70%～80%，12 月至次年 2 月降水极少，气候干旱。

3. 统一性和不可分割性

大气降水、地表水、土壤水（非饱和带水）和地下水等是水资源在不同时间和空间上的表现形式，它们之间在不同的条件下相互转化、相互补给，形成了自然界的水循环过程。水循环是一个庞大而复杂的过程，虽然在不同的条件下相互转化的形式不完全相同，但各个部分是不可分割的。因此，在水资源的开发利用中，只有很好地掌握大气降水、地表水、土壤水（非饱和带水）和地下水的相互转化关系和转化规律，才能有效地、持续地利用好水资源。如果其中一个环节遭到破坏，就会影响整个水循环过程。如地表水体遭受污染后，势必要影响土壤水和地下水。可见，水资源是一个不可分割的整体，要统一管理、统一规划和统一保护。

4. 多功能性和不可替代性

水资源不但是人类生活的必需物质，还可用来发电、灌溉、航运、养殖和娱乐等，因此水资源具有多功能性。随着社会的发展和科学技术的进步，水的应用前景日趋广泛。如果没有了水，人类将无法生存，工农业生产将无法进行，生态环境将变得无法想象。因此，水是不可替代的重要物质资源。

5. 利害双重性

由于水资源在地区分布上的不平衡和在时间分配上的不均匀，经常在某些地区的某些时期出现洪涝灾害，而另一些地区或另一些时期出现干旱，这是水资源有害于人类的一面；同时，水资源具有为人类提供水源、发电、航运、养殖等多种功能，这是水资源有利于人类的一面。另外，人类在开发利用水资源和进行生产活动时，常会造成水土流失、水体污染等，使水资源的数量和质量向不利于人类的方向发展。

正是因为水资源具有利害的双重性，决定了人类必须尊重自然规律，合理开发利用水资源，才能达到兴利除害的双重目的。

二、世界与中国水资源概况

（一）世界水资源概况

地球上水的总储量为 $13.86\times10^8 km^3$，其中海洋水量为 $13.38\times10^8 km^3$，占总水量的 96.54%，陆地上的水量仅为 $0.48\times10^8 km^3$，占总水量的 3.46%。

在陆地上有限的水量中并不全是淡水，淡水量为 $0.35\times10^8 km^3$，占全球水储量的 2.53%，淡水中又有 68.7%以冰雪形式分布于两极和高山冰川中，30%以上储存于地下。储存于地下的淡水有近一半深埋于地面以下 800m 的岩层中。地球上全部河流、湖泊（水库）和沼泽储存的水量约为 19 万 km^3，只占到地球上全部水量的 0.014%，但这部分水是与人类生存和发展关系最为密切的。大气水总量约为 1.29 万 km^3，占地球上总水量的 0.001%，这部分水量虽然所占比例很小，但循环、更新快，是地球上可更新淡水资源的主要来源。总的来说，地球上各种水的储量如表 1－1 所列和图 1－1 所示。

表 1－1　　地球上水的储量表

水体种类	储水总量		咸　水		淡　水	
	水量（km^3）	所占比例（%）	水量（km^3）	所占比例（%）	水量（km^3）	所占比例（%）
海洋水	1338000000	96.54	1338000000	99.04	0	0
地表水	24254100	1.75	85400	0.006	24168700	69.0
冰川与雪盖	24064100	1.736	0	0	24064100	68.7
湖泊水	176400	0.013	85400	0.006	91000	0.26
沼泽水	11470	0.0008	0	0	11470	0.033
河流水	2120	0.0002	0	0	2120	0.006
地下水	23700000	1.71	12870000	0.953	10830000	30.92
土壤水	16500	0.001	0	0	16500	0.05
大气水	12900	0.0009	0	0	12900	0.04
生物水	1120	0.0001	0	0	1120	0.003
全球总储量	1385984600	100	1350955400	100	35029200	100

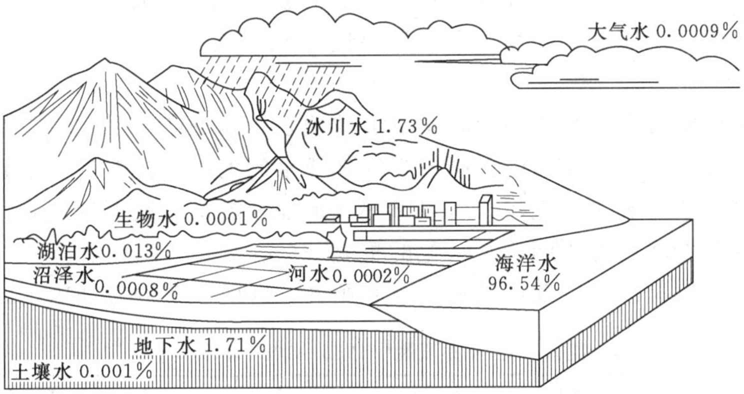

图 1－1　地球上水的储量示意图

由于对全球地下水资源量进行估算比较困难，所以通常采用多年平均径流量来表示水资源量。河川径流量最能反映水资源数量和特征，它不仅包含着降雨时产生的地表水，而且还包含地下水的补给（河川基流量）。为此，通过分析世界各地的河川径流量来说明全球水资源的分布状态。各大洲的水资源量见表 1－2。

（二）我国水资源概况

根据我国第二次全国水资源调查评价成果，全国多年平均年降水总量为 61786 亿 m^3，折合成全国平均年降水深为 644mm，低于全球陆面平均降水深 800mm。

表 1-2 世界各大洲的水资源量

大 陆	面积 (km²)	年降水		年径流	
		降水深 (mm)	降水量 (km³)	径流深 (mm)	径流量 (km³)
大陆	1050	789	8290	306	3210
欧洲	4348	742	32240	332	14410
亚洲	3012	742	22350	151	4570
北美洲	2420	756	18300	339	8200
南美洲	1780	1600	28400	660	11760
大洋洲	762	456	3470	40	300
大洋洲诸岛	133	2700	3610	1560	2090
南极洲	1398	165	2310	165	2310
全部陆地	14900	800	119000	315	46800

1. 地表水资源量

地表水资源量系指河流、湖泊、冰川等地表水体的动态水量，用天然河川径流量表示。全国多年平均年径流总量为 27375 亿 m^3，折合成全国平均年径流深为 285mm，小于全球陆地平均年径流深 315mm。

2. 地下水资源量

地下水资源量是指降水入渗和地表水体（如河道、湖库、渠系和渠灌田间）渗漏对地下含水层的补给量。全国多年平均地下水资源量为 8219 亿 m^3。

3. 水资源总量

一个区域的水资源总量是指当地降水形成的地表、地下产水量。由于地表水和地下水相互联系又相互转化，河川径流中包括山丘区地下水的大部分排泄量，平原区地下水补给量中有一部分来源于地表水的入渗，所以不能将地表径流量与地下径流量直接相加作为水资源总量，而应该扣除两者之间相互转化的重复部分。

根据我国第二次全国水资源评价成果，我国各分区的水资源量如表 1-3 所示。

表 1-3 我国分区水资源量（1956～2000 年平均）

分区名称	降水总量 (亿 m^3)	地表水资源量 (亿 m^3)	地下水资源量 (亿 m^3)	地下水资源不重复量 (亿 m^3)	水资源总量 (亿 m^3)	人均水资源总量 (m^3)	单位耕地水资源总量 (m^3/亩)
松花江区	4719	1296	478	196	1492	2333	544
辽河区	1713	408	203	90	498	909	444
海河区	1712	216	235	154	370	293	212
黄河区	3555	594	378	112	707	647	290
淮河区	2767	677	397	239	916	457	347
长江区	19370	9857	2492	102	9960	2246	2001
珠江区	8972	4723	1163	14	4737	3191	2838

续表

分区名称	降水总量（亿 m^3）	地表水资源量（亿 m^3）	地下水资源量（亿 m^3）	地下水资源不重复量（亿 m^3）	水资源总量（亿 m^3）	人均水资源总量（m^3）	单位耕地水资源总量（m^3/亩）
东南诸河区	4372	2654	665	27	2681	2899	4686
西南诸河区	9186	5775	1440		5775	29298	10509
西北诸河区	5421	1174	770	102	1276	4663	1305
北方地区	19886	4365	2459	894	5259	903	451
南方地区	41900	23010	5760	144	23153	3302	2948
全国	61786	27375	8219	1038	28412	2195	1437

我国水资源具有以下特点。

(1) 水资源总量大，但人均占有量小。

我国水资源总量为 28412 亿 m^3，占全球水资源的 6%，仅次于巴西、俄罗斯、加拿大、美国和印度尼西亚，居世界第六位。但中国人口众多，按 2007 年的 13.2 亿人口计算，人均水资源量仅有 2152m^3，约为世界人均水平的 1/4，是世界上 13 个贫水国之一。据最新对世界 149 个国家和地区的调查表明，中国人均水资源占有量只排在世界第 109 位。

(2) 水资源地区分布不均，与土地资源和生产力布局不匹配。

我国水资源的地区分布不均匀，南多北少、东多西少，相差悬殊，与人口、耕地、矿产和经济的分布不相匹配。北方五片（松辽河、海河、黄河、淮河和内陆河片）人口占全国总人口的 45.4%，耕地占全国的 59.8%，GDP 占全国的 45.2%，水资源只占全国的 18.5%；南方四片（长江、珠江、东南诸河、西南诸河片）人口占全国的 54.6%，耕地占全国的 40.2%，GDP 占全国的 54.8%，而水资源量为全国的 81.5%。北方五片人均水资源占有量仅为南方四片人均占有量的 1/4 左右。

(3) 水资源量年际、年内变化大。

我国大部分地区受季风影响大，水资源的年际、年内变化大。我国南方地区最大年降水量与最小年降水量的比值一般为 2～4 倍，北方地区达 3～6 倍；最大年径流量与最小年径流量的比值，南方为 2～4 倍，北方达 3～8 倍。南方汛期降水量可占全年降水量的 60%～80%，北方汛期降水量可占全年降水量的 80%以上。大部分水资源量集中在 6～9 月，以洪水形式出现，开发利用难度大，而且易造成洪涝灾害。南方是伏秋干旱，北方是冬春干旱，降水量少，河道径流枯竭，造成旱灾。

第二节　用水分类及社会经济用水过程

经过几千年的发展，人类社会已形成了错综复杂的水资源利用系统。了解地球系统中的各种用水、认识用水过程，是我们开展节约用水的前提。

一、用水分类

按照用水户或行业特点，可将用水分成生活、生产和生态环境三大类，如表 1-4 所示。

表 1-4 用水户分类及其层次结构

<table>
<tr><th>一级</th><th>二级</th><th colspan="2">三级</th><th>四级</th><th>备 注</th></tr>
<tr><td rowspan="16">河道外</td><td rowspan="2">生活</td><td colspan="3">城镇居民生活</td><td>仅为城镇居民生活用水（不包括公共用水）</td></tr>
<tr><td colspan="3">农村居民生活</td><td>仅为农村居民生活用水（不包括牲畜用水）</td></tr>
<tr><td rowspan="12">生产</td><td rowspan="7">农业</td><td rowspan="3">农田灌溉</td><td>水田</td><td>水稻等</td></tr>
<tr><td>水浇地</td><td>小麦、玉米、棉花、蔬菜、油料作物等</td></tr>
<tr><td>菜田</td><td>菜田</td></tr>
<tr><td rowspan="4">林牧渔畜</td><td>灌溉林果地</td><td>果树、苗圃、经济林等</td></tr>
<tr><td>灌溉草场</td><td>人工草场、灌溉的天然草场、饲料基地等</td></tr>
<tr><td>牲畜</td><td>大、小牲畜</td></tr>
<tr><td>鱼塘</td><td>鱼塘补水</td></tr>
<tr><td colspan="2" rowspan="3">工业</td><td>高用水工业</td><td>纺织、造纸、石化、冶金、化工、食品</td></tr>
<tr><td>一般工业</td><td>除高用水工业和火（核）电工业外的工业行业</td></tr>
<tr><td>火（核）电工业</td><td>循环式、直流式</td></tr>
<tr><td colspan="3">建筑业</td><td>土木工程建筑业、线路管道和设备安装业、装修装饰业</td></tr>
<tr><td colspan="3">第三产业</td><td>第三产业、城市消防用水和城市特殊用水等</td></tr>
<tr><td rowspan="2">生态环境</td><td colspan="3">城镇生态环境</td><td>绿化用水、城镇河湖补水、环境卫生用水等</td></tr>
<tr><td colspan="3">农村生态环境</td><td>湖泊、沼泽、湿地补水，林草、植被建设，地下水回灌</td></tr>
<tr><td rowspan="6">河道内</td><td rowspan="4">生产</td><td colspan="3">水力发电</td><td>水力发电业</td></tr>
<tr><td colspan="3">航运</td><td>内河、内湖运输业</td></tr>
<tr><td colspan="3">水产养殖</td><td>自然水体的淡水养殖业（不包括鱼塘）</td></tr>
<tr><td colspan="3">其他</td><td>漂木、水上旅游观光业等</td></tr>
<tr><td rowspan="2">生态环境</td><td colspan="3">维持河道一定功能</td><td>生态基流、输沙、水生生物等</td></tr>
<tr><td colspan="3">河口生态环境</td><td>冲淤保港、防潮压咸、河口生物</td></tr>
</table>

生活用水是指城镇生活与农村生活用水量，主要用于饮用、洗涤、冲厕、洗澡等。生产用水是指有经济产出的各类生产活动用水量，按照产业划分，生产用水包括第一产业用水、第二产业用水和第三产业用水；按照我国统计年鉴分类口径，若将全国行业分成7类，则生产用水可分为农业用水、高用水工业用水、一般工业用水、火（核）电工业用水、建筑业用水、商饮业用水和服务业用水等。生活和生产用水统称为社会经济用水。生态环境用水是为了维持生态环境系统一定功能所需要保留的自然水体或需要人工补充的水量。考虑到从保护生态环境的角度，生态环境用水必须优先满足，并尽量避免被挤占，所以生态环境用水不属于节水的重点。因此，本教材以社会经济用水作为主要讨论对象。

二、社会经济用水过程

社会经济用水过程，是指在水资源开发利用过程中由人工作用所形成的水的运动过程。通常情况下，从自然界取水→输水→用水→排水→回归自然界5个基本环节构成了社会经济用水过程。社会经济用水过程中的每个环节都和水资源的高效率和高效益利用有关，都是节约用水的关注点。由于生活、工业和农业用水中，取水→输水→用水→排水→回归的过程存在较大差异，下面分别以城市和灌区为例，阐述城市用水过程和灌区用水过程。

（一）城市用水过程

城市一般采取集中供水的方式，有的工业企业或工业园区有自备水源，但必须向水行政主管部门申请取水许可证，得到取水权。城市用水过程如图1-2所示。

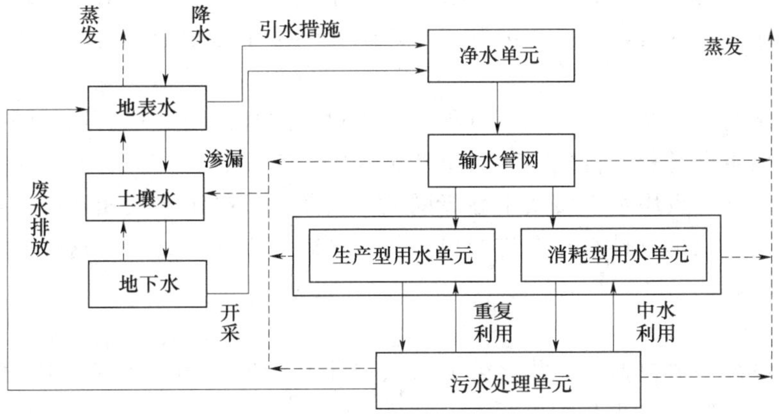

图1-2　城市用水过程示意图

城市用水过程须经由取水系统、输水系统、用水系统和排水系统来实现，其中取水系统和输水系统常合并称为给水系统。

1. 给水系统

城市给水系统由水源工程系统、净水（水处理）系统、二级水泵站和输配水系统组成，其作用是将水源地的水变成为可直接供用水户使用的水。其中：水源工程系统的主要任务是在保证一定可靠度（或称保证率）的前提下取得一定数量符合水质要求的水，以满足城市对水的需求；净水系统的主要任务是对取自天然水源的原水进行水质处理，使之符合生活饮用水水质标准或工业生产用水水质标准要求；二级水泵站的主要作用是对处理后的水（清水）进行加压输送；输配水系统的主要作用是将水合理经济地输送分配至各用水点，以最终满足用户对水的需求。

城市用水按用水性质可分为城镇居民生活用水、工业用水、建筑业用水和第三产业用水等。当工业用水、生活用水或其他用水均取自同一给水系统时，这种给水系统称为统一给水系统。当因水质不同而需分别以不同管路按质供水时，这种给水系统称为分质给水系统，它多适用于城镇或工业区中所需低质水占的比重较大且相对集中时，其主要优点是可节省净水系统投资与运行管理费用，便于利用低质水（矿井水、苦咸水、海水、被轻度污染的水）和污水回用。

2. 用水系统

城市用水系统由各个用水单元组成。用水单元可区分为生产型用水单元和消耗型用水单元。生产型用水单元是有经济产出的用水单位，如工业企业、建筑企业等；消耗型用水单元主要是指生活用水场所，如居民住宅。

以工业生产用水为例，根据工业企业的生产用水方式，可以将工业用水系统分为直流、循环、回用三种基本类型。

直流用水系统的基本特点是，生产过程中的水经一次使用后即排入水体。在直流式用水系统中水的利用率很低。这种用水系统只有当水资源丰富，对社会、环境无不良影响，技术经济条件允许时才宜采用。

循环用水系统的基本特点是，生产过程中使用过的水经冷却或适当处理后重新用于同一生产过程。循环用水可以提高水的利用率，绝大多数工业生产中的冷却用水、洗涤用水应该循环使用。

回用水系统的基本特点是，生产过程中使用过的水经适当处理后用于同一用水系统内部或外部的其他生产过程。特别地，当生产过程中各工序、各车间、各工业企业对用水水质有不同要求，下一级用水水质要求逐级同上一级用水的排水水质相适应时，无需对上一段工序、车间、工业企业排水水质进行更多的处理就可以实现回用，这种回用水系统也称为循序用水系统。

3. 排水系统

城市排水系统一般包括厂区排水管网与城市排水管网、相应的污水或雨水提升泵站、工业废水回收利用处理装置及城市污水处理厂。

排水管网用以排除厂区或城市的雨水，及各种废水与污水。当雨水同废水、污水使用同一排水管网时，即为合流制排水系统；否则，应分别设置雨水管网和废、污水管网，即分流制排水系统。在现代城市中多采用分流制排水系统。通常，在不进行废水回用的前提下，如工业废水不危害城市生活污水处理过程，可直接由厂区工业排水管网汇集排入城市排水管网；否则应对有害有毒的工业废水分别进行处理，达到排放标准后才允许排入城市排水管网。城市排水管网汇集的污水经污水处理厂处理后，或再利用或排入水体。

（二）灌区用水过程

灌区的人类活动主要包括农田耕作，引水渠道和排水渠道的开挖，以及用于开采地下水的打井活动等。对于渠灌区，首先从江河湖库等地表水体引水，经过各级渠道（干渠、支渠、斗渠、农渠）的输送，通过相应的灌溉方式（如地面灌溉、喷灌、滴灌等）到达农田，一部分水分被农作物吸收，一部分蒸发和渗漏掉，其余水分则通过排水渠道排出，回归地表水体。对于井灌区，也分为取水、输水、用水和排水几部分，但其取水和输水环节的蒸发渗漏损失均较小，主要是用水过程和退水过程的蒸发渗漏。灌区用水过程如图 1-3 所示。

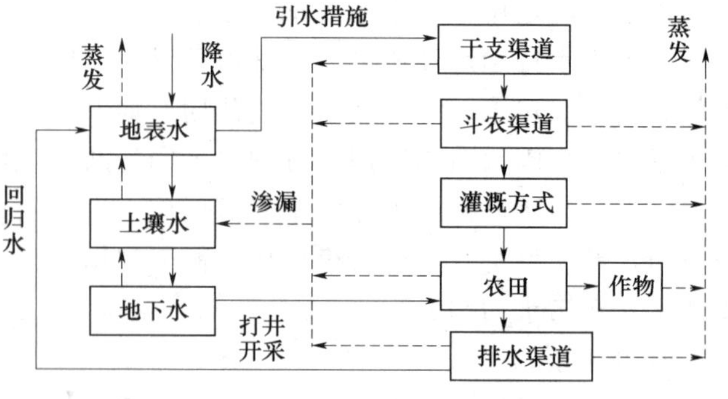

图 1-3 灌区用水过程示意图

第三节 水资源危机与对策

一、世界水资源危机与对策

早在1977年，联合国水事会议就向全世界发出警告："水不久将成为一项严重的社会危机，石油危机之后的下一个危机便是水。"1987年联合国发表了《世界水资源综合评估报告》，向全世界发出了淡水资源短缺的警报，指出"缺水问题将严重制约下个世纪的经济和社会发展，并导致国家间的冲突，甚至爆发战争"。这些警告或警报今天看来绝不是危言耸听。

为了让全世界的人们关注水问题，1993年1月18日，第47届联合国大会通过了第193号决议，确定自1993年起每年的3月22日为"世界水日"。1996年，世界水理事会成立，同时决定每3年举行一次大型国际水资源问题的活动，这就是世界水资源论坛（World Water Forum）。论坛的宗旨是落实国际社会达成的有关水与可持续发展问题的决议，促进各国在水资源可持续利用方面进行交流与合作，明确在水资源领域的政治承诺和重要举措。

2006年3月16日至22日，第四届世界水资源论坛在墨西哥召开，论坛主题是"采取地方行动，应对全球挑战"。根据联合国向此次大会提交的《世界水资源发展报告》，全球约有1/5的人，即11亿人无法获得安全饮用水，每年有310万人死于不洁饮用水引发的相关疾病，而如果卫生设施条件能有所改善，每年可避免其中170万人死亡；另有40%的人口缺乏基本卫生设施。据联合国公布的数据，全球用水量在20世纪增加了6倍，其增长速度是人口增速的两倍。随着世界人口的快速增长，以及全球城市化进程的不断加速，全球性的水资源危机将进一步恶化。就农村而言，据预测，到2030年，全球粮食需求将提高55%，因此农村地区需要更多的灌溉用水，而这部分用水已经占到全球人类淡水消耗的近70%。就城市而言，据预测，到2030年，城镇人口比例会增加到近2/3，从而造成城市用水需求激增。届时将有20亿人口居住在棚户区和贫民窟，而缺乏清洁用水和卫生设施将严重威胁城市贫民的基本生存。更令人担心的是，一方面，人类对水资源的需求以惊人的速度增长；另一方面，污染蚕食大量可供使用水资源的问题也日趋严重。全世界每天约有200t垃圾倒进河流、湖泊，全球1/10的河流受到不同程度的污染。水资源危机带来的生态系统恶化和生物多样性破坏，也严重威胁人类生存。报告认为"水资源管理不善"是造成全球水资源危机的最主要原因，强调"我们能否满足持续增长的全球用水需求，将取决于人们对现有资源的有效管理"。

2009年3月16日至22日，第五届世界水资源论坛在土耳其城市伊斯坦布尔召开，主题是"架起沟通水资源问题的桥梁"。议题涵盖干旱、全球气候变化以及与水问题相关的健康、能源和农业问题，并探讨解决水问题的新技术和方案。论坛发布的《世界水资源发展报告》（第三部）再次向世界敲响了水危机的警钟。报告指出，全球人口增长、经济发展和气候变化，正成为影响地球水系统的驱动力，到2025年，全世界将有35亿人口缺水，涉及的国家和地区将超过40个。水问题的不断恶化不仅将制约世界经济和社会发展，还将进一步破坏自然生态系统，从而严重威胁人类生存。报告认为尽管在世界水领域，领导人早已认识到水对可持续发展的意义，但是并没有对发展目标给予支持，并合理配置人力和财政资源，如果不改变用水行为，世界将面临严重的水危机，解决水问题已经刻不容缓，水必须成为发展议程中最需优先解决的问题，各国政府应紧急行动起来。截至目前，历届世界水资源论坛概况见表1-5。

表1-5　　历届世界水资源论坛概况

届次	论坛召开时间	论坛举办国	论坛主题
第一届	1997年3月20日至25日	摩洛哥	水，共同的财富
第二届	2000年3月17日至22日	荷兰	世界水展望
第三届	2003年3月16日至23日	日本	水和粮食、环境；水和社会；水和发展
第四届	2006年3月16日至22日	墨西哥	采取地方行动，应对全球挑战
第五届	2009年3月16日至22日	土耳其	架起沟通水资源问题的桥梁
第六届	2012年3月12日至17日	法国	治水兴水，时不我待
第七届	2015年4月12日至17日	韩国	水——人类的未来
第八届	2018年3月18日至23日	巴西	分享水资源，共享水智慧
第九届	2022年3月21日至26日	塞内加尔	保障各国水安全，促进和平与发展

2022年3月21—26日，以“保障各国水安全，促进和平与发展”为主题的第九届世界水论坛在塞内加尔首都达喀尔举办。在论坛开幕式上，联合国教科文组织发布了《2022年联合国世界水发展报告》。报告指出，全球2/5的人口缺少生活用水，近40亿人在一年中至少有一个月面临严重缺水，21亿人被迫饮用污染水，80%的污水未经处理就直接排放，自1990年以来全球最具破坏性的1000起自然灾害中有90%与水有关。

2023年3月21日，联合国教科文组织和联合国水机制共同发布了《2023年联合国世界水发展报告》。报告指出，在过去的40年中，全球用水量以每年约1%的速度增长，在人口增长、社会经济发展和消费模式变化的共同推动下，预计直到2050年，全球用水量仍将以类似的速度继续增长。这部分增长主要集中在中低收入国家，尤其是新兴经济体。报告预计全球面临缺水问题的城市人口将翻倍，从2016年的9.3亿增长到2050年的17亿～24亿。

值得注意的是，尽管近年来从联合国到不同国家层面上为应对水危机都做出了艰巨的努力，但人类面临的水安全问题并没有得到缓解，反而有加剧的趋势。在未来的几十年中，人类将面临着更加严峻的水困扰，水将成为制约全球发展最重要的因素之一。在全球性的水危机环境中，并没有一个国家能够独善其身，都会受到其直接或者间接影响，如因为水问题而导致的疾病流行、贫困、粮食减产、经济衰退甚至战争冲突等。

联合国呼吁在如何使用和管理水资源方面加强国际合作，认为这是防止未来几十年出现全球水危机的唯一途径。因为几乎所有与水相关的干预措施都涉及某种合作，如：农作物种植需要农民之间共享灌溉系统；城市和乡村地区安全、经济的供水有赖于对供水和卫生系统的共同管理；跨境流域和含水层的合作已被证实能在水安全之外带来增加外交渠道等诸多益处（但在全球468处跨境含水层中仅6处拥有正式合作协议）。此外，生态环境保护（如污染控制、生物多样性保护）、数据信息共享、共同筹资和民众参与也很重要。例如：墨西哥的蒙特雷水基金于2013年启动，通过共同筹资保护了水质，减少了洪灾，改善了渗透，恢复了自然生境；类似的方法在撒哈拉以南非洲地区也取得了成功，肯尼亚塔纳河流域供应了内罗毕95%的淡水和肯尼亚50%的电力。这些实例证明了这种伙伴关系的全球潜力。同时，让众多利益攸关方参与的包容性方法能够提升参与意识和主人翁精神。如：让最终用户参与用水系统的规划和落实，从而创造出更切合贫困社区需求和资源的服务，并提高公众的接受度和主动性，提高了水资源管理的透明度。

二、我国水资源危机与对策

（一）我国水资源危机

我国人均水资源占有量约为世界平均水平的1/4，而且水资源在时间和空间上的分布很不均匀：南多北少，东多西少；冬春旱多，夏秋涝多。水资源空间分布与人口、耕地、矿产等资源分配也极不相称，北方地区与南方地区的人口之比为45.4∶54.6，耕地之比为59.8∶40.2，GDP之比为45.2∶54.8，但北方地区与南方地区的水资源之比为18.5∶81.5（相当于1∶4.4），“人地水”不平衡的矛盾十分突出。

根据第二次全国水资源调查评价成果和《中国水资源公报》统计数据分析，全国1980—2008年与1956—1979年两个系列的平均年地表水资源量变化不大。但是南、北方地区存在一定差异，北方地区地表水资源量减少3.8%，南方地区增加2.5%。在各水资源一级区中，海河区、辽河区、黄河区、淮河区和西南诸河区地表水资源量减少，其中海河区减少达40.0%，辽河区、黄河区减少12%～13%；其他水资源一级区有不同程度的增加，东南诸河区和西北诸河区增幅超过了5%。北少南多的水资源格局进一步加剧。根据第二次全国水资源综合规划成果，我国多年平均年缺水量为536亿m^3，特别是北方地区缺水严重。据统计，全国年均有2880万人、2275万头牲畜存在临时性饮水困难，660多座设市城市中，有400多座常年供水不足，其中110座严重缺水，城市正常年景年缺水量约60亿m^3。

近年来，在经济社会快速发展、城镇化水平持续攀升、全球气候变化影响加剧等多重变化条件下，水旱灾害频发、水资源短缺、水生态损害、水环境污染等新老水问题相互交织、更加凸显。部分江河流域由于水资源短缺，甚至挤占基本的生态流量，河湖水环境容量不断降低，水污染、水生态损害愈加严重。水污染、水生态损害反过来又影响水资源的可利用性，进一步加剧水资源短缺。今后相当长时间内，我国用水需求仍将呈现刚性增长，部分地区工程性、资源性、水质性缺水长期并存，水资源供需矛盾或将更加突出。

（二）解决我国水资源危机的对策

长期以来，我国水利工作中虽然坚持开源节流并重，但并未从战略全局的高度来认识节流，在经济社会大系统中，过于注重对水资源供给侧的管理，片面强调水资源的开发利用，往往“要多少就供给多少”。针对“我国水资源时空分布极不均匀”的特点，新中国成立以来建设了9.8万多座水库，意在通过人工调节，解决水资源在时间上的分布不均；随着20世纪80年代水资源短缺日益严重，2/3的主要城市陷入缺水困境，陆续修建了以南水北调、引滦入津、引黄济青、引黄入晋、滇中引水、引江济淮、珠三角水资源配置等为代表的重大引水调水工程，力图实现水资源的人工调度，解决空间分布不均的问题。经过长期的建设，我国已初步形成了蓄引提调相结合的水资源配置体系，全国水利工程年供水能力2012年达到7000亿m^3，至2022年达到8900亿m^3。

但是，随着水利工程的不断兴建，可供开发的水源越来越少，工程难度增大，代价越来越高，而且水资源可利用量是有限的，我国不少地区（特别是北方地区）的水资源开发已经接近极限甚至被过度开发，因此单纯依靠增加供水量来解决水资源供需矛盾是不可持续的。

从辩证思维出发，要解决水资源供需矛盾，供水侧和需水侧都不容忽视。从需水侧来看，我国水资源利用效率与国际先进水平存在较大差距，如：2020 年，我国农田灌溉水有效利用系数仅为 0.565，与国际先进水平 0.7～0.8 的系数差距很大；万元 GDP 用水量为 57.2m^3，是国际先进水平的 2 倍以上；公共供水管网综合漏损率为 13.26%（城市和县城），远高于发达国家 8%～10%的漏损水平。

面对用水浪费与水资源短缺、水环境污染、水生态损害并存的现状，2014 年 3 月，习近平总书记在中央财经领导小组第五次会议上就保障国家水安全发表重要讲话，提出了“节水优先、空间均衡、系统治理、两手发力”治水思路，并对节水优先进行了深入阐述。他指出，当前的关键环节是节水，从观念、意识、措施等各方面都要把节水放在优先位置；我国的水情决定了我们必须立即动手，加快推进由粗放用水方式向集约用水方式的根本性转变；要坚持特别是要真正落实节约优先方针，像抓节能减排一样抓好节水；要大力宣传节水和洁水观念，树立节约用水就是保护生态，保护水源就是保护家园的意识，营造亲水、惜水、节水的良好氛围，消除水龙头上的浪费，倡导节约每一滴水，使爱护水、节约水成为全社会的良好风尚和自觉行动。

如果把水资源短缺、水环境污染、水生态损害比喻为提升国家水安全保障能力需解开的“三把锁”，节水就是能同时打开这“三把锁”的“钥匙”。针对水资源短缺问题，节水能够有效抑制和降低不合理的用水需求，从而促进水资源供需平衡；针对水环境污染问题，节水不仅可以提升城镇污水处理效率，同时还能减少农业面源污染的入河湖量，因此节水往往也意味着“洁水”；针对水生态损害问题，节水减少了河道外和地下水的取耗水量，对于河湖生态需水保障和地下水保护无疑具有直接促进作用。可见，节水是国家水安全保障重要的内涵式路径，因此被置于优先发展的战略地位。

第四节 节约用水的内涵及分类

一、节约用水的内涵

传统意义上的节水主要是指采取现实可行的综合措施，减少水资源的损失和浪费，提高用水效率与效益，合理和高效利用水资源。但在水资源问题已经成为实现我国全面建设社会主义现代化强国奋斗目标的突出瓶颈，成为可持续发展的主要制约因素的巨大压力下，在建设资源节约型、环境友好型社会的大背景下，节水不应被理解为是在现有的社会系统上增加节水的内容，而是在社会各个层面和各个领域的具体实践活动中，都以节水作为其社会行为的基本准则之一。节水已经不是某些部门和领域的职责，而是全社会的行为，因此，节水工作已经逐渐上升为节水型社会建设，其内涵已经扩展为：在生活和生产过程中，在水资源开发利用的各个环节，贯穿对水资源的节约和保护意识，以完备的管理体制、运行机制和法制体系为保障，在政府、用水单位和公众的共同参与下，通过法律、行政、经济、技术和工程等措施，结合社会经济结构的调整，实现全社会用水在生产和消费上的高效合理，保持区域经济社会的可持续发展。

二、节约用水的分类

节约用水的目标是实现水资源的可持续、高效率和高效益利用，实现节水的措施是全方位和多层次的，因此从不同的角度和层次出发，可以对节水进行很多种分类。最为常见的分类如下。

（一）根据用水类别划分

根据用水类别划分，可分为生活节水和生产节水，其中根据产业不同，生产节水又分为第一产业节水（习惯称为农业节水）、第二产业节水（习惯称为工业节水）和第三产业节水（因第三产业主要为餐饮和服务业，过去常将这部分用水归在生活用水中）。

（二）根据实现节水的手段划分

根据实现节水的手段划分，可分为技术节水和管理节水。把按用水类别划分与按实现手段划分相组合，可以派生出更丰富的节水类别，如：农业、工业和生活用水的技术节水；农业、工业和生活用水的管理节水。

技术节水的突出特点是通过运用节水技术，投入足够的财力改善供用水设施，包括对供水设施进行工程改造，减少输配水时的水量损失；使用节水器具和设备，提高用水效率等。管理节水则主要通过优化用水结构、强化用水管理、提升节水意识等非工程措施来节水。管理节水的内容很广泛，大致包括宏观管理节水、中观管理节水和微观管理节水三个层面，以下稍作解释。

1. 宏观管理节水

宏观管理节水是站在全局的高度，考虑社会经济的各个方面，把握全社会节水的总体思路和做法，致力于建立促进全社会节水的管理体制和运行机制。宏观管理节水主要包括结构性节水和社会资本节水两个方面。

（1）结构性节水。

结构性节水可通过调整产业结构来实现。产业结构包括第一、第二、第三产业之间的比例关系（简称大结构）及各产业内部行业之间的比例关系（简称小结构）。

就大结构而言，第一产业主要依靠土地资源、生物资源等自然资源和人力资源；第二产业加大了矿产资源和能源资源的开发水平，同时也带动了第一产业的发展；第三产业以人力资源、旅游资源、文化资源等社会资源为主；而当前新兴的信息产业则以信息资源、智力资源为主。可见，国民经济产业的构成与发展规模对各种资源的开发利用程度有着决定性影响。上述各种资源中当然也包括水资源，在三种产业中，第一产业用水系数最大，其次是第二产业，再者是第三产业。2000 年我国第一、第二、第三产业比例为 16∶51∶33，生产用水量为 5196 亿 m^3。假设以同样的生产用水效率，实现同样的 GDP 目标，但按照 1980 年第一、第二、第三产业结构（30∶49∶21）生产，结果实现同样的 GDP 目标，需要的水量为 8630 亿 m^3，比 2000 年实际用水量多了 66%。可见，第一、第二、第三产业之间的比例关系对用水的影响相当大。

第一产业内部结构有两个层次：一是农业经济结构；二是农业种植结构。农业经济结构是指农、林、畜、牧、渔业产值的比例关系，若采用水田、水浇地、菜田、林果灌溉、草场灌溉、鱼塘补水 6 个子类的灌溉面积之比表示农业经济结构，则 2000 年水田、水浇地、菜田、林果灌溉、草场灌溉、鱼塘补水灌溉面积比值为37.0：41.1：7.0：8.0：3.6：3.3，灌溉总用水为3861亿m^3。假设以同样的灌溉效率，但按照1980年结构（42.8：44.5：4.3：4.8：1.4：2.2）进行灌溉，则灌溉同样的面积，需要的水量为4032亿m^3，比2000年实际用水量多用171亿m^3。农业种植结构是指粮食作物、经济作物以及饲料作物之间的比例关系，由于不同种类的农作物，其本身形态构造和生长季节不相同，对水分的要求也不同。不同农作物按需水量大小，可分成三大类：水稻、麻类、豆类需水量较大；麦类、玉米、棉花等需水量中等；高粱、谷子、甘薯等需水量较小。可见，农业经济结构和种植结构对区域需水的影响十分显著，由此也表明，进行农业经济结构的优化，调整种植结构，是保证在农业用水稳中有降情况下实现粮食安全的重要措施。

第二产业内部结构一般是指采矿业、制造业、电力和燃气等的生产和供应业、建筑业之间的比例关系。根据工业内部各行业用水特点，可将其分为高用水工业、一般工业、火（核）电工业，其中高用水工业包括纺织工业、造纸工业、石化工业、化学工业、冶金工业和食品工业，一般工业为除高用水工业和火（核）电工业外的其他工业。2000年，我国工业用水量1160亿m^3，火（核）电工业占工业增加值比重的2.9%（火电增加值中不包含发电厂以外的增加值）。其他条件均不变，但假设火电工业比重为1980年的比重（4.2%），则实现同样工业增加值，需要1318亿m^3水量，比实际用水量增加158亿m^3，即增加13.7%的水量。这仅是考虑火电工业和除火电工业以外的工业之间的结构调整，如果再考虑高用水工业以后的结构调整，节水效果将更加可观。

第三产业是指除第一、第二产业以外的其他行业。内部又分为4个层次：第一层次是流通部门，包括交通运输、邮电通讯业、商业餐饮业、物资供销和仓储业；第二层次是为生产和生活部门服务的部门，包括金融、保险业、地质普查业、房地产业、公用事业、居民服务业、旅游业、咨询信息服务业和各类技术服务业等；第三层次是为提高科学文化水平和居民素质服务的部门，包括教育、文化、广播电视业、科学研究事业、卫生、体育和社会福利事业等；第四层次是为社会公共需要服务的部门，包括国家机关、党政机关、社会团体以及军队和警察等。北京市第三产业内部各层次结构与其用水量的统计数据表明，随着耗水大的第一层次比重的下降，第三产业总用水量也呈下降趋势。虽然不能把第三产业用水量下降全部归功于第一层次比重的下降（微观层面节水的作用也不可低估），但从侧面可以反映第三产业内部行业结构的调整对水需求的影响。

总之，在实现相同经济总量的前提下，不同的产业结构对全社会水需求的影响非常之大。中国万元GDP用水量远高于世界发达国家，一方面固然与用水效率低有关，另一方面也与我国的经济结构大有关系。对海河流域的一项调研表明，各种用水的经济效益有极大差异：稻田灌溉的产值人民币1元/m^3，菜田12.3元/m^3，制造业21.3元/m^3，服务业33.7元/m^3，而以2020年为例，我国总用水量5812.9亿m^3中，工业用水、农业用水、生活用水和人工生态环境补水的比例分别为17.73%、62.14%、14.85%和5.28%，大部分取水量用在生产率极低的农业上。在这方面，以色列的做法可以给我们许多启示，以色列本国不生产耗水量最大的粮食，而以出口耗水少、产值高的水果、花卉、蔬菜、棉花等换取粮食。根据单位水应当产生最大效益的原则分配水的使用权，从1948年到2003年，在以色列这样一个处于干旱和半干旱的国家，人口从65万人增长到680万人，人均GDP

从$300增长到$15000，但人均淡水用量仍维持在300m^3左右（如要做到粮食自给，人均淡水用量约需增加400～450m^3，即达到700～750m^3左右）。

不仅如此，我国产业布局与水资源布局不相协调的现象也十分突出，在缺水地区发展高耗水工业和农业，更加剧了用水结构性矛盾。如：华北地区2002年钢产量占全国28.8%，火电装机容量占全国19%。水资源总量为$500.42\times10^8m^3$，总取水量为$501.69\times10^8m^3$，其中工业取水$64.1\times10^8m^3$，且高用水工业取水占工业取水量的比例高达99.8%。再如：在水资源贫乏的西北地区建立商品粮基地，大面积种植水稻等。

所以，在未来的经济发展过程中，各地区必须在分析当地水资源承载能力的基础上，合理调整产业结构，将水从低效益用途配置到高效益领域，提高单位水资源消耗的经济产出，实现“节水”和“经济增长”双赢，并形成与水资源承载能力相适应的经济发展模式。在水资源承载能力薄弱的地区，必须淘汰或转移高耗水产业，优先发展对经济增长有重大带动作用的低耗水产业。宏观层面的节水是“大节水”，潜力巨大，意义深远，开展节约用水或者说建设节水型社会一定要抓好宏观节水。

（2）社会资本节水。

社会资本节水主要通过政府行政、市场经济、社会激励、软环境制度建设等促进和指导全社会节水。其中，政府行政是节水的主要推动力量，市场经济与社会激励是促使用水者主动选择节水行为的外部驱动，软环境制度建设是为形成用水者的内生节水动力创造外部条件。建立和完善我国水法规体系、健全节水管理体制、水权管理、水价管理等均属于此范畴。

2. 中观管理节水

中观管理节水主要是针对具体的社会组织机构（如企业、灌区、社区、城市、地区等单元载体）用水，通过对用水过程的全程管理，减少无效用水，提高水的利用效率和效益。对用水系统进行水量平衡测试，制定科学合理的用水定额，用水合理性分析，节水型企业评价，节水型城市考核，节水型灌区考核等均可归为中观管理节水范畴。

3. 微观管理节水

微观管理节水主要是针对企业、灌区、社区、城市、地区等单元载体内部的用水管理，如企业内部不同生产车间和工序的节水管理，生产和生活过程中个体节水管理等。

另外，需要特别说明的是，由于目前一般认为“节约用水”所指的是“节约水质达标的径流资源”，所以通过利用非常规水源（如海水、雨水、苦咸水），减少淡水资源取用量的做法，也应该属于节约用水。从这个意义上讲，海水利用、雨水利用等非常规水源利用也属于节水范畴。由下一节介绍的国外节水主要经验可以看出，许多国家十分重视集雨、海水淡化和微咸水利用等在节约淡水资源和缓解水资源供需矛盾中的作用。

第五节　国外节水的主要经验

目前，无论发达国家，还是发展中国家，都非常注意水资源的节约和合理使用。尽管各国在节水技术与政策的实施程度及种类上各有不同，但大体上都做了以下几方面的工作。

一、通过节流提高水资源的利用率

节流是节约水资源，提高其利用效率最重要的途径。从各国的情况来看，目前节流的方式主要有3种：一是减少水的使用量；二是对已使用的污水进行处理与回用；三是推行清洁生产活动及技术。

（一）减少水的使用量

减少水的使用量是最传统，也是最早的一种节水途径。随着科技的不断进步，这种节水技术也不断地改进与提高，各国都积累了较多的经验和好的做法，其中最有效的是应用农业灌溉节水技术、城市节水器具及防渗漏技术。

1. 应用农业灌溉节水技术

世界农业灌溉节水技术经过了地面灌溉、喷灌、微灌（滴灌和微喷灌）及渗灌等过程的发展，已达到较高的技术水平。地面灌溉是传统的灌溉方式，主要是漫灌和畦灌，由于科技含量低，导致用水较多、水使用效率低，造成浪费。20世纪50年代，特别是70～80年代以来，一些缺水国家和地区对农业灌溉技术进行了大量的研究和改进，逐步采用和推广了低压管道输水的喷灌和微灌技术。

西班牙目前农业的喷灌约占全国灌溉面积的近50%，使农业灌溉用水的有效利用率提高到80%以上，在其南部，农业灌溉全部管道化，田间全部用滴管带进行灌溉，达到了提高农业灌溉用水效率的目的。

以色列是世界农业灌溉技术最先进最发达的国家。20世纪70年代以来，灌溉技术发展很快，特别是滴灌面积增长很快。目前，以色列80%以上为滴灌，并根据农作物和土壤类型设置滴灌控制系统，不仅解决了喷浇中由于水量大于渗透能力引起的地表水流失问题，而且将用水效率由喷灌的70%～80%提高到滴灌的95%以上。近年来，以色列又采用了渗流灌溉技术，这是继喷灌、滴灌后发展的又一项高标准节水灌溉技术，具有节水、节肥、节约劳动力及提高产量和保护土壤等多种优点。围绕农业节水技术的应用，以色列还注重农业节水设备的研制，包括输水管道、喷头、滴头、过滤器、阀件、肥料灌、自动控制装置等，形成了比较完整的农业节水配套体系，使以色列的农业节水在国际处于领先地位。

2. 普及城市节水器具

随着城市化率的不断提高，世界城市生活用水呈现日益增加的趋势，并逐步成为用水的主要部门。由此，各国也都十分重视城市的节水。目前，在减少用水技术方面，各国城市普遍采用的方式是推广节水器具的使用，减少用水设备与装置的“跑、冒、滴、漏”。

美国为推行和规范更换安装节水型用水器具，1992年颁布了节水型室内用水器具的效率标准，居民室内的旧型水龙头、厕所和淋浴头3种用水器具，更换为节水型器具后节水50%以上。预计至2025年，更换的新型节水器具将使全国节水36%。

新加坡从1983年11月开始，政府强制在公用洗手间内安装延时自关水龙头、水流调节器及减压阀等节水设施。公用事业局还定期检查这些设施，以确保其正确安装和正常使用。从1978年起，高层政府组屋中间楼层的水表两侧开始安装节水套筒，用来减少过度的水压。所有的厕所必须安装复式冲刷水槽（4.5L半冲，9L全冲）。1992年，公用事业局连同卫生和环保等部门在新的政府组屋引入了低水量冲刷水槽（每次冲刷用水3.5～4.5L），从1997年4月1日起，所有新的和正在进行的建筑必须也只能使用这种低水量冲刷水槽。

3. 使用防渗漏技术

防渗漏技术是很重要的节水措施。特别是对输水管道，如果不注意防渗漏，对水资源的浪费将是很大的。防渗漏技术既要大量使用在城市输水设施中，也要广泛用于农业用水过程中。

日本很注意及时更换更新输水管道，减少水的渗漏和提高使用率。日本的自来水管道普及率达到96.1%，全国人口基本上都是用自来水。在日本，马桶、水槽、管道、水龙头制造得精致、美观、耐用，日本的饭店、商业大厦、大小公园及各种车站等公共场所，厕所冲洗和洗手池都实行了给水自动化，有人用则开，无人用则关。

以色列为防止水在输送过程中的损失，主要采用管道输水。以色列建立的国家输水工程，实现了水资源在国家范围内的统一调配和系统管理，运行灵活方便，并实行地上水和地下水的联合运用。国家输水管不仅是主要的供水管道，在冬季和早春还是北方多余水的排水道，使水重新进入沿海地下水层，所用管材是高强度工程塑料，质轻，抗腐蚀，安装方便，管壁光滑、水力损失小，造价比钢管低，且抗老化性能好。

西班牙在农业灌溉中采用管道输水技术。管道输水可以减少配水过程中水的蒸发和渗漏，使水的有效利用率提高20%～30%，粮食增产10%～20%。

（二）污水的处理和回用

目前，经济发展造成的大量污水，是加剧水资源严重短缺的重要原因。为了提高水的利用效率，很多国家都比较广泛地采用了污水处理回用的办法，并取得了较好的效果。污水处理主要是对城市生活污水和工业污水进行处理，将处理过的水回用于生活与生产中本来就对水质要求不高的一些地方，以达到节约用水，提高水的综合使用效率的目的。

日本建立了"中水道"系统，大力发展城市废水的处理和回用系统。中水道设施按建设规模分为两种类型：一是单体建筑物自建中水设施，即一栋建筑物设置一套废水处理装置，把厨房盥洗室等处排出的废水加以处理、净化，再用于冲洗厕所等，然后排入下水道；二是几个建筑物合建中水设施。日本政府对设置中水道系统采取奖励政策，不仅就水质、结构、施工、管理等技术问题制定了"排水再利用系统计划基准"，而且通过减免税金、提供融资和补助金等手段大力加以推广和普及。

美国也很注意生活污水的利用。其农业部水保持试验站做过生活污水再利用的过滤试验，过滤后的水除不能饮用外，用于其他用途可不再进行处理。美国有许多废水处理厂，将处理后的水用于农业灌溉或改善环境。有些地区废水的处理利用量占30%，并且价格只有正常地表供水价格的1/3。

（三）大力推行清洁生产技术

清洁生产主要是在生产过程的开始，就采用节约能源与原材料的工艺和技术，以达到提高各类资源利用效率的目的。20世纪80年代以来，为了实现可持续发展，许多国家都相继开展了清洁生产活动，对水资源的节约也产生了积极效果。

西班牙在工业领域逐步推行清洁生产政策，包括减少用水量、降低污染负荷以及循环利用工业废水等。实施清洁生产并不依赖于昂贵的生产技术、设备和工艺，对中、小企业来说，可以采取一些经济可行的简便措施，所需要的基础投资很低甚至是零投入。如西班牙一家生产铸铝零件的工厂，实施清洁生产项目，通过循环使用清洗液，总用水量降低了33%，产生的废水量减少了95%，化学品的消耗量减少了70%。

泰国在经历了20世纪80年代的快速工业和经济增长后，伴随而来的是自然资源与环境质量的严重衰退，威胁着可持续发展和公众健康。泰国政府在尝试了若干种工业调控措施后，决定通过清洁生产来控制工业排放和改善资源利用。其清洁生产的主要内容是鼓励在生产工艺中或工商业经营中使用清洁或无污染技术，鼓励废物再循环于生产用途，促进再循环水的利用，实施以污染发生源为重点的污染治理措施，尤其是在综合废物处理系统服务的目标区以外的地点，考虑环境的吸收能力和水资源，并且执行控制措施，确保不再向目前面临重大污染问题的水资源中排放废水。

二、通过利用非常规水源减少淡水用量

面对淡水资源紧缺的局面，许多国家在积极探索非常规水源的利用，以此减少对常规径流资源的用量。主要包括集雨、海水淡化、微咸水利用等。

（一）集雨

由于雨水资源比较容易获取，目前使用集雨方式增加水源的国家比较普遍。收集的雨水，大都用于冲洗厕所、浇灌菜园和洗车，以此节约清洁淡水的用量。但收集雨水往往需要建立另外的收集回用系统，因而也会增加投资和水的使用成本。尽管如此，对雨水的收集和利用已经日益成为各国增加水源的主要方式之一。如日本的降雨量十分丰富，随着对水资源的日益重视，利用雨水资源也日益广泛。一些大城市如东京、大阪、名古屋和福冈等地的体育馆等大型建筑都设置了雨水利用装置，各地方也都制定了措施，推进雨水利用。与日本不同，以沙漠为主的澳大利亚对雨水的利用主要集中在农村地区。其最简单的方式是将屋顶的雨水收集起来加以利用。目前这种方式大都以单户家庭为主，并正在向更加经济有效的社区型雨水收集回用系统转变。位于赤道的新加坡每年降雨强度大、持续时间短，分布面积小，为此，特设计了一套城市骤雨收集系统，几乎每幢大楼的楼顶都有蓄水池用于收集雨水，并由此送往水库。新加坡的集雨系统有3种：一是中央集水区的蓄水池，专门收集水质好的雨水；二是河流入海口的蓄水池；三是专门用于收集暴雨的收集系统。泰国自1983年就开始在干旱的东北地区推广工艺简单的水泥罐工程，大大缓解了这一地区的干旱状况，基本解决了居民生活用水问题，并带来了积极的经济效益。

（二）海水淡化

地球70%以上的面积被水覆盖，但占总储水量96.54%的水为海水。从这个意义上来说，人类并不缺水，而是缺少可利用的淡水。随着水资源危机的加剧和海水淡化技术的发展，向大海要淡水已经成为当今世界各国的共识。

根据国际脱盐协会与GWI（Global Water Intelligence）统计数据，截至2022年10月，全球共有22757家海水淡化厂，总生产能力为10795万t/d。全球海水淡化主要市场集中在中东、美国等地区，亚洲国家如日本、新加坡、韩国、印尼与中国等也都在积极发展海水淡化产业。海水淡化在向中东供应淡水方面发挥着不可或缺的作用，全球近50%具有海水淡化能力的国家位于中东，中东最大的市场是沙特阿拉伯、阿拉伯联合酋长国、

科威特、卡塔尔和以色列。

全球大规模商业化海水淡化技术分为两类：膜法海水淡化（主要是反渗透 RO）和热法海水淡化（低温多效蒸馏 LT－MED 和多级闪蒸 MSF）。由于造水成本方面的优势和供水应用的灵活性，反渗透技术在全球海水淡化市场占据主导地位，约占 64%；其次是多级闪蒸技术，约占 26%；LT－MED 占约 5%。海水淡化有广阔的发展前景，并可能成为人类解决水资源短缺的根本途径。

（三）微咸水利用

地球上除了有海水外，还有不少微咸水资源，特别是一些缺水地区，因此有效利用微咸水进行农业灌溉，解决水资源短缺也是许多国家正在使用的一种方法。如西班牙，就将咸水灌溉技术广泛地应用于旱地农业地区。他们将矿化度小于 1g/L 的咸水用于所有农作物的灌溉，将矿化度为 4～61g/L，其中离子含量为 1～3g/L 的咸水，用于灌溉棉花、苜蓿、麦类或水稻。另外，西班牙还设有专门灌排设施的地块，使用矿化度 5g/L，甚至 10～15g/L 的咸水灌溉。为了研究和推广咸水灌溉，在西班牙国内，设有咸水灌溉站，专门研究和实验咸水灌溉的技术和理论。在以色列，科学家已发现像棉花、西红柿、西瓜等一些农作物，可以用浓度高达 0.45%的咸水灌溉，但必须采用滴灌方式，防止盐类在植物的根部聚积，而且用咸水浇灌的西红柿更甜、更耐保存。

三、建立健全水资源管理体制提高节水效率

国外节水的经验表明，加强水资源管理体制建设，运用必要的政策措施，也是提高节水效益的重要途径。随着经济和社会的不断发展，制度创新的作用日益受到重视，建立合理的水资源管理体系，对于节水的作用越来越大，也被纳入到各国节水的范畴之中。目前，各国在水资源管理体制与政策安排方面主要有建立合理管理机构、制定合理的水权与水费制度、充分发挥规划的统筹指导作用及运用法律手段规范水的使用及管理等。

（一）建立合理的水资源管理机构

从各国的情况来看，水资源管理大体有统一集中管理、分散协调管理、分散与综合相结合管理 3 种模式。

统一集中管理模式的特点是对水的管理权相对集中在一个部门，从而对水资源能统一管理协调。新加坡和以色列采用这种模式。新加坡的水务管理机构为新加坡公用事业局（PUB），成立于 1963 年，其主要任务是在最经济的原则下为全国提供有效而可靠的供水。以色列政府设立了水资源咨询委员会、水资源执行委员会和水事法院。水资源咨询委员会直属中央政府，负责制定全国水利政策和法规。水资源执行委员会隶属农业部，负责水资源的规划决策、水利工程建设和水的分配。水事法院为独立的法制系统，负责解决用水纠纷和仲裁。

分散协调管理模式的特点是水资源管理分别由几个部门负责并协调进行。如日本水资源开发管理分别由国土厅、建设省、农林水产省、通商产业省、厚生省、环境厅、自治省、科学技术厅等部门按政府赋予的职能进行管理。几个部门依靠法律紧密地统一在一起，依法办事，既分工又合作，关系协调。

分散与综合相结合管理模式的特点是在分散管理的基础上加强综合管理。如西班牙，以往由 14 个河流流域组织独立地行使流域机构水管理职能。为了更好地适应对水资源的有效管理，近年来西班牙实施了组织机构变革，改变过去由不同机构进行“特许经营”的水管理模式，逐步建立了分散管理与综合管理相结合的水管理体系。

（二）建立合理的水权制度和水价制度

从国外节水的情况来看，建立合理的水权和水价制度对于实现水资源的有效利用是非常重要的一环。许多国家在建立水权制度的基础上，建立了水价制度，并发展了水市场，促进了水资源利用效率的提高。

（三）重视水资源的合理规划和计划用水

各国将水资源的合理规划和计划用水作为提高水资源利用效率的重要措施。如美国环保局 1998 年颁布了城镇公共用水的《节水规划指南》，对不同规模公共供水系统，分别提出不同最低限度的节水措施和规划步骤。日本在水资源利用过程中，非常注重总体的规划和流域的规划，注重水的可持续开发。在 2000 年日本制定的“21 世纪水计划”中，作为综合性中长期缓解缺水危机的对策，日本提出的措施主要有：合理地使用和节约农业用水与工业用水；促进对杂水的利用；加强对河流的有效管理；提高节水意识；确保稳定的水资源；建立应急体制确保水源和用水供应等。

（四）健全水资源管理的政策与法规

通过立法达到节约水资源的目的已经成为许多国家运用的主要手段，并取得了好的效果。如美国把加强水的立法作为依法管理水资源的基础，美国水立法的内容很广泛，涉及水资源开发、保护、水污染防治、水资源规划、水灾防治、水质保护、水纠纷的调解与处理等各个方面，先后制定了《供水法》、《水污染防治法》、《水资源开发法》等 30 多部水资源法规。

日本也建立了较完善的水法律法规，并在实践中不断地修正和调整。先后制定了《水防法》、《工业用水法》、《上水道法》、《工业用水道事业法》、《下水道法》、《水资源开发促进法》、《河川法》、《水质污染防治法》等数十部相关法规。除了制定完善的法律之外，日本还非常注重严格执法和监督。

第六节 我国节水的发展历程

节约利用水资源是治水全过程中的一个重要方面，是可持续发展的必然要求。新中国成立以来，随着我国经济社会的不断发展，节约用水的重要性越来越显现，从最初的“逐步认识”到今天的“节水优先”，节约用水工作进入了崭新的发展阶段。

一、新中国成立以来节约用水的发展历程

1949 年以来，我国节约用水的发展经历了三个阶段：

（一）新中国成立后至改革开放前（1949—1978 年）

这一时期是节约用水研究起步阶段。20 世纪 50 年代始，全国开展了大规模的农田水利建设，随着农田灌溉面积不断扩大和城乡用水需求持续增加，水资源供需平衡问题逐步出现，缺水地区开始关注节约用水问题。在 1961 年中央批转农业部和水利电力部《关于加强水利管理工作的十条意见》中，节约用水开始出现。60 年代初，开始探索研究农业

节水灌溉技术，一些灌区推行了沟灌、畦灌和计划配水等相对节水的灌溉模式，一些缺水城市节水工作开始纳入当地政府工作议程。70年代初，一些地区对自流灌区土质渠道进行防渗衬砌。70年代中期开始，北方地区试验推行喷灌、滴灌等高效节水灌溉技术。

（二）改革开放后至党的十八大前（1978—2012年）

这一时期是节约用水筑基固本阶段。80年代开始，我国在北方灌区开始推广低压管道输水技术和高效节水灌溉技术。

70年代后期，随着城市经济的发展，为缓和城市用水的供需矛盾，明确提出了“坚持开源与节流并重，近期以节流为主”的方针。1981年，国务院召开京津用水紧急会议，并提出了《关于京、津两市节约用水的意见》。1983年召开全国第一次城市节约用水工作会议，确定了将城市节约用水工作纳入经济建设工作的基本政策。1984年国务院发文《关于大力开展城市节约用水的通知》。

1988年，我国颁布的《中华人民共和国水法》提出，国家实行计划用水，厉行节约用水，各级人民政府应当加强对节约用水的管理，各单位应当采用节约用水的先进技术，将节约用水的规定以法律形式固定化。1988年建设部发布部第1号令《城市节约用水管理规定》。1993年9月1日开始实施《取水许可证实施办法》。1998年，中央提出要把推广节水灌溉作为一项革命性措施来抓，国务院机构改革在水利部设立全国节约用水办公室，负责全国节约用水工作。

2000年《中共中央关于制定国民经济和社会发展第十个五年计划的建议》中明确提出大力推行节约用水措施，发展节水型农业、工业和服务业，建立节水型社会。2002年重新修订颁布的《水法》明确规定：“国家厉行节约用水，大力推行节水措施，发展节水型工业、农业和服务业，建立节水型社会。”这为节水型社会的全面建设提供了法律保障。2002年，水利部在甘肃省张掖市率先进行了全国第一家节水型社会建设试点工作，2003年10月水利部在张掖市召开了全国水资源工作会议暨节水型社会建设试点经验交流会。

2006年，十届人大四次会议通过的《国民经济和社会发展第十一个五年规划纲要》提出，要建设资源节约型和环境友好型社会。因此，节水型社会的建设已纳入我国的资源节约型社会大体系之中，同节能型社会、节地型社会、节材型社会等同属于资源节约型社会的建设系统。

2006年，建设部开始节水型城市申报评选考核工作，制定了《节水型城市申报与考核办法》和《节水型城市考核标准》。“十一五”时期以来，全国开展了100个国家级节水型社会试点建设，推动建立用水总量控制和定额管理等基本节约用水制度。2011年，中央水利工作会议明确提出，加快建设节水型社会。

（三）党的十八大至目前（2012年至今）

这一时期是节约用水全面发展阶段。党中央、国务院高度重视节水工作。党的十八大及三中全会都明确要求把节约资源作为保护生态环境的根本之策，强调要推进水的循环利用，建设节水型社会。2014年，中央财经领导小组第五次会议上提出“节水优先”方针，为新时期节约用水提供了根本遵循。2015年，中央提出实施水资源消耗总量和强度双控行动。2016年，国家发展改革委、水利部和税务总局联合发布了《关于推行合同节水管理促进节水服务产业发展的意见》。

2018年，水利部的“三定”方案明确指出，水利部的第五项主要职责为：负责节约用水工作，包括拟订节约用水政策，组织编制节约用水规划并监督实施，组织制定有关标准，组织实施用水总量控制等管理制度，指导和推动节水型社会建设工作。水利部下设的全国节约用水办公室具体负责节约用水工作。

2019年，经中央深改委审议，国家发展改革委、水利部联合印发《国家节水行动方案》，部署实施国家节水行动，大力推动全社会节水。《国家节水行动方案》分工方案中牵头单位为水利部，参加和参与单位有国家发展改革委、教育部、科技部、工业和信息化部、司法部、财政部、自然资源部、生态环境部、住房城乡建设部、交通运输部、农业农村部、商务部、卫生健康委等19个部委局。有关农业节水工作由农业农村部主要负责，有关城市节水工作由住房城乡建设部主要负责，有关工业节水工作由工业和信息化部主要负责。

二、新中国成立以来节约用水取得的成就

（一）节约用水政策制度不断完善

我国《水法》明确规定了总量控制、定额管理、计划用水、累进水价等一系列节约用水制度。在国家层面，国务院有关部门制定了节水型社会建设“十一五”“十二五”“十三五”“十四五”规划，明确了节水型社会建设阶段性工作目标和重点任务；制定了水资源消耗总量和强度双控行动方案，将双控指标逐级分解到县级行政区，强化节水约束性指标管理；制定了《全民节水行动计划》，推动各行业、各领域加大节水工作力度；加快推进农业水价、城镇居民用水阶梯水价、非居民用水超定额累进加价改革，制定了《关于推行合同节水管理促进节水服务产业发展的意见》《水效领跑者引领行动实施方案》《水效标识管理办法》，推动建立节水市场化政策机制。

水利部出台《计划用水管理办法》，对纳入取水许可管理的单位和其他用水大户实行计划用水管理，建立800家国家重点监控用水单位名录；制定《关于开展规划和建设项目节水评价工作的指导意见》，对规划和建设项目从源头把好节水关口；自2019—2021年陆续发布105项用水定额，其中农业14项、工业70项、建筑业3项和服务业18项，基本建立了全面系统的用水定额体系。

在省级层面，全国22个省级行政区出台综合性节水法规，逐步将节约用水纳入法制化轨道；31个省级行政区全部颁布实施用水定额，累计出台1012项农业定额、9204项工业定额、1375项生活服务业定额。通过制定节水法规和标准定额，推进企业节水工艺和技术改造，强化废污水再生利用；督促重点企业要定期开展水平稳测试等工作。

（二）节约用水技术改造持续推进

农业节水方面，全国累计实施400多处大型、1200多处重点中型灌区续建配套和节水改造，区域规模化高效节水灌溉工程建设持续推进。截至2018年，全国节水灌溉工程面积达到5.3亿亩，喷灌、微灌和管道输水等高效节水灌溉面积达到3.3亿亩。

工业节水方面，工业和信息化部、水利部联合公布两批“国家鼓励的工业节水工艺、技术和装备目录”和一批“高耗水工艺、技术和装备淘汰目录”，在火电、钢铁、石化、纺织、造纸、化工、食品等高耗水行业大力推广节水技术，淘汰落后用水技术，实施节水技术改造，新型工业园区普遍发展和推广了循环用水和串联用水系统，积极推行废污水“零排放”。

在生活和服务业节水方面，大中型城市家庭推广普及生活节水器具，高等院校推广使用学生用水IC卡自动化系统，加强高尔夫球场、洗浴等高耗水服务业节水管理。2018年，国家发展改革委、水利部、质检总局和认监委联合发布了《坐便器水效标识实施规则》（2018年第1号公告），于2018年8月1日起施行。

在非常规水源利用方面，各地相继实施一批非常规水源利用工程，2018年非常规水源利用量达到86.4亿m^3，年再生利用量提高到73.5亿m^3，年海水淡化水量提高到1.5亿m^3。

（三）节约用水载体建设逐步推进

2001年起，水利部组织先后建成100个全国节水型社会建设试点和200多个省级节水型社会建设试点，形成了河西走廊、南水北调受水区、太湖平原河网区、珠三角、黄河上中游能源重化工基地群等典型的节水型社会建设示范带。

各地积极探索各具特色的节水型社会发展模式，华北地区突出总量控制、节水压采，西北能源化工基地推进水权转换、节水增效，东南沿海经济发达地区推行清洁生产、节水治污，东北地区结合转型升级、节水增粮，南方丰水地区严格准入门槛、节水减排。

建成了节水型灌区、节水型企业、节水型机关、节水型居民小区、节水型高校等各类载体约7.9万个，带动和引领各地区各行业节水。从2002年开始到2022年，住房城乡建设部评选国家节水型城市共计11批145个。

为深入贯彻“节水优先、空间均衡、系统治理、两手发力”治水思路，落实《国家节水行动方案》和2017年中央一号文件提出的“开展县域节水型社会建设达标考核”要求，水利部在总结节水载体建设经验的基础上，修订完善了节水型社会建设标准，推进以县域为单元的节水型社会达标建设，2017年起在全国范围内部署县域节水型社会达标建设工作。全国31个省级水行政主管部门加强组织领导，制定实施措施，强化监督管理和业务指导。各县级人民政府认真落实目标责任和保障措施，扎实推进县域节水型社会达标建设工作。截至2023年9月底，共计发布了6批共计1766个节水型社会建设达标县（区）。

（四）公众节约用水意识不断增强

1993年联合国确定“世界水日”和我国确定“中国水周”以来，各地区、各部门在“世界水日”“中国水周”期间集中开展节水宣传教育活动，增强全社会节水意识。水利部、中宣部、教育部、团中央联合印发《全国水情教育规划（2015—2020年）》，引导公众不断加深对我国水情的认知，增强水资源忧患意识，推动形成全民知水、节水、护水、亲水的良好社会风尚。

水利部向全社会公开征集“国家节水标志”，在全国建设了34家国家水情教育基地，组织开展了“节水在路上”“节水中国行”等主题公益宣传，企业、机关、学校、社区广泛开展了形式多样的群众性日常节水宣传活动。

第二章　工业节水技术

第一节　概　　述

一、工业用水的特点

工业用水是指工、矿企业在工业生产的制造、加工、冷却、洗涤等过程中与使用空调、锅炉等生产设施时的用水以及厂内职工生活用水的总称。我国工业用水的特点主要表现为：

(1) 工业用水量大。目前我国工业用水量占全国总用水量的20%以上，随着城市化和工业化进程的加快，工业用水量还将大幅度增长。

(2) 工业废水排放是导致水体污染的主要原因。工业废水经一定处理虽可去除大量污染物，但仍有不少有毒有害物质进入水体造成水体污染，甚至威胁一些城镇集中饮用水水源的水质。

(3) 工业用水效率总体水平较低。据统计，目前美国工业万元产值用水量是8t，日本为6t，而我国为103t，是发达国家的十几倍。

(4) 工业用水相对集中。我国工业用水主要集中在电力、纺织、石油化工、造纸、冶金等高耗水行业。

可见，加强工业节水不仅可以缓解我国水资源的供需矛盾，而且还可以减少废水及其污染物的排放，改善水环境，因此也是我国实现水污染减排的重要举措。

二、工业用水的影响因子

影响工业生产用水量的因子包括：工业产值、工业结构、工业用水成本或价格、工业用水定额、工业用水效率、工业用水重复利用率、工艺节水、政策调整作用、污水回用成本、城市污水处理能力等。其中主要影响因子包括以下几个方面。

1. 地区工业产值

工业用水是工业生产必不可少的一项投入因素，因此工业用水量的大小必然与一定地区工业产值的多少密切相关。在其他条件相同的情况下，工业产值越大，工业用水量也将越大，反之则越小。

2. 地区工业结构

不同工业类型的用水量是不同的，有的工业行业，如造纸、化工、金属冶炼和火力发电等，单位产值用水量一般都比较大；有的工业行业，如采掘、轻纺、建材和机器制造业等，单位产值的用水量一般较小。正因为如此，一个地区的工业结构不同，实现相同工业总产值的用水量也必然会不同。高用水工业的比重大，用水量就大；高用水工业的比重小，用水量就小。

3. 工业用水价格

若工业产值与工业结构相同，工业用水价格调高，则用水在工业产品成本中所占的比例上升，在保持产品价格不变的情况下，会导致企业利润降低；在保持企业利润不变的情况下，势必产品价格会上升，影响其市场竞争力。所以，合理的工业用水价格上调，将促使工业企业进行经济核算，主动采取节水措施以减少用水浪费现象，提高用水效率和效益。

4. 工业用水的重复利用率

水在工业生产中的作用多种多样，有冷却用水、工艺用水、锅炉用水等，有的完全可以重复利用。工业用水的重复利用率是指工业用水系统中重复利用水量占总用水量的百分比。显然，重复利用率越高，新水的取用量就越小；反之，新水的取用量就越大。

三、工业节水的基本策略

显然，社会经济要发展，不能通过降低工业产值来减少工业用水。工业节水主要策略在于调整工业生产结构、采取经济措施和依靠科技进步等方面。

1. 调整工业生产结构实施源头节水

在当前形势下，既要促进经济不断发展，又要实现节水，关键之一是要转变经济增长方式，优化产业结构，降低高耗水产业比重，鼓励发展高新技术产业，优先发展对经济增长有重要带动作用的低耗水产业，不断加大高新技术产业比重。鼓励运用高新技术和先进适用技术改造和提升传统产业，促进产业结构优化和升级。国家对落后的耗水过高的产品、设备实行淘汰制度，节水主管部门要定期公布淘汰的耗水过高的产品、设备的目录，并加大监督检查的力度。达不到强制性用水标准的耗水产品或建筑，不能出厂销售或不准开工建设，对生产、销售和使用国家淘汰的耗水过高的产品、设备的，要加大惩罚力度。制定造纸、化工、金属冶炼和火力发电等高耗水行业的发展规划，提高行业准入标准。制定并严格实施限制高耗水产品出口政策。

2. 采取经济措施促进节水

水是一种特殊的商品，现行的水价偏低，不利于节约用水，也不利于供水事业的发展。通过制定水价政策促进高效率用水、偿还工程投资和支付维护管理费用，如采用累进制水价和高峰用水价模式。

3. 依靠科技进步提高工业用水重复利用率

工业用水系统中，水的循环利用和回用（包含串联利用）均有利于提高水的重复利用率。因此，要大力发展和推广工业用水重复利用技术，包括发展循环用水系统、回用水系统；发展和推广蒸汽冷凝水回收再利用技术；发展外排废水回用和“零排放”技术等。

本章分别阐述循环冷却水节水技术、工艺节水技术和回用节水技术等技术节水措施。

第二节　循环冷却水节水技术

水具有热容量大、便于管道输送和化学稳定性好等优点，所以许多工业生产中将水作为热量或某些物质（原材料、中间产品或成品）的载体或介质。据估计，工业冷却水用量占工业用水总量的80%左右，而冷却水中的70%～80%又是间接冷却水。间接冷却水在生产过程中作为热量的载体，不同被冷却的物料直接接触，无其他水质污染，因此无须复杂处理经冷却降温后即可循环利用。因此，实行冷却水循环利用、提高水的循环率自然就成为节约工业用水的重点。应该强调指出，除冷却水外，还有许多工业生产用水通过一定处理后也可循环利用，提高这部分水的循环利用程度，同样也是提高整个工业用水循环率所不容忽视的。

一、循环冷却水系统

根据生产工艺要求、水冷却方式和循环水的散热形式，循环冷却水系统可分为密闭式和敞开式两种。

（一）密闭式循环冷却水系统

在此系统中，循环水不与大气接触处于密闭循环状态。密闭式循环冷却水系统主要由两个环节组成：其一是循环冷却部分，其中的循环水不断带走工艺介质或热交换器传出的热量；然后由另一部分——散热装置系统对升温后的循环水进行冷却，如图2－1所示。

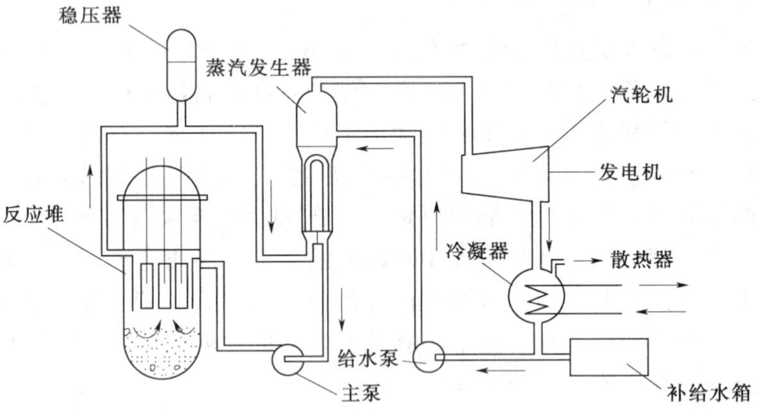

图2－1 密闭式循环冷却水系统

在密闭式循环冷却水系统中，循环水几乎没有消耗，故可使用纯水，以保证被冷却装置的安全可靠性。但是，这种循环冷却水系统所需费用较高，故一般只适用于被冷却装置散热量较小、所要求的工作安全可靠度大或具有特殊要求的工业生产系统，如高炉的风口与冷却壁以及转炉的氧仓与烟罩等的冷却。

（二）敞开式循环冷却水系统

在敞开式循环冷却水系统中，一方面循环水带走物料、工艺介质、装置或热交换设备所散发的热量；另一方面升温后的循环水通过冷却构筑物与空气直接接触得以冷却，然后再循环使用。敞开式循环冷却水系统是目前应用最广泛的一种循环冷却系统。根据循环水同被冷却的物料、工艺介质、装置或热交换设备的接触情况，敞开式循环冷却水系统有时可分为清循环、污循环和集尘循环3种类型。

1．清循环冷却水系统

在这种系统中水是通过冷却器（热交换设备）间接地冷却物料、工艺介质或装置，如化工物料、气体或液体介质、炉体等，因而又称为间接循环冷却水系统。由于采取间接冷却方式，循环水除水温高外，水质几乎无污染，故不必另设净水设备。但是，由于水在循环冷却过程中不断地蒸发，使其中的盐类浓缩；因此需要排污和补充新水，以控制盐量平衡和浓缩倍数，此外也可进行水质稳定处理。图 2－2 表示一种常见最简单的清循环冷却水系统。

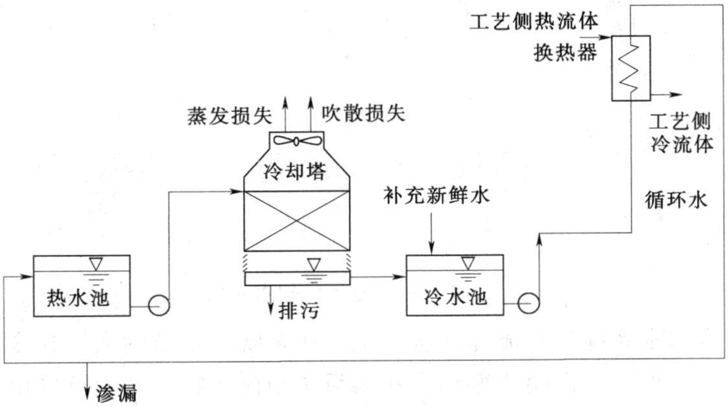

图 2－2 敞开式清循环冷却水系统

2. 污循环冷却水系统

污循环冷却水系统实际上是一种直接循环冷却水系统，如图 2－3 所示。在这种系统中，循环水直接同被冷却的物料或装置接触，如轧钢厂中的轧辊、轧道冷却和钢坯冷却等。因而使循环水挟带大量杂质、污垢，如轧钢厂污循环水中就含有大量的氧化铁、油、污垢等。对污循环冷却水系统除了需控制盐量平衡和水质稳定处理外，还需视具体情况对水进行除浊、除油、……降温冷却之类的处理后再循环利用。

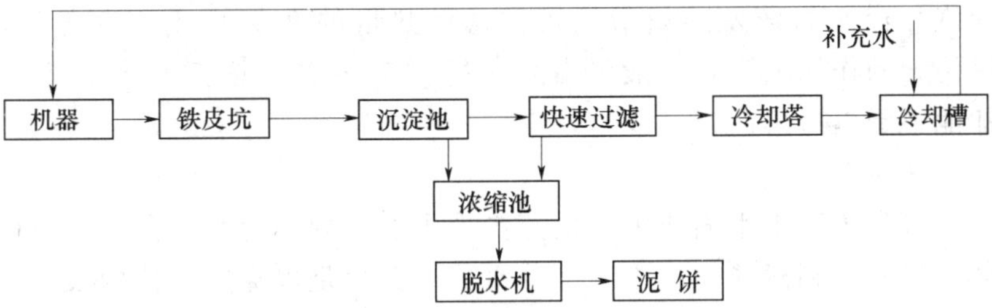

图 2－3 敞开式污循环冷却水系统

3. 集尘循环冷却水系统

集尘循环冷却水系统也属直接循环冷却水系统，如图 2－4 所示。它与污循环冷却水系统不同之处在于，循环水除直接冷却物料外还兼有淋洗、吸附物料中杂质的作用。如煤气洗涤水可去除煤气中的灰尘、SO_2、SO_3 和 CO_2，生产硫酸过程中应用水淋洒 SO_2 气体使之冷却并去除灰尘。由于这类循环水的浑浊度很高，因此更须加强水的澄清处理并调节 pH 值，然后再循环利用。

上述 3 种敞开式循环冷却水系统对冷却水水质的要求是依次下降的。在适当条件下，如钢铁联合企业，可考虑将前一种系统的排污水作为后一种系统的补充水，以提高整个工业给水系统水的利用效率。

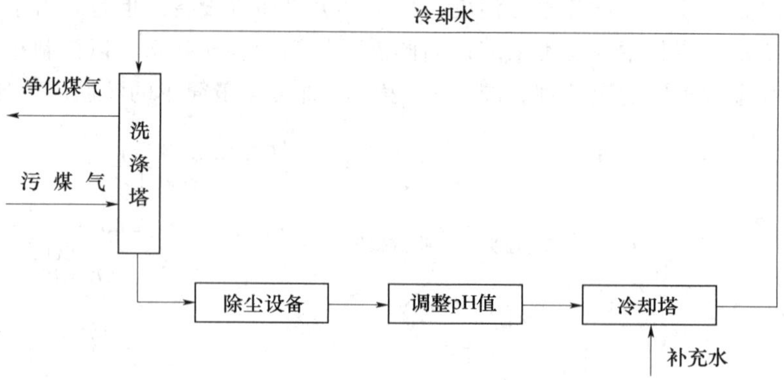

图 2-4 集尘循环冷却水系统

敞开式循环冷却水系统与直流冷却水系统相比，既可以节约大量的冷却水，又因排污量减少而利于环境保护；与密闭式循环冷却水系统相比，投资及运行费用均较低。因此从节水、环保和经济等方面综合考虑，应限制使用直流冷却水系统，尽可能推广采用敞开式循环冷却水系统。请读者注意，本章下面介绍的循环冷却水系统专指敞开式循环冷却水系统。

二、循环水的冷却

（一）循环水冷却原理

在敞开式循环冷却水系统中，循环水的冷却是通过冷却构筑物使水与空气接触，由水的蒸发散热、热传导和热辐射 3 种方式共同作用而实现的。3 种散热方式所起的作用随气象条件而异。在夏季气温较高，水与空气的温差较小，这时水的表面蒸发起主导作用，由于水有很大的汽化潜热，蒸发热量最高可占总散热量的 90%以上。在冬季，因气温低、蒸发量小，热传导的作用增强，一般可由夏季的 10%～20%增至 50%以上。热辐射作用通常只在冷却池中予以考虑。

1. 水面蒸发散热

在常温下，水分子逸出水面成为自由蒸汽分子的现象称为水的蒸发。自由蒸汽分子是由水面上水分子间的互相碰撞使其中一部分水分子获得足以克服水体内聚力的动能逸出水面而产生的。因自由蒸汽分子所带走的动能超出水体分子动能的平均值，因而使水中余下水分子的平均动能减少，宏观上即表现为水温降低。若单位时间内逸出水面的水分子多于返回水面的水分子，水即不断蒸发，水温也不断降低。当水表面与空气接触，由于水的蒸发自由蒸汽分子将水的热量传递给空气，即为水面蒸发散热。

单位面积水面蒸发散热速度 q_E [$J/(m^2 \cdot h)$] 与水的蒸发速度 L [$kg/(m^2 \cdot h)$] 呈下列关系

$$q_E = \gamma_0 L \qquad (2-1)$$

式中 γ_0——水的汽化潜热，在标准大气压强下 $\gamma_0 = 2407J/kg$。

单位面积水面的蒸发速度取决于水温和蒸汽分子向空气中散发的速度。循环水的水温与工艺条件有关，因此在水温一定的情况下，水的蒸发速度即取决于蒸汽分子的散发速度。根据双膜传质理论，水分子向空气深处的散发速度同水—空气界面（膜层）与空气深

处的水蒸气的浓度差成正比

$$L = \beta(X' - X) \tag{2-2}$$

式中　β——以含湿量差为标准的传质系数，$kg/(m^2 \cdot h)$；

$X'-X$——膜层中饱和含湿量与空气主流部分的含湿量（kg 水蒸气/kg 干空气）。

由式（2-1）及式（2-2）可见，加大水—空气交界上空气的相对流速，对于增加水的蒸发速度是有利的。

2. 水面传导散热

水面传导散热有热传导和对流传导两种形式。前者为分子间由于碰撞和扩散而引起的分子动能的传递，宏观上即为热量传递；后者为流体本身流动而引起的热量传递。上述总传热效果［$J/(m^2 \cdot h)$］为

$$q = \alpha(t_w - t_\alpha) \tag{2-3}$$

式中　t_w——水气交界面上的温度，℃；

t_α——空气气流中的温度，℃；

α——接触热传导系数，$J/(m^2 \cdot h \cdot ℃)$。

表 2-1 为 α 值的一般范围。

表 2-1　　α 值　　单位：$J/(m^2 \cdot h \cdot ℃)$

传热方式	α	传热方式	α
空气自然对流	18～90	水　沸　腾	8987～80870
空气受迫对流	36～1797	水蒸气凝结	17974～359480
水受迫对流	359～53922		

综上所述，无论蒸发散热还是传导散热，都同空气的温度、含湿量及流速有关。为提高冷却构筑物对循环水的冷却效率，通常采取下列措施：增加水气接触面，提高水气界面上的空气流速，利用低温、低湿度空气。

（二）冷却构筑物

1. 冷却构筑物的类型

在循环冷却水系统中，用来降低水温的设施称为冷却设备或冷却构筑物。

冷却构筑物的种类很多，可从外形与主要构造、通风方式、淋水装置、气流方向等方面分为不同的类型。图 2-5 为冷却构筑物的综合分类情况，图 2-6 为各类冷却塔示意图。

从外形及主要构造看，冷却构筑物可分为冷却池和冷却塔两大类。

冷却池是最早使用的一类冷却构筑物，其中天然冷却池（冷却湖）是利用天然水体，如湖泊、池塘、河道、海湾或水库来冷却循环水的。在冷却池中，循环水主要靠水面的蒸发、辐射与对流散热冷却。其主要问题是冷却过程缓慢、需很大的水体容量和占地面积、水的蒸发渗漏损失较大，有时会构成对地面水体的“热污染”。目前，非特殊情况已很少采用天然冷却池。喷水冷却池是在天然或人工冷却池上架设配水管和喷水装置构成的。由于喷射水滴增加了水和空气的接触面积，喷水冷却池的冷却效率高于天然冷却池；但水的吹散、蒸发损失较大，易产生水雾和冰凌。喷水冷却池目前也不多用，只当对循环水水温

的稳定性要求不高、有适当场地和风沙不大的地区方可考虑采用。

- 冷却构筑物
  - 冷却池
    - 天然冷却池
    - 喷水冷却池
  - 冷却塔
    - 自然通风
      - 开放式
        - 喷水式、点滴式——横流式（a）（b）
      - 风筒式
        - 点滴式、薄膜式——逆流式（c）或横流式（d）
        - 点滴薄膜式——逆流式（c）
    - 机械通风
      - 鼓风式
        - 点滴式、薄膜式、点滴薄膜式——逆流式（e）
      - 抽风式
        - 点滴式、薄膜式——逆流式（f）或横流式（g）
        - 点滴薄膜式——逆流式（f）
    - 混合通风——塔式加鼓风式
      - 点滴式、薄膜式、点滴薄膜式——逆流式（h）

注 图中（a）～（h）分别对应图 2-6 中相同编号的分图。

图 2-5 冷却构筑物综合分类

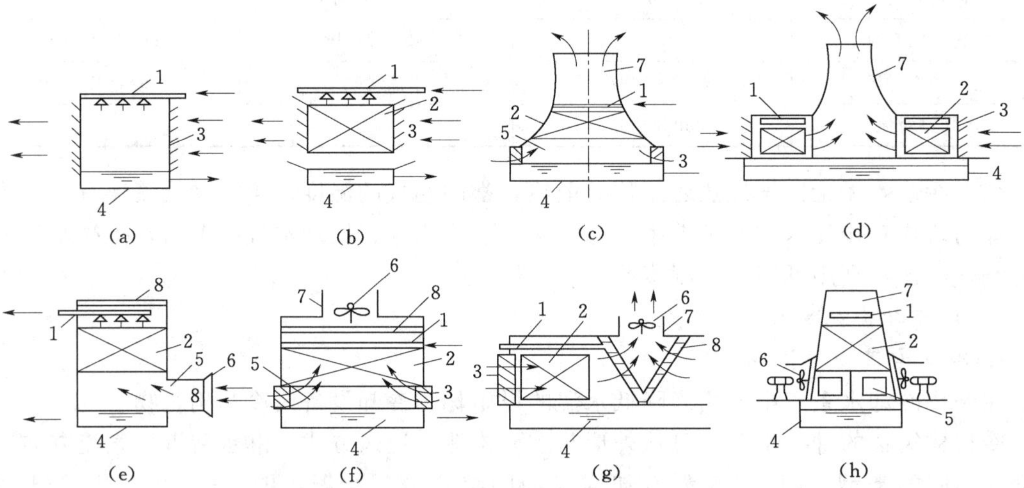

图 2-6 各种类型冷却塔示意图

1—配水系统；2—淋水填料；3—百叶窗；4—集水池；5—空气分配区；6—风机；7—风筒；8—除水器

冷却塔是在塔体内成水滴或水膜与空气对流以带走水中热量的一类冷却构筑物。与冷却池相比，冷却塔占地面积小、冷却效率高、水的损耗小，因而被广泛采用。随着工程技术的发展，已出现多种形式的冷却塔。

根据通风方式与塔体形式，冷却塔可分为自然通风和机械通风型两类。自然通风冷却塔依靠塔体内外气体压差或风压促使空气与循环水对流，故塔身较高，它还可以分为风筒式冷却塔和开放式冷却塔。自然通风冷却塔因无机械通风设备，故节省能耗、工作较可靠，但单位面积的淋水密度较低。通常自然通风冷却塔，特别是风筒式冷却塔多用于循环水量较大的循环冷却水系统。机械通风冷却塔是借助分别设于塔体进口或出口的鼓风机或抽风机（引风机）促使空气流动以冷却循环水的。这类冷却塔的优点是通风强度较大、冷却水负荷较高，有较强的适应性，因而被广泛用于各种循环给水系统；其缺点是耗能、工作可靠性相对较低、造价较高、噪声较大。

根据冷却塔中空气流的方向，冷却塔可分为逆流式和横流式两类。在逆流式冷却塔中空气气流自下而上与水流方向逆行，在横流式冷却塔中空气气流方向垂直于自上而下的水流方向。

根据冷却塔内淋水装置及循环水流分布状况，不同类型的冷却塔又可分为点滴式（如图 2-7 所示）、薄膜式、点滴薄膜式和喷水式 4 种。不同形式的淋水装置与循环水流分布状况所形成的与空气进行热交换的面积与接触时间不同；因此改进淋水装置始终是提高冷却效率的关注点之一。

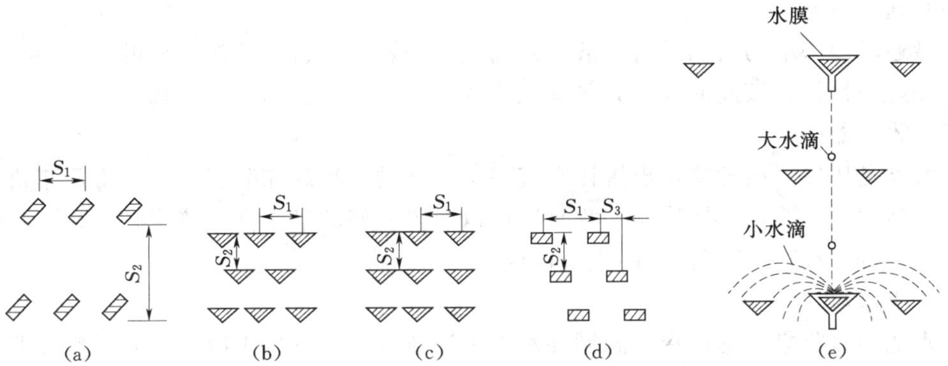

图 2-7 冷却塔的点滴式淋水装置

(a) 倾斜式；(b) 棋盘式；(c) 方格式；(d) 阶梯式；(e) 水滴在淋水装置中的运动示意图

2. 冷却塔的一般构造

冷却塔通常由塔体、配水系统、淋水装置、通风设备、收水器和集水池（或水箱）等部分组成（如图 2-8 所示）。

(1) 塔体。

塔体是冷却塔的外壳，也是气流通道，其形式与构造取决于冷却塔的类型。除横流式冷却塔外，所有冷却塔的进风口均设在塔体下部、排风口设于塔体的顶部。横流式冷却塔可于塔体侧壁进风，于塔体上部排风；或于塔体一侧进风、另一侧排风。塔体的形式与构造，除需满足冷却各方面的工艺、施工安装要求外，还关系到气流合理分布及冷却塔的运行使用。冷却塔塔体材质结构取决于冷却塔的类型与规模，通常除大中型自然通风冷却塔为钢筋混凝土结构或少量钢木与水泥预制板结构外，现在多数小型冷却塔均为玻璃

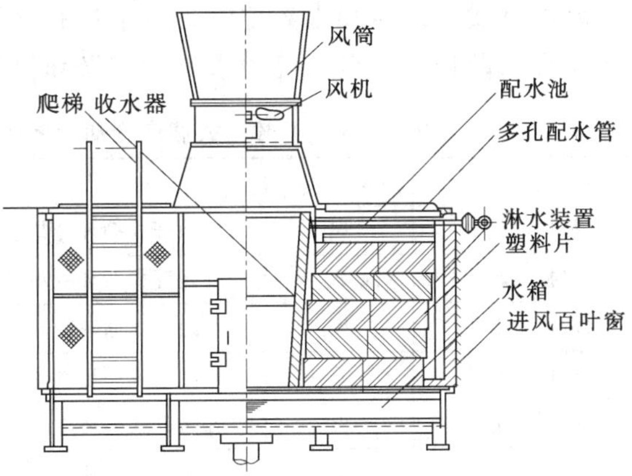

图 2-8 冷却塔组成

钢结构。

（2）配水系统。

循环水配水系统设于冷却塔体的中下部，其作用是将需冷却的循环水均匀地分配到下部的淋水装置，以提高淋水装置的冷却效果。配水装置通常可分为管式、槽式和池盘式3种形式，此外还有喷水式配水装置。

（3）淋水装置。

淋水装置又称填料，其作用是扩大需冷却的循环水同空气的接触面积并延长水气接触时间，以增加水、气之间的热湿交换，提高冷却效率。由于循环水的冷却主要是在淋水装置中进行的，因此淋水装置是冷却塔的重要组成部分。根据循环水在淋水装置上的分布状况，淋水装置可分为点滴式、薄膜式和点滴薄膜式等几种。其形式、构造是多种多样的。用作淋水装置的材料可以是木材、纤维板、聚苯乙烯、聚乙烯或石棉板等。

（4）通风设备。

机械通风冷却塔的通风设备一般为不同类型的轴流风机。改进风机的形式、构造，使其具有良好的性能、较高的效率并降低风机的造价，也是人们关注的焦点之一。

（5）收水器。

收水器是用以拦截即将排出塔体空气中小水滴的一种附加装置。它通常用于机械式冷却塔，实际情况表明，构造恰当的收水器可以取得良好的节水和环境保护效果。收水器一般由1～3层曲折波纹板等排列的板条构成。

（6）集水池。

集水池用以收集、储存冷却的循环水并可调节水量，它位于冷却塔的塔底，通常也是积泥、排污、排空、补充新水、投加药剂以及同循环水管线相连接的部位。

三、循环冷却水系统的运行参数

（一）循环冷却水系统水量平衡

在敞开式循环冷却水系统中，除了补充水量和排水量之外，还存在循环水量、蒸发损失水量和吹散损失水量。各种水量的定义和符号见表2-2。

表2-2　敞开式循环冷却水系统的水量术语和符号　　单位：m^3/h

名　称	符　号	定　义
循环水量	R	在敞开式循环冷却水系统运行过程中，每小时用水泵输送的总水量
蒸发损失水量	E	在敞开式循环冷却水系统运行过程中，每小时因蒸发而损失的水量
吹散损失水量	W	在敞开式循环冷却水系统运行过程中，冷却水呈水滴飞散而损失的水量
渗漏损失水量	F	在敞开式循环冷却水系统运行过程中，从输水管道和用水设备渗漏的水量
排污水量	B	在敞开式循环冷却水系统运行过程中，为控制浓缩倍数而排出的水量
补充水量	M	在敞开式循环冷却水系统运行过程中，为补充各种水量损失而补加的水量

当循环冷却水系统处于稳定运行状态时，其水量应达到平衡，式（2-4）为循环冷却水系统水量平衡的一般表达式。

$$R+M=R+E+W+B+F \tag{2-4}$$

式中各项的含义见表2-2。

（二）浓缩倍数

由于在敞开式循环冷却水系统运行过程中，存在着水的蒸发、吹散和渗漏损失。而蒸发掉的水中不含盐分，所以循环水的溶解盐类不断浓缩，其含盐量亦随之增加。为了维持系统的水量和盐量平衡，必须适当排放一部分循环水，同时需补充一部分新鲜水。由于循环水的含盐量大于新水的含盐量，因此将两者的比值称作浓缩倍数 N，即

$$N = C_R / C_M \tag{2-5}$$

式中　C_R——循环水的含盐量，mg/L；

C_M——补充水的含盐量，mg/L。

浓缩倍数是宏观表示循环冷却水系统中盐量（总含盐量的统称）平衡时的一项重要水质指标。通常将循环水及补充水中的某一特征离子（如 K^+、Cl^-、Ca^{2+}）的浓度的比值作为循环水的浓缩倍数。其中以 K^+ 作为浓缩倍数的标准物最佳。因为钾盐的溶解度较大，在循环水运行中不会析出，一般药剂中均不含 K^+，以火焰光度计测定 K^+ 灵敏度高，干扰少，方便快速。Cl^- 虽也可以作为标准物，但在杀菌灭藻加氯后，可能会对测定产生误差。以 Ca^{2+} 为标准时，在高浓缩倍数时往往使计算值偏低。

（三）补充水量

由式（2－4）知，补充水量可按式（2－6）计算：

$$M = E + W + B + F \tag{2-6}$$

式中各项的含义见表 2－2。

1. 蒸发损失水量 E 的估算

蒸发损失水量与循环冷却水量、进出塔水温差和气温有关，其计算方法如下

$$E = KR(t_1 - t_2) \tag{2-7}$$

式中　R——系统中循环水量，m^3/h；

K——系数，1/℃，可按表 2－3 取值；

t_1、t_2——冷却构筑物进出水水温，℃。

表 2－3　K 值与气温的关系

气温（℃）	−10	0	10	20	30	40
K(1/℃)	0.0008	0.001	0.0012	0.0014	0.0015	0.0016

2. 吹散损失水量 W 的估算

吹散损失水量除与当地的风速有关外，还与冷却塔的型式和结构有关。一般自然通风冷却塔比机械通风冷却塔的吹散损失要大些。若塔内装有良好的收水器，其吹散损失比不装收水器的要小些。吹散损失通常以占循环水量 R 的百分率来估计，其值约为

$$W = K_c R \tag{2-8}$$

式中　K_c——吹散损失率，%，可按表 2－4 取值。

表 2－4　K_c 值与冷却塔型的关系

塔　型	敞开喷水式冷却塔	敞开点滴式冷却塔	机械通风冷却塔（有收水器）	风筒式冷却塔
K_c（%）	1.5～2.0	0.5～1.5	0.1～0.5	0.5～1.0

3. 渗漏损失水量 F 的估算

良好的循环冷却水系统，管道连接处，泵的进、出口和水池等地方都不应该有渗漏。但若管理不善或安装不好，渗漏就不可避免。因此在考虑补充水量时，应视系统具体情况而定。

4. 排污水量 B 的估算

排污水量的确定与冷却塔的蒸发损失水量、吹散损失水量、渗漏损失水量和浓缩倍数有关。根据循环冷却水系统的盐量平衡，可得出下面方程

$$MC_M = (B+W+F)C_R \tag{2-9}$$

故

$$N = \frac{C_R}{C_M} = \frac{M}{B+W+F} = \frac{E+B+W+F}{B+W+F} = \frac{E}{B+W+F} + 1$$

$$B+W+F = \frac{E}{N-1} \tag{2-10}$$

$$B = \frac{E}{N-1} - W - F \tag{2-11}$$

（四）浓缩倍数与补充水量和排污水量的关系

循环冷却水系统的补充水量与浓缩倍数的关系式为

$$M = E+W+B+F$$

$$M = E+W+B+F = E + \frac{E}{N-1} = \frac{N}{N-1}E \tag{2-12}$$

当系统中管道连接紧密，不发生渗漏时，$F=0$；当冷却塔收水器效果较好时，吹散损失 W 很小，如略去不计，则式（2-12）可简化为

$$B = \frac{E}{N-1} \tag{2-13}$$

当循环水系统正常运行时，热负荷基本不变，即蒸发量 E 基本不变，故补充水量 M 与 $\frac{N}{N-1}$ 成正比，排污水量 B 近似与 $\frac{1}{N-1}$ 成正比。这说明补充水量和排污水量都与浓缩倍数有直接关系，浓缩倍数提高，则补充水量和排污水量均减少。

下面的例题有助于建立 N、M 和 B 这 3 个参数之间的定量概念。

【例】 设循环冷却水系统的循环量 R 为 $5000m^3/h$，冷却塔进、出口的水温分别为 42℃和 32℃，空气温度为 30℃，吹散损失 W 按 $0.1\%R$ 计，不考虑渗漏损失 F，试求浓缩倍数取表 2-5 所列值时的补充水量 M 和排污水量 B。

【解】 $N=1.5$ 时，

（1）蒸发损失水量 $E=K\cdot R\cdot(t_1-t_2)=0.0015\times5000\times(42-32)=75$（$m^3/h$）

（2）冷却塔吹散损失水量 $W=K_cR=0.1\%\times5000=5$（m^3/h）

（3）排污水量 $B=\frac{E}{N-1}-W=\frac{75}{1.5-1}-5=145$（$m^3/h$）

（4）补充水量 $M=E+W+B=75+5+145=225$（m^3/h）

$N=2$，3，…，7 时的 M 和 B 的计算均按上述步骤进行，计算结果见表 2-5。其中浓缩倍数 N 与补充水量 M、排污水量 B 的关系如图 2-9 所示。

表 2-5　　不同浓缩倍数下的运行参数的计算值

计算项目 \ N	1.0（直流水）	1.5	2.0	3.0	4.0	5.0	6.0	7.0
冷却水的循环量 R（m^3/h）	5000	5000	5000	5000	5000	5000	5000	5000
进、出口水温差（℃）	10	10	10	10	10	10	10	10
蒸发损失水量 E（m^3/h）	0	75	75	75	75	75	75	75
风吹损失水量 W（m^3/h）	0	5	5	5	5	5	5	5
排污水量 B（m^3/h）	5000	145	70	32.5	20	13.75	10	7.5
补充水量 M（m^3/h）	5000	225	150	112.5	100	93.75	90	87.5
排污水量占循环水量比例 B/R（%）	100	2.90	1.40	0.65	0.40	0.275	0.20	0.15
补充水量占循环水量比例 M/R（%）	100	4.50	3.00	2.25	2.00	1.875	1.80	1.75
$\Delta(M/R)/\Delta N$（%）	—	—	3.00	0.75	0.25	0.125	0.075	0.05

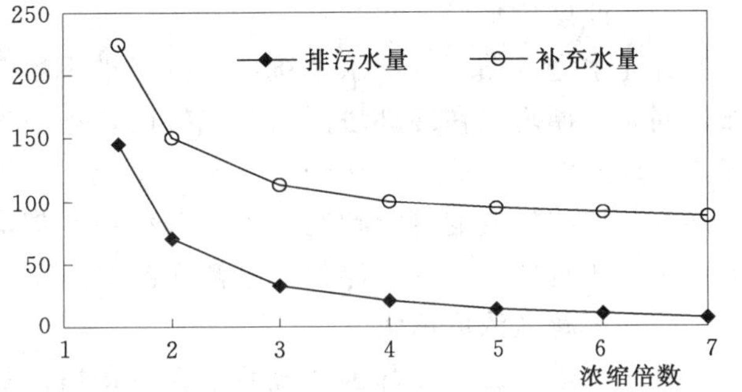

图 2-9　浓缩倍数 N 与排污水量 B、补充水量 M 的关系

从表 2-5 和图 2-9 可以看出，随着浓缩倍数的增加，补充水量和排污水量都是降低的。从曲线变化趋势看，当浓缩倍数小于 3 时，两条曲线均较陡，即随着浓缩倍数的提高，补充水量和排污水量迅速减少，节水效果比较明显。如浓缩倍数由 1.5 提高到 2.0 时，节约的水量占循环水量的 1.50%；由 2.0 提高到 3.0 时，节约的水量占循环水量的 0.75%。而当浓缩倍数达到 4～5 以上时，两条曲线均变得平缓，即随着浓缩倍数的提高，补充水量和排污水量减少得很少，节水效果不太明显，如浓缩倍数由 4.0 提高到 5.0 时，节约的水量仅占循环水量的 0.125%。

浓缩倍数是循环冷却水系统运行管理的一项重要控制参数。N 值越大，节水程度越高，既可减少新水量又可减少系统中阻垢、缓蚀药剂的补充消耗量；但是，这也对补充水与循环水的处理提出了更高的要求，从而增加了水处理费用。因此，循环冷却水系统的最佳浓缩倍数应根据节水要求、水资源条件、水处理技术等通过技术经济分析确定。2005 年 4 月出台的《中国节水技术政策大纲》指出，在敞开式循环间接冷却水系统中，要推广浓缩倍数大于 4 的水处理运行技术，逐步淘汰浓缩倍数小于 3 的水处理运行技术。

（五）循环冷却水系统的水质

1. 循环冷却水的水质变化

循环冷却水在其运行过程中，补充水不断进入冷却水系统。补充水一部分被蒸发进入大气，另一部分留在冷却水中被浓缩，并发生以下一系列变化。

（1）CO_2 含量降低。

补充水中含有一定数量 Ca、Mg 的重钙酸盐类和游离 CO_2，它们在水中存在下列平衡关系：

$$Ca(HCO_3)_2 = CaCO_3\downarrow + CO_2\uparrow + H_2O \quad (2-14)$$

当它们的浓度符合上述平衡条件时，水质呈稳定状态；否则就不稳定。

一般空气中 CO_2 很少，其分压很低，循环冷却水在冷却塔内与大气充分接触时，水中 CO_2 逸出破坏了上式的平衡，致使反应向右移动，使循环冷却水趋向于产生 $CaCO_3$ 沉积而结垢。

（2）碱度增加。

随着循环冷却水被浓缩，冷却水的碱度会升高。当补充水被浓缩 N 倍时，循环冷却水的总碱度相应地增加为补充水总碱度的 N 倍，从而使冷却水的结垢倾向增大。

（3）pH 值升高。

补充水进入循环冷却水系统后，水中 CO_2 在曝气过程中逸入大气而散失，故冷却水的 pH 值逐渐上升，直到冷却水中的 CO_2 与大气中的 CO_2 达到平衡为止。此时的 pH 值称为冷却水的自然平衡 pH 值。冷却水的自然平衡 pH 值通常在 8.5～9.3 之间。

（4）浊度增加。

补充水进入循环冷却水系统后，由于被不断蒸发浓缩，故水中的悬浮物含量和浊度增加。同时，循环水在冷却塔内与空气接触，把空气中的尘埃洗涤下来并带入循环冷却水系统，形成悬浮物。此外，冷却水系统中生成的腐蚀产物、微生物繁衍生成的黏泥都会成为悬浮物。这些生成的悬浮物约有 4/5 沉积在冷却塔集水池的底部，可通过排污被带出冷却水系统，还有约 1/5 的悬浮物则悬浮在冷却水中，使水的浊度增加。

（5）溶解氧浓度增大。

补充水进入循环冷却水系统后，在冷却塔内的喷淋曝气过程中，水中的溶解氧大量增加，达到或接近该温度与压力下氧的饱和浓度，从而增加了循环水对设备的腐蚀性。

（6）含盐量升高。

循环水由于蒸发而被浓缩后，水中含盐量必然随着水蒸气的散失而增加，从而增大了循环水的结垢倾向和腐蚀倾向。

（7）微生物滋长。

循环冷却水中的微生物既可能是由空气带入的，也可能是由补充水带入的。循环冷却水的水温通常在 32～42℃左右，水中含有大量的溶解氧，又往往含有氮、磷等营养成分，这些条件都有利于微生物的生长。冷却水系统中日光照及的部位可以有大量的藻类生长繁殖，日光照不到的地方，则可以有大量的细菌和真菌繁殖。微生物的大量繁殖会形成生物黏泥覆盖在换热器中的金属表面上，降低换热器的冷却效果。

（8）有害气体进入。

循环冷却水在冷却塔内与工业大气反复接触时，大气中 SO_2、H_2S 和 NH_3 等有害气体不断进入循环水中，使循环水对钢、铜和铜合金的腐蚀性增大。

（9）工艺泄漏物进入。

循环冷却水在运行过程中，冷却水系统中的换热器可能发生泄漏，从而使工艺物质（如炼油厂的油类、合成氨厂的氨等）进入循环水中，使水质恶化或水的 pH 值发生变化，增加循环水的腐蚀、结垢或微生物生长的倾向。

（10）水温变化。

冷却水在循环过程中水温升高，除了降低钙、镁盐类的溶解度及部分 CO_2 逸出外，还提高了平衡 CO_2 的需要量，使水失去稳定性而具有产生水垢的性质。反之，循环水在冷却构筑物中降温，水中平衡 CO_2 需要量也降低，如果需要量低于水中的 CO_2 含量，则此时水中 CO_2 具有侵蚀性，使水失去稳定性而具有腐蚀倾向。

因此，在温度差比较大的循环冷却水系统中，有可能同时产生腐蚀和水垢，即在生产工艺冷却设备的冷水进口端（低水温区）产生腐蚀，而在热水出口端产生水垢。

2. 循环冷却水系统的水质控制

循环冷却水水质变化的结果，常使系统发生腐蚀和结垢故障。腐蚀故障不仅会缩短设备寿命，而且会引起工艺过程效率的降低、产品泄漏和污染等问题，在高温高压过程中的冷却水系统，还可能发生安全事故。结垢故障由水垢或黏泥引起，不仅使传热效率降低，影响冷却效果，严重时使设备堵塞而不得不停工检修。结垢还会降低输水能力，增加泵的动力消耗，并促使微生物滋生，间接引起腐蚀。

因此，循环水水质控制的主要目标应为阻抑污垢、控制腐蚀、杀灭水微生物或抑制其生长。关于循环冷却水处理的具体方法可参考有关书籍。

四、提高冷却水循环利用程度的途径

提高冷却水循环利用程度的主要途径，一是改直流式冷却用水系统为循环冷却用水系统；二是提高循环用水系统的运行效率与循环率。

（一）改直流式用水系统为循环用水系统

靠近大江、大湖的工业冷却用水，在条件允许时，可采用直流式冷却系统，除此之外，直流式冷却系统均应改为循环式冷却系统。循环用水系统同直流式用水系统相比，不仅可取得与循环率数值相当的节水效果，而且可以减少排水量和水污染、防止水体的热污染，可以提高热交换装置的传热效率和用水系统的可靠性。通常，在缺水地区改直流式用水系统为循环用水系统应是首选的节水途径，在水资源丰沛地区宜进一步通过技术经济分析确定。

（二）选用高效节能和性能优良的冷却构筑物

冷却构筑物类型选择应根据生产工艺要求、当地自然地理和其他具体条件确定。它关系到整个循环冷却水系统的费用、运行状况、节水效果和经济性运行管理问题，应慎重对待。为此须注重以下几个环节。

（1）选择水量损失少的冷却构筑物，通常以冷却塔为宜。对冷却塔而言，应尽量采用具有收水器，且收水效果好的构造类型。

（2）在同类型冷却塔中应尽量选用冷却效率高的填料。这种新填料应具备下列特点：单位体积的水汽接触面积大、水气接触时间长、亲水性好、有一定强度、气流阻力小。

（3）对机械通风冷却塔，应具有高效低噪声风机。

（4）循环水量应与冷却塔的规模相匹配。原则上，当单塔循环水量在 $500m^3/h$ 以下时以选用玻璃钢冷却塔、$500\sim1000m^3/h$ 时宜选用 $\phi4.7m$ 钢筋混凝土塔、$1000\sim2000m^3/h$ 时宜选用 $\phi8m$ 钢筋混凝土塔、$2000m^3/h$ 以上宜选用自然通风双曲线型冷却塔或其他类型冷却塔复合形式。

（三）控制循环水水质

控制循环水水质是保证循环冷却水系统正常或高效运行、提高水的循环率和节水效果的必要措施，循环冷却水系统中水质变化的影响主要是产生污垢、沉积和腐蚀。因此，循环水水质控制的主要目标应为阻抑污垢、控制腐蚀、杀灭水微生物或抑制其生长。

（四）循环冷却水系统排污

如前所述，通过循环冷却水系统排污可将水的浓缩倍数限制在适当范围。从这个意义上讲，排污也是循环水水质控制的一项重要措施。排污的另一重要作用是排除大量沉淀于集水池中的污泥。大部分由空气带入循环水中的尘埃直接沉淀于集水池，其数量可观。因此，合理排污对提高循环水利用程度亦很有意义。

（五）采用密闭式循环冷却水系统

密闭式循环冷却水系统的特点及其适用条件已如前述。尽管密闭式循环冷水系统可使水的消耗减少到最低限度，极大地提高了水的循环率；但是，对循环冷却水的水质也提出了特殊的要求。除一般水质稳定措施外，对于传热面热负荷高的设备，如高炉、转炉、加热炉、电炉、连铸机等还需进行水的软化、除盐及脱氧处理。

第三节 工艺节水技术

一、工艺节水概述

（一）工艺节水的潜力

在工业生产中，同一种产品由于采用的生产方法、生产工艺、生产设备和生产用水方式不同，单位产品新水量也不同。工艺节水就是指通过工业生产工艺技术进步及生产经营管理变革，使生产用水得以合理利用的一种节水途径的统称，其内容广泛而深邃。以下5个方面的变化产生的节水效果都属于工艺节水的范畴：①生产布局、产业与产品结构；②生产规模；③生产方式、方法和生产工艺流程；④生产工艺用水方式；⑤生产设备。

工艺节水与水的循环利用有本质区别。如前所述，水的循环利用是以提高水的重复利用率来降低单位产品新水量，而不改变产品的生产方法、工艺、设备或用水方式。由于水的循环利用较易实施、易取得立竿见影的效果，因此较受重视。但循环用水的节水潜力随节水工作的不断推进会逐渐降低。与此相反，工艺节水不仅可以从根本上减少生产用水，而且通常具有减少用水设备、减少废水或污染物排放量、节省能源，以及节省投资和运行费用等优点。在水资源匮乏的情况下，随着节水工作的发展，工艺节水正越来越受到重视并具有广阔的发展前景，它属于更高层次（节水、节能、提高产品质量等）的源头节水技术。

从原则上讲，对任何一种工业行业，其一般生产过程都有可能采用工艺节水技术来减少生产用水，而且节水潜力较大。但是，为实行工艺节水，需改变生产方法、改革生产工艺，所涉及的问题多、情况复杂。通常对旧有工业企业实行工艺节水往往不如提高水的重复利用率简便，但是对新建或改建的工业企业，采用工艺节水技术往往比单纯进行水的循环利用和回用更为方便与合理。在一般情况下，各种节水途径宜从实际出发结合运用以取得最佳节水效果。

（二）工艺节水的效果

工艺节水效果，是对生产同一产品的两种不同生产方法、生产工艺、生产设备或生产用水方式而言，如生产某产品原单位产量的新水量为W_f，采用新的生产方法、工艺、设备或用水方式后单位产量新水量为W'_f，则工艺节水率（节水效果）为（$W_f - W'_f$）/W_f。

应该看到，所谓工艺节水或工艺节水效果对同一产品生产发展过程而言也是相对的。当新的生产方式、工艺、设备或用水方式被普遍推广应用或被更新的生产方法、工艺、设备或用水方式所取代后，单位产品新水量W'_f即应被认为是正常用水水平，这时新的工艺节水率为（$W'_f - W''_f$）/W'_f，其中W''_f为采用更新的生产方法、工艺、设备或方法后的单位产品新水量，如此类推。这样发展下去，某一产品、某一行业乃至整个社会的节水水平将不断提高。

二、洗涤节水技术

在工业生产用水中，洗涤用水仅次于冷却水的用量，居工业用水量的第二位，约占工业用水总量的10%～20%，尤其在印染、造纸、电镀等行业中洗涤用水有时占总用水量的一半以上，是工艺节水的重点。节约洗涤用水的方法很多，其中以采用逆流洗涤工艺最为简便，节水效果显著，投资少，见效快，适用面宽，易于推广。下面首先着重介绍逆流洗涤工艺的节水原理，然后简要介绍其他节水高效洗涤方法与工艺。

（一）逆流洗涤工艺

在印染、造纸、电镀等行业中，加工产品需经过多次水洗工艺处理。如印染行业中的退浆、漂白、丝光染色、印花和化学处理等生产工序中都有水洗工艺。水洗工艺在工业生产中应用广泛。逆流洗涤是目前水洗工艺中节水效果显著、被普遍采用的一种工艺节水技术。

水洗工艺分为单级水洗与多级水洗两种。在单级水洗工艺中，被加工的产品在一个水洗槽中经一次水洗即完成洗涤过程。在多级水洗工艺中，被加工的产品需在若干个水洗槽中依次进行洗涤。

在传统的多级水洗工艺中，各水洗槽均设进水管和排水管。在洗涤过程中，被加工产品依次经每个水洗槽进行洗涤，各水洗槽则连续加入新水并排出废水，水在其中经一次使用后即被排除。因各水洗槽之间的用水互不相关，故这种多级水洗工艺称为分流洗涤工艺。

在逆流洗涤工艺中，新水仅从最后一个水洗槽加入，然后使水依次向前一水洗槽流动，最后从第一水洗槽排出。被加工的产品则从第一水洗槽依次由前向后逆水流方向行进。逆流洗涤即因此而得名。

在逆流洗涤工艺中，除在最后一个水洗槽加入新水外，其余各水洗槽均使用后一级水洗槽用过的洗涤水。水实际上被多次回用，提高了水的重复利用率。因此逆流洗涤工艺与分流洗涤工艺相比，可以节省大量新水。

（二）洗涤方程

在水洗工艺中，影响被加工产品洗涤效果和用水量的因素很多。建立它们之间的函数关系——洗涤方程，对了解逆流洗涤原理，分析节水效果是很重要的。下面以印染工业的布坯染色水洗工艺为例，建立基本洗涤方程。

布坯染色后通常需经由数个至十余个水洗槽组成的“平洗机”进行洗涤（如图 2－10 所示），以去除布坯上的浮色。

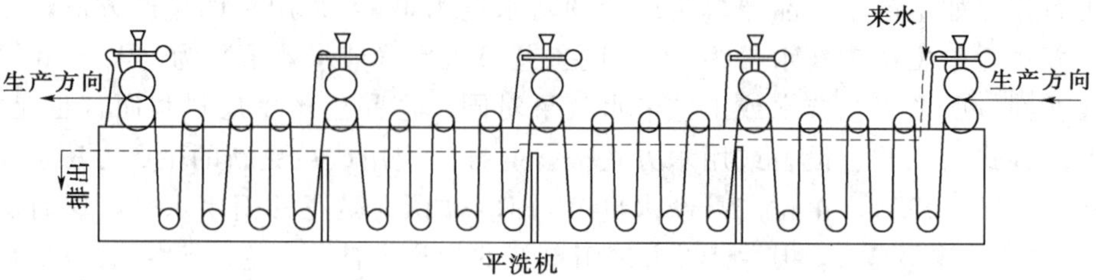

图 2－10　平洗机（顺流洗涤）示意图

1. 逆流洗涤方程

如果在平洗机中应用逆流洗涤工艺，新水自最后一水洗槽加入，并由后向前最终至第一水洗槽排出。由于布上染料浮色越多，水洗时被洗下的就越多，水洗槽中染料的浓度就越大；另一方面，水中染料浓度越大，返回到布上去的染料浮色也越多。设各水洗槽扎辊的扎液率相同，布坯吸附染料浮色量 A 与水洗槽中染料浓度 C 成正比，则

$$A = KC \tag{2-15}$$

式中　A——布坯吸附染料浮色量，g/kg；

C——水洗槽中染料浓度，g/kg；

K——染料在布和水中的分配系数。

布坯在几个水洗槽的逆流平洗机中洗涤时，在平衡状态下，对其中第 i 个水洗槽而言，在单位时间间隔 Δt 内不存在染料的积累，即染料的带入量等于染料带出量。

$$(PV\Delta t)A_i+(PV\Delta t)WC_i+QC_i=(PV\Delta t)A_{i-1}+(PV\Delta t)WC_{i-1}+QC_{i+1} \tag{2-16}$$

式中　P——单位长度布坯的重量，kg/m；

V——布坯洗涤行进线速度，m/s；

Q——在 Δt 时间内加入水洗槽的水量，kg；

W——轧液率（布坯带水率），%；

Δt——待定的单位时间。

若选择适当的 Δt，使 $PV\Delta t=1$（kg，布坯），则式（2－16）变为

$$A_i + WC_i + QC_i = A_{i-1} + WC_{i-1} + QC_{i+1} \tag{2-17}$$

将式（2－15）代入式（2－17）得

$$(K + W)C_i + QC_i = (K + W)C_{i-1} + QC_{i+1} \tag{2-18}$$

记 $F=Q/(K+W)$，式（2－18）可改写为逆流洗涤基本方程

$$(1 + F)C_i = C_{i-1} + FC_{i+1} \tag{2-19}$$

当 $n=1$ 时，即为单槽水洗，这时 $n=i=1$，$C_{i-1}=C_2=0$ 即为清水浓度，则洗涤效果为

$$C_1/C_0 = 1/(1 + F) \tag{2-20}$$

当 $n=2$ 时，为二槽逆流洗涤，同理，$C_3=0$，则

$$C_2/C_0 = 1/(1 + F + F^2) \tag{2-21}$$

对于 n 槽逆流洗涤，则可得通式

$$C_n/C_0 = 1/(1+F+F^2+\cdots+F^n) = (F-1)/(F^{n+1}-1) \tag{2-22}$$

式（2-22）中 C_n/C_0 表示洗涤效果，比值越小洗涤效果越好。

由式（2-19）可得第 i 水洗槽中染料的浓度为

$$C_i = \frac{F-1}{F^{i+1}-1}C_0 + \frac{F(F^i-1)}{F^{i+1}-1}C_{i+1} \tag{2-23}$$

因 $C_{n+1}=0$，用数学归纳法可得

$$C_i = \frac{F^{n-i+1}-1}{F^{n+1}-1}C_0 \tag{2-24}$$

2. 分流洗涤方程

因对分流洗涤 $C_{i+1}=0$ 始终成立，故

$$C_i/C_{i-1} = 1/(1+F) \tag{2-25}$$

$$C_n/C_0 = (C_n/C_{n-1})(C_{n-1}/C_{n-2})(C_1/C_0) \tag{2-26}$$

由此得分流洗涤方程

$$C_n/C_0 = 1/(1+F)^n \tag{2-27}$$

分流洗涤时，第 i 水洗槽的染料浓度为

$$C_i = C_0/(1+F)^i \tag{2-28}$$

洗涤方程中的 F 值是洗涤过程的重要参数。由 $F=Q/(K+W)$ 可知，F 值与洗涤用水量、染料在布坯上的吸附性、轧液率有关，它实际上表示洗涤水量与染料浮色量的相对比，故称稀释率。稀释率也是衡量水洗效率的一种尺度。如果将式（2-19）改写为

$$F = (C_{i-1}-C_i)/(C_i-C_{i-1}) \tag{2-29}$$

则不难看出 F 值表示任意的 3 个相连水洗槽间的染料浓度梯度比。

由此可见，F 值不仅决定洗涤过程的稀释程度，还确定了水洗槽之间的染料的浓度差分布规律和趋零速度。

上述由印染工业布坯水洗工艺推出的洗涤方程，经适当调整亦可用于其他行业的水洗工艺。

如电镀行业的镀件水洗工艺，是为了清除镀件表面的电镀液。这时，根据镀件清洗特点，可设 $A=0$，W 为镀件表面单位面积带液率（kg/m^2）计、P 以单位重量镀件表面积（m^2/kg）计，V 以（kg/s）计，则式（2-17）改写成

$$WC_i + QC_i = WC_{i-1} + QC_{i+1} \tag{2-30}$$

记 $F=Q/W$，洗涤方程形式不变。对于其他行业可依此类推。

（三）逆流洗涤节水效果分析

根据上述各式可以从不同角度分析逆流洗涤与分流洗涤相比的节水效果。为便于讨论，仍以布坯染色水洗工艺为例。

1. 新水总量一定时逆流洗涤的洗涤效果

当新水总量一定时，逆流洗涤工艺的各水洗槽水流量均为 Q，而分流洗涤工艺的各水洗槽水流量为 Q/n，则由式（2-22）、式（2-26）可得两种洗涤方式洗涤效果的比值为

$$\frac{C_n}{C'_n} = \frac{(1+F/n)^n}{1+F+F^2+\cdots+F^n} < 1 \tag{2-31}$$

式中 C'_n、C_n——分流洗涤与逆流洗涤工艺中第 n 个水洗槽中的染料浓度。

可见，在新水量相同的情况下逆流洗涤效果优于分流洗涤效果。图 2-11 为 $n=5$、$n=10$ 时，C_n/C'_n的变化情况。图中，C_n/C'_n值在 $F>1$ 之后已明显减少，表明逆流洗涤的效果与分流洗涤的效果相比差距相对扩大，且水洗槽数目越多差距越大。显然，如最后洗涤效果相同，在其他条件（Q、F）不变的情况下可相对减少逆流洗涤工艺中的水洗槽数量（减少投资）。

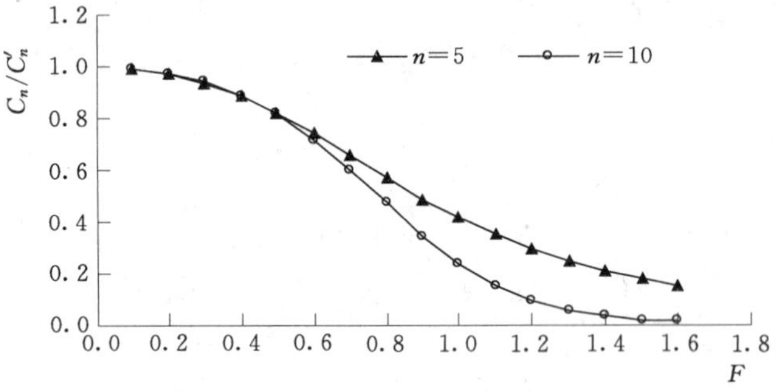

图 2-11 C_n/C'_n变化规律

2. 逆流洗涤工艺的节水效果

分析表明，分流洗涤时各水洗槽加入的都是新水且流量相同，而进入各水洗槽的布坯的染料浮色量由前至后呈下降趋势，这就使各水洗槽的去浮色率依次下降，不能有效发挥后面各水洗槽的洗涤作用，陡然浪费很多新水。而逆流洗涤时各水洗槽中的染料浓度或进水染料浓度由前至后逐槽降低，布坯的染料浮色量与分流洗涤时相似，这样可以充分发挥各水洗槽的洗涤作用，并可通过调整稀释率 F 使洗涤过程处于最佳状态，从而节约大量新水。

应用洗涤方程可计算在不同情况下逆流洗涤工艺与分流洗涤工艺相比的节水率。若两种洗涤工艺的洗涤效果相等，则

$$\frac{C'_n/C_0}{C_n/C_0}=\frac{1+F+F^2+\cdots+F^n}{(1+F')^n}=\frac{F^{n+1}-1}{(1+F')^n(F-1)}=1 \qquad (2-32)$$

式中 F'、F——分流洗涤工艺和逆流洗涤工艺相应的稀释率。

在其他条件相同的情况下逆流洗涤工艺的节水率为

$$\frac{\text{分流洗涤所需水量}-\text{逆流洗涤所需水量}}{\text{分流洗涤所需水量}}=\frac{Q'-Q}{Q'}=\frac{nF'-F}{nF'} \qquad (2-33)$$

式中 Q、Q'——逆流洗涤工艺和分流洗涤工艺相应的新水量。

由式（2-33）可求得不同条件下逆流洗涤工艺的节水率，如图 2-12 所示。

由图 2-12 可见，与分流洗涤工艺相比，印染工业布坯印染逆流洗涤工艺的节水率可达 30%～90%，其值与水洗槽数目（n）、稀释率（F）和水温有关。在考虑节水要求时应以保证工业的产品质量、降低生产成本为前提，n、F 数及水温应根据产品生产的具体情况确定。

（四）逆流洗涤工艺在其他行业中的应用

逆流洗涤工艺亦可广泛应用于其他工业行业，并取得良好的节水效果，经济效益、环

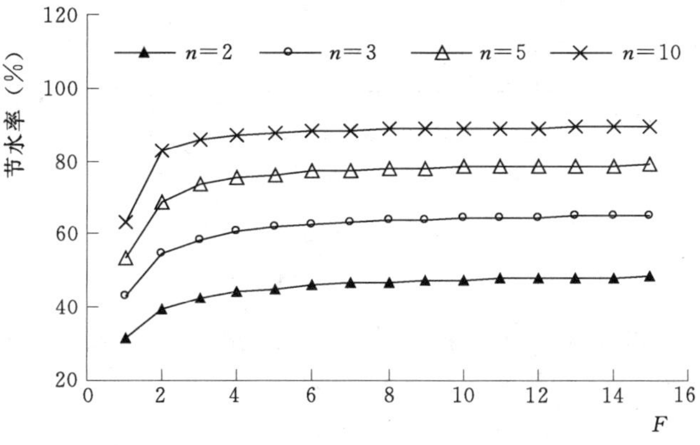

图 2-12　逆流洗涤工艺的节水率

境效益显著。例如：

在某机械行业的电镀工艺中，清洗镀铬件时以逆流洗涤工艺取代分流洗涤工艺，并用纯水作为水洗槽的补充水。在镀件经三级逆流喷洗后，水中铬酐浓度即显著提高，然后将这种洗涤废水作为电镀槽的补充水。这样，即补充了电镀槽中镀液的蒸发损失（因镀液温度较高），节约 99.5%的新水量，又回收了 99.9%的铬酐，取得了良好节水效果、经济效益和环境效益。

在造纸行业的制浆工艺中，采用多段逆流洗浆工艺，洗浆后的高浓度黑液可供作碱回收的原料。这样既减少新水量，又有利于黑液的碱回收。

在城市与工业企业的水处理工艺中，已广泛采用离子交换树脂或其他水处理剂的逆流再生和逆流反洗方法，以节省再生药剂、减少反洗水量、减少排污。

（五）其他高效洗涤方法与洗涤工艺

节约洗涤用水的途径，除在适当条件下加强洗涤水的循环利用和回用外，最简捷有效的途径是提高洗涤工艺的洗涤效率。除了上述逆流洗涤工艺外，还有一些其他高效洗涤方法和洗涤工艺，如喷淋洗涤、气雾喷洗、振荡水洗、气水冲洗、高效转盘水洗、高效印染洗涤、高压水洗等方法及洗涤工艺。下面对这些水洗方法与工艺做概要介绍。

1. 喷淋洗涤法

喷淋洗涤法是指被洗涤物件以一定移动速度通过喷洗槽，同时用按一定速度喷出的射流水喷射洗涤被洗涤物件。一般多采取二、三级喷淋洗涤工艺，用过的水被收集到储水槽中并可以逆流洗涤方式回用。这种喷淋洗涤工艺的节水率可达 95%。目前这种洗涤方法已用于电镀件和车辆的洗涤。

2. 气雾喷洗法

气雾喷洗主要由特制的喷射器（如图 2-13 所示）产生的气雾喷洗待清洗的物件。其原理是：压缩空气通过喷射器气嘴时产生的高速气流在喉管处形成负压，同时吸入清洗水，混合后的雾状气水流——气雾，以高速洗刷待清洗物件。

用气雾喷洗的工艺流程与喷淋洗涤工艺相似，但洗涤效率高于喷淋洗涤工艺，更节省洗涤用水。

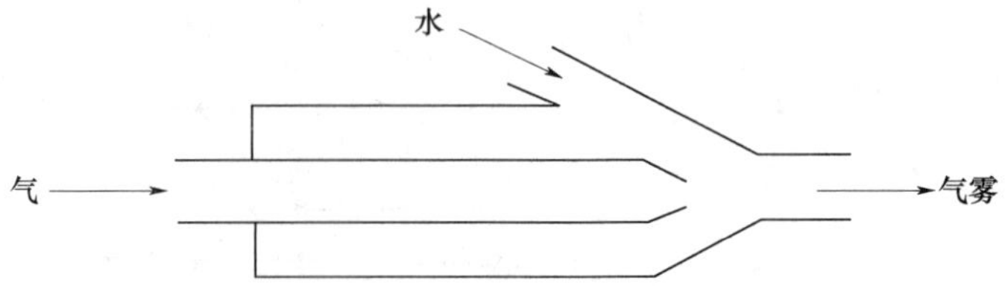

图 2-13 气雾喷洗喷射器

3. 振荡水洗法

振荡水洗法是以机械振荡方法加强清洗物件与水的相对运动，以增大需清除物质的扩散系数，提高洗涤效果。

4. 气水冲洗法

气水冲洗是指用一部分空气代替水进行冲洗，以减少冲洗水量的一种方法。此法与气雾喷洗法相似，但不形成雾状气水混合物，有时气、水可交替使用。

水处理过滤装置采用气水反冲洗法就是气水冲洗法的典型例子，目前已广泛应用，其节水效果可达 30%～50%，冲洗效果良好。水处理过滤装置冲洗的目的是在水、气的作用下使滤料层“膨胀”，同时使滤料颗粒互相碰撞摩擦，以去除被截留于滤料颗粒表面的杂质，恢复过滤装置的“截污”能力。由于我国绝大部分水处理系统都设有各种类型的过滤装置，其反冲洗水量约占总处理水量的 3%～5%，因此减少水处理系统的自用水量（包括反冲洗水量）是不容忽视的。

5. 高压水洗法

高压水洗是相对于低压喷水管水洗而言，将喷水管孔眼改用直径 1mm 的喷嘴，水压由 0.1～0.4MPa 增至 2～3MPa，以增加水射流强度，喷嘴往复运动冲洗，以确保冲洗均匀，冲洗效率成倍提高，用水量下降至低压水洗方法的 2%。

高压水洗方法也用于其他场合以提高洗涤效果，如洗车、加工件的除砂或除锈等。

三、物料换热节水技术

（一）工艺特点

在石油化工、化工、制药及某些轻工业产品生产过程中，有许多反应过程是在温度较高的反应器中进行的。进入反应器的原料（进料）通常需要预热到一定温度后再进入反应器参加反应。反应生成物（出料）的温度较高，在离开反应器后需用水冷却到一定温度方可进入下一生产工序。这样，往往用以冷却出料的水量较大并有大量余热未予利用，造成水与热能的浪费。如果用温度较低的进料与温度较高的出料进行热交换，即可达到加热进料与冷却出料的双重目的。这种方式或类似热交换方式称为物料换热节水技术。

采用物料换热技术，可以完全或部分地解决进、出料之间的加热、冷却问题，可以相应地减少用以加热的能源消耗量、锅炉补给水量（如用蒸汽加热时）及冷却水量。

（二）应用实例

物料换热技术在一些工业生产中已得到应用，并取得较好的效果，如某厂生产维生素 C 的发酵连续消毒过程，原先是用蒸汽将培养基加热至 130℃、维持 5～8min，用水冷却至 50～60℃，在发酵罐内将培养基继续降温至 30℃，后采用物料换热技术，用加温后需降温的培养基与起初需加温的冷培养基进行热交换，这样既节省了蒸汽又节约了冷却水，年节约蒸汽量 816.7t，节水 $2.25\times10^4 m^3$。该工艺流程如图 2－14 所示。

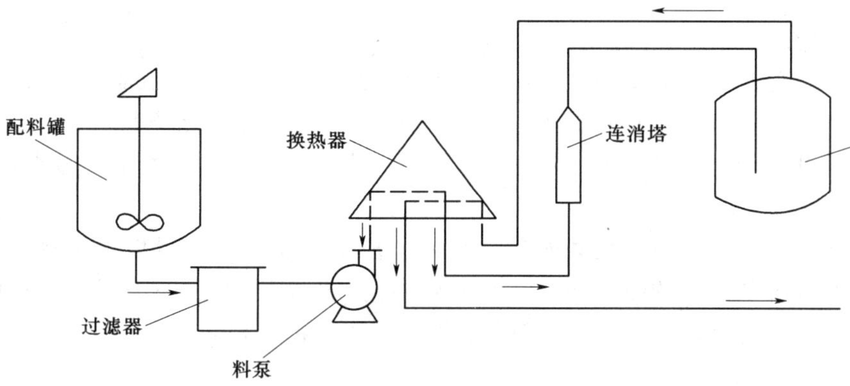

图 2－14　某厂的物料换热工艺流程

又如某厂以锅炉补充水（软化水）代替锅炉的煤气喷嘴、蒸汽取样器等所需的冷却水，不但减少了冷却水量，还使补给水水温比原先提高 2～3℃。

四、节水型生产工艺

在工业生产中有许多生产方法或工艺具有节水作用，从节约用水角度可称为节水型生产工艺技术。对于节水型生产工艺技术，在此只简单列举数例，而不去涉及具体生产工艺原理。

（一）电力行业节水型生产工艺

电力行业是城市用水大户，万元产值用水量居其他工业行业之首，发电节水举足轻重。

1. 燃气轮机发电机组节水工艺

燃气轮机发电可能完全改变目前广泛采用的汽轮机发电生产工艺，由于燃气轮机是由燃烧产生的高温高压燃气推动发电机发电，直接实现化学能—机械能—电能的转换，所以不需要汽轮机发电机组所需的锅炉用水、冷凝器冷却用水和冲灰水等，从而节水。燃气轮机虽具有一系列优点，但单机组容量有限，其热效率尚不及高参数的汽轮机发电机组，机组的高温组件寿命较短，不能利用固体燃料。

2. 核能利用发电节水工艺

核能发电由于核转化为热能无需烧煤，整个系统密封进行，因此可以省去除尘、出渣、冲灰等工艺用水。同时选用密闭式冷却塔和利用海水，是资源利用的发展方向。

（二）节水型印染生产工艺

1. 低给液染整

目前应用的有循环带转移给液法和“QS”法（吸墨水纸原理）。我国上海等地厂家应用该项技术表明，低给液染整工艺可降低给液率 15%～40%，不但提高生产率 25%，还相应地有节水、节能作用。

2. 冷轧堆工艺

采用冷轧堆工艺进行漂白比蒸汽漂白（使用双氧水）将节约 1/3 的能源。冷轧堆工艺用于活性染料染色和直接铜盐染料染色，可获得渗透性良好、布面均匀的染色效果，与轧染相比可省去汽蒸工序，节省能源和染料，也相应地减少了生产用水量。冷轧堆工艺适用于小批量多品种生产。

3. 一浴法染色

采用一浴法染色减少不必要的水洗，且有产量高、省工、节水、节能等特点。如腈纶染色时，染色和柔软处理可以同时进行。一浴法用染料有多种混合染料。为简化染料品种，单一染料的开发受到关注，单一染料可以同时染着两种纤维，因而更为节水。

4. 泡沫染整

泡沫染整技术是一种用空气代替水作为稀释介质的染整工艺，可以节约用水约 50%～60%。它同时可降低织物的吸水率，从而可减少织物烘干过程的能耗和相应的锅炉补给水（如用蒸汽）。泡沫染整主要是为节省染料而开发的一项新技术。

5. 泡沫上浆

泡沫的比表面积很大，可将少量高浓度浆液均匀地涂敷到较大面积的织物上去。采用泡沫上浆技术可节水 50%左右。

6. 微波染色

染织物浸过染液后，经微波照射可使染织物上的水分子产生偶极旋转，分子间产生摩擦，使纤维内部温度迅速升高，染料分子聚合体迅速扩散为单分子，同时纤维的非晶体区有所松动，使染料分子迅速地渗透到纤维中去完成染色过程。微波染色的用水量仅为其他染色方法的 3%～20%。这种方法适用于小批量多品种生产过程。

（三）节水型制革生产工艺

制革是对动物生皮通过一系列的化学、物理化学和机械加工制成皮革的过程，其主要工序有浸水、脱毛、浸酸、鞣制和干燥整理等。

制革生产用水集中、单位产品用水量较大，所产生的废水浓度高、污染严重，故节水型制革工艺还具有防治污染的意义。

1. 转鼓快浸工艺

传统的皮革浸水多在浸水池中进行，因为要经常翻皮，故而时间长、用水量大、劳动强度高。转鼓快浸工艺应用浸水促进剂，通过转鼓的转动作用，可大大缩短水浸时间，节约用水 40%以上。

2. 酶脱毛工艺

酶脱毛工艺，是利用酶的催化作用削弱毛根与胶原纤维之结合，使毛脱落，并可使胶原松散便于鞣制。它与传统灰碱法脱毛工艺相比，用水量小，所产生废水的污染程度也大为减轻。因此发展很快，目前主要有加温有浴、常温无浴和无碱堆置等方法。

3. 无浴鞣制工艺

鞣制是制革生产的主要工序之一。轻革无浴鞣制工艺与老工艺相比，可减少用水量 80%以上，废液中的铬减少约 95%。重革无浴鞣制工艺可节约用水 70%左右，节约栲胶 10%、红矾 30%，减轻劳动强度。

4. 常温少浴染色工艺

以往皮革染色加油，通常是在 60℃左右的大量浴液中进行，用水量大。常温少浴染色新工艺，是在32℃的水中添加1%渗透剂的条件下染色加油。这种方法可节水80%左右。

（四）节水型造纸生产工艺

我国造纸工业用水约占工业总用水量的10%左右，属用水量大、排污量大和污染严重的工业行业。造纸生产分制浆和造纸两部分，制浆用水量约占造纸总用水量的一半以上。制浆的方法很多，大体可分为化学法、机械法和化学—机械法三类，并分别具有不同的特点。

盘磨机械制浆是近些年来发展起来的一种新工艺。它是用盘磨机把木片直接磨制成浆的制浆方法，又分为普通木片磨木浆、热磨木片磨木浆和化学机械制浆等。这种制浆方法比化学制浆的单位用水量小，约分别为20～50m^3/t和200～300m^3/t，可节水80%～90%。此外还具有纸浆得率高、省料、成本低、原料适用性广和污染较轻等优点。

五、无水生产工艺

无水生产工艺的产生，通常是出于改进生产方法和工艺以及保护环境（无废或少废）的要求。此处所谓的无水生产工艺是指产品生产过程中无需生产用水的生产方法、工艺或设备。显然在所有的节水方式中无水生产工艺是最节水的，是节约工业生产用水的一种理想状态。如果在工业生产中，特别是在那些用水量大、污染严重的生产行业中能较普遍地采用无水生产工艺，其节水和其他各方面的意义是不言而喻的。但是，应该看到人类社会生产活动要达到这种境地且高效、经济，还有十分艰巨漫长的过程，而且各工业行业无水生产工艺的产生实际上还有赖于科学技术的进步。下面举例介绍几项无水生产工艺。

（一）耐高温无水冷却装置

鉴于在工业生产中用以冷却各种高温生产设备的冷却水量很大，如果这些生产设备的有关部件采用无需冷却的耐高温材料制造，则可不用冷却水。例如：

（1）某钢厂在加热炉中用无水冷滑轨取代传统的水冷滑轨，节省了原装置的全部冷却用水。该无水冷滑轨是用碳化硅刚玉加工而成，轨基用矾土水泥混凝土预制块砌筑，可耐1250～1300℃高温。此外，还提高了加热炉的热效率，节省燃料30%。

（2）某厂将加热炉盖改用耐高温材料砌筑，取代了原先的水冷炉盖，节省了冷却用水。

（二）干熄焦工艺

在炼焦工艺中，用湿法熄焦不仅用水量大还产生废气、废水，污染环境。采用干法熄焦时，以不含氧的气体（如氨气）冷却灼热的焦炭，高温气体通过封闭循环水系统冷却后再重复利用，加热后的冷却水又被送至废热锅炉进行余热利用。这种熄焦工艺节水、节能且无污染。

（三）无水造纸工艺

如采用气动工艺制木质纤维，用细孔筛分离出纤维层，然后用合成黏合剂黏合纤维素以制成书写、印刷用纸、包装纸，纸质地毡、睡袋、床单、襁袍、尿布和衬衣等。

又如在制浆原料加工中采用干法剥皮法（用刀或剥皮机）以节省湿法剥皮时所需的水（2～3m^3/t）。

（四）无水印染工艺

比较典型的无水印染工艺有：溶剂漂染、溶剂染色、气相染色、光漂白等。溶剂漂染是以溶剂代替水进行漂染，将退浆、煮炼和漂白三个工序合并，既简化生产工艺、不产生废水、提高产品质量，又不需用水。

溶剂染色是以有机溶剂代替水进行染色，不仅染色均匀，而且染色后不需水洗，可节约大量印染、洗涤用水。

气相染色是用染料或整理剂的蒸汽或烟雾对织物进行染色、整理，以免用水作染色媒介，染色后无需水洗。气相染色操作简单、加工迅速，产品色泽鲜艳、质量好。目前我国各地采用的转移印花工艺即属色相染色工艺。

光漂白是用光代替漂白剂漂白织物，可节省漂白用水和洗涤用水，不排污，漂白速度快、工效高、质量好。

此外，干热染色、低压染色、气溶胶染色、溶剂上浆、磁性染色、高能射线染色均属无水印染工艺。

（五）无水电镀

无水电镀即干法电镀工艺，因为革除了镀件漂洗工序，因而无需洗涤用水、不排污、无污染。

气相镀膜工艺是在高真空中使金属离子化并附着在被镀基材上形成一层金属膜。此工艺亦称离子蒸镀工艺。

另一种气相镀膜工艺是在减压气体容器内用镀料金属组成电极，在高电压作用下两极间发生辉光放电，使惰性气体离子化并射向阳极，形成阳极的原子喷射，然后在磁场电位作用下沉积于被镀基材表面构成镀膜。此外，还可以采用特殊喷枪喷出 Cr 原子镀于镀件表面。

第四节　回 用 节 水 技 术

第一章第二节已述，根据工业企业的生产用水方式，可以将工业用水系统分为直流、循环、回用 3 种基本类型。回用水系统的特点是将生产过程中使用过的水不经处理或经适当处理后用于同一用水系统内部或外部的其他生产过程。特别地，当下一级用水水质要求逐级同上一级用水的排水水质相适应时，无需对上一级用水单元的排水水质进行处理就可以回用的用水系统，还称为循序用水系统（或串联用水系统）。这种定义对一个工业企业来说是恰当的，但从工业企业外的角度考察，上述回用水只是将工业用水有计划地回用于工业用水的一部分，其范围十分有限，可称为狭义的回用水。事实上对于一个地区，有许多类用水，如生活用水、工业用水、农业用水等，只要是一个用水单元用过的，未经处理或经过处理后又被其他用水单元利用的水量，都应属于回用水，这是广义的回用水。因本章内容侧重于“工业”节水，故以下讲的仍是狭义的工业废水回用。

工业废水能否回用？如何才能实现回用？关键之一是要弄清楚工业水在使用过程中所发生的水质变化；关键之二是要合理规划、统筹安排用水水质要求与上一级排水水质相适应的下一级用水单元，或者对上一级排水进行水质处理使其满足下一级用水单元的用水水质要求。本节首先阐述工业水在使用过程中的水质变化；然后阐述工业企业水的循序利用；最后，针对很多情况工业生产中使用过的水必须经过水质处理后才能回用，介绍工业废水回用的水处理方法与流程。

一、工业用水的水质演化

工业水在使用过程中由于各种介质的加入或由于与大气直接接触使得大气中的尘埃不断混入水中，造成菌藻滋生；由于冷却水蒸发、飞溅、漏损，使得因浓缩而形成盐类污垢造成管网堵塞，导致水的电导率增加，或冷却水经过被冷却设备时温度上升，水中的钙、镁离子溶解度发生变化，会在器壁形成水垢。因此，存在污染物浓度增加以及出现水垢、污垢、菌藻等于水质相关的问题。

循环冷却水系统的水质变化与水质控制已在本章第二节中叙述，以下列出其他几个用水量比较大的行业的工业用水进出水水质情况，从中可以看出工业用水中水质的变化情况。

由表 2-6 可以看出，钢铁工业用水水质变化突出表现在硬度、碱度、固体悬浮物(SS)、COD 和金属离子浓度的急剧增加。

表 2-6　某钢铁厂工业用水水质变化情况

项　目	pH 值	总硬度 (mg/L)	钙硬度 (mg/L)	镁硬度 (mg/L)	碱度 (mmol/L)	油 (mg/L)	铁锰 (mg/L)	SS (mg/L)	COD (mg/L)	SO_4^{2-} (mg/L)
进水	7	222.2	162.6	59.7	1.2	<5	<0.1	6	<10	28
出水	7.6	448.0	276.0	172.0	228.0	7	8	200	107	193

由表 2-7 可以看出，纺织印染工业用水水质变化突出表现在硬度、固体悬浮物(SS)、COD、BOD_5、SO_4^{2-} 和色度等方面的增加。

表 2-7　某纺织印染厂工业用水水质变化情况

项　目	pH 值	总硬度 (mg/L)	Fe^{2+} (mg/L)	SS (mg/L)	BOD_5 (mg/L)	SO_4^{2-} (mg/L)	色度 (倍)	COD (mg/L)
进水	7	<20	<0.1	5	<1	36	<3	<10
出水	7～9	100	0.8	120～150	100～150	350～450	400～600	350～450

由表 2-8 可见，石油化工企业用水中的油、固体悬浮物（SS）、COD、BOD_5 等浓度升高很多，废水污染程度极其严重，例如固体悬浮物（SS）在使用后的浓度是其使用前浓度的 150 多倍。

表 2-8　某石油化工厂工业用水水质变化情况

项　目	pH 值	油（mg/L）	SS（mg/L）	COD（mg/L）
进水	7	0	4	<10
出水	7.9	30	610	460

表 2-9　某造纸厂工业用水水质变化情况

项　目	pH 值	SS（mg/L）	COD（mg/L）	色度（倍）
进水	7	5	<10	<3
出水	7.9	275	504.8	20

由表2－9可见，造纸工业是能耗、物耗高，对环境污染严重的行业之一。其废水排放量大，废水水质特点是COD、固体固体悬浮物（SS）含量高，色度严重。

二、工业企业水的循序利用

循序用水的特点是将生产过程中使用过的水不经处理直接用于同一用水系统内部或外部的其他生产过程。循序用水实现了“优水优用，劣水劣用”，是较为经济合理的一种用水方式，可提高水的重复利用率，达到节约用水的目的。根据循序用水的范围，工业企业循序用水系统可分为厂内循序利用和厂际循序利用。

（一）厂内循序利用

由于企业内各车间、工序或用水设备对水质的要求不同，它们所排废水的温度、压力、组成也不尽相同，因而有可能在不同的用水环节对不同的废水进行复用，做到一水多用。

以某炼钢厂水的循序使用为例，该厂根据各车间的不同生产工艺和对供水水温要求的不同，如炼钢车间要求冷却水的进口温度不大于25℃，锻钢车间要求冷却水的温度不大于35℃，而锅炉的给水温度越高越好（温度高可节省燃料、降低能耗），在供水一泵站采用了循序用水系统，如图2－15所示。该系统流程是：泵站先把低温水（≤25℃）供给炼钢车间使用，用后的冷却水温度约35℃，无须冷却，再供给锻钢车间使用。锻钢用后的冷却水温度约45℃，再送给锅炉使用，锅炉把45℃的热水烧成蒸汽，这相比于把25℃的水烧成蒸汽，既缩短了蒸发时间，又节省了燃料。

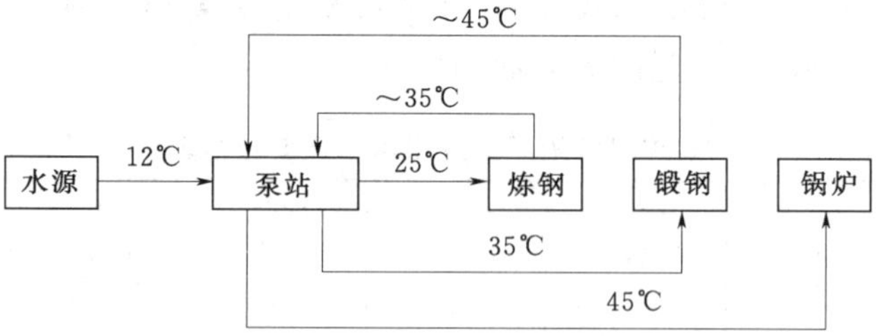

图2－15　钢铁厂循序用水流程示意图

除了在不同的车间实行循序用水外，在同一车间不同工序或同一工序的不同设备之间，也实现了循序用水。如热力车间的锅炉工段，把原来排到下水道的风机、水泵轴承的冷却水及软化装置的冲洗水集中起来，经过初步沉淀，用水泵送入烟囱水箱，然后再由水箱自流到麻石除尘器，作为除尘用水。除尘水再进入冲渣池，由冲渣泵抽出作为冲渣循环用水，如图2－16所示。

（二）厂际循序利用

在工业用水中，一些企业因受生产工艺限制，废水在本单位难以回收利用或使用不完而溢流排放，当该废水能满足附近一些企业的生产用水要求时，即可厂际循序使用。如化肥厂的冷却水可用作造纸厂的洗涤用水，棉纺厂的空调水可用作印染厂的漂洗用水等。

协调组织好各厂之间的循序用水，使不应排放的工业废水得以充分利用，不仅可有效地节约水资源，减少污水排放量，而且可解决另一厂的用水困难。在经济利益上，排水厂减少了排污量，少缴了排污费；用水厂则省掉了水资源费，节约了水费。

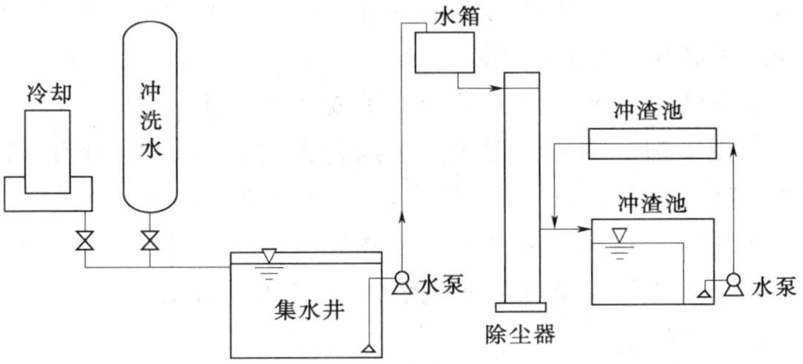

图 2-16　热力车间循序用水流程示意图

实施厂际串联用水的关键在于用水单位的生产用水是否能始终得到保障，这就要求排水厂与用水厂两个单位应本着互惠互利，节约用水的原则，密切配合，合理分配利益。

在进行循序用水系统的设计和改造时，首先要摸清各用水环节对水量、水质、水温和水压的要求。其次要对各用水环节的进水水质要求和排水水质情况进行分析和归类，合理规划循序用水流程，并做好水量平衡设计。

三、工业回用水处理方法与流程

回用水处理与通常所说的水处理并无特殊差异，只是为了使处理后的水质符合回用水水质标准，其涉及范围更加广泛，在选择回用水处理工艺时所考虑的因素更为复杂。这里概括介绍常用的回用水处理方法。其原理和设计计算，可参看相关文献。

（一）回用水处理方法概要

回用水处理方法按其作用机理可分为物理处理法、化学处理法和生物处理法三类。

1. 物理处理法

物理处理法是通过物理作用分离、回收污水中主要呈悬浮状态的污染物质（包括油膜和油珠），在处理过程中不改变污染物的化学性质。

根据物理作用的不同，物理处理法又可细分为筛滤截留法、重力分离法、离心分离法、高梯度磁分离法等。

2. 化学处理法

化学处理法是通过化学反应和传质作用来分离、回收污水中呈溶解、胶体状态的污染物或将其转化为无害物质的方法。

在化学处理法中，以投加药剂产生化学反应为基础的处理单元有混凝、中和、氧化还原等；而以传质作用为基础的处理单元则有离子交换、萃取、汽提、吹脱、反渗透、电渗析等。运用传质作用的处理单元既具有化学作用，又具有与之相关的物理作用，因此也可以从化学处理方法中分出来，成为另一类处理方法，即物理化学处理法。

3. 生物处理法

生物处理法是通过微生物的代谢作用，使污水中呈溶解状态、胶体状态以及某些不溶解的有机甚至无机污染物质，转化为稳定、无害的物质，从而达到净化的目的。此法根据所用微生物类别的不同，又可分为好氧生物处理和厌氧生物处理两种类型。传统上好氧生物处理法常用于城市污水和有机生产污水的处理，厌氧生物处理法则多用于处理高浓度有机性污水与污水处理过程中产生的污泥。

表 2－10 为回用水处理基本方法的类别与主要作用。实际上每种基本方法又可从不同角度分成若干种。如在生物法中活性污泥法按运行方式又可分为传统活性污泥法、阶段曝气法、生物吸附法（吸附再生法）、完全混合法、延时曝气法等；按曝气方式可分为鼓风曝气、机械曝气、纯氧曝气和深井曝气等；生物膜法有生物滤池、生物塔、生物转盘和生物接触氧化法等；生物氧化塘可分为好氧塘、兼性塘和厌氧塘；土地处理系统又分为地表漫流、慢速渗滤和快速渗滤等处理系统。

表 2－10　　回用水处理基本方法

<table>
<tr><th colspan="3">方法分类</th><th>主要作用</th></tr>
<tr><td rowspan="4">物理法</td><td colspan="2">筛滤截留</td><td>格栅：截留较大的漂浮物
格网：截留细小的漂浮物
微滤：去除细小悬浮物
过滤：滤除细微悬浮物和部分胶体</td></tr>
<tr><td colspan="2">重力分离</td><td>重力沉降分离悬浮物或上浮分离不易沉降的悬浮物</td></tr>
<tr><td colspan="2">离心分离</td><td>惯性分离悬浮物</td></tr>
<tr><td colspan="2">高梯度磁分离</td><td>磁力分离磁性或被磁化颗粒</td></tr>
<tr><td rowspan="4">化学法</td><td colspan="2">化学沉淀</td><td>以化学方法析出并沉淀分离水中的无机物</td></tr>
<tr><td colspan="2">中和</td><td>中和处理酸性或碱性物质</td></tr>
<tr><td colspan="2">氧化与还原</td><td>氧化分解或还原去除水中的污染物质</td></tr>
<tr><td colspan="2">电解</td><td>电解分离并氧化或还原水中污染物质</td></tr>
<tr><td rowspan="7">物理化学法</td><td colspan="2">离子交换</td><td>以交换剂中的离子交换去除水中的有害离子</td></tr>
<tr><td colspan="2">萃取</td><td>以不溶于水的有机溶剂分离水中相应的溶解性物质</td></tr>
<tr><td colspan="2">汽提与吹脱</td><td>去除水中的挥发性物质</td></tr>
<tr><td rowspan="3">膜分离技术</td><td>电渗析</td><td>依靠直流电场中离子交换树脂膜的选择通透性分离去除水中离子</td></tr>
<tr><td>扩散渗析</td><td>依靠半渗透膜两侧的渗透压分离溶液中的溶质</td></tr>
<tr><td>反渗透</td><td>在压力作用下通过半渗透膜反方向地使水与溶解物分离</td></tr>
<tr><td colspan="2">吸附处理</td><td>以吸附剂吸附水中的可溶性物质</td></tr>
<tr><td rowspan="5">生物法</td><td colspan="2">活性污泥法（好氧处理）</td><td>以不同方式使水充氧利用水中微生物分解其中的有机物</td></tr>
<tr><td colspan="2">生物膜法（好氧处理）</td><td>利用生长于各种载体上的微生物分解水中的有机物质</td></tr>
<tr><td colspan="2">生物氧化塘
（好氧、厌氧、兼氧）</td><td>利用池塘中的微生物、藻类、水生植物等通过好氧或厌氧分解降解水中的有机物</td></tr>
<tr><td colspan="2">土地处理（好氧处理）</td><td>利用土壤和其中的微生物以及植物根系综合处理（过滤、吸附、降解）水中的污染物质</td></tr>
<tr><td colspan="2">厌氧生物处理</td><td>利用厌氧微生物分解水中有机物，特别是高浓度有机物</td></tr>
</table>

表 2－11 为回用水处理部分操作单元的处理功能与效果。操作单元即按水处理流程划分的相对独立的水处理工序，它可以是一种或多种水处理基本方法的组合运用。水处理方法及操作单元的功能和效果是考虑回用水处理流程的基础。

表 2-11 回用水处理部分操作单元的处理功能与效果

项目＼操作单元	一级处理	二级处理	消化	脱氮	生物滤池	RBCS	混合絮凝沉淀	活性污泥法后过滤	活性炭吸附	脱氨氮吹脱	离子交换	析点加氯	反渗透	地表漫流土地处理	灌溉	渗滤土地处理	氯化	臭氧化
BOD	×	|	|	0	|	|	|	×	|		×		|	|	|	|		0
COD	×	+	+	0	+		+	×	×	0	×		+	+	+	+		+
悬浮物	+	+	+	0	+	+	+	+	+		+		+	+	+	+		
氨氮	0	+	+	×		+	0	×	×	+	+	+	+	+	+			
硝酸盐氮				+				×	0					×				
磷	0	×	+	+			+	+	+				+	+	+	+		
碱度		×					×	+								×		
油、脂肪	+	+	+		0		×		×				+	+	+			
大肠菌值		|	|				|		|			|		|	|	|	|	|
砷	×	×	×				×	+	0									
钡		×	0				×	0										
钙	×	+	+		0	×	+	×	0							0		
铬	×	+	+		0	×	+	×	×									
铜	×	+	+		+	+	+	0	×							+		
氟化物							×		0							×		
铁	×	|	|		×	|	|	|	|									
铅	+	+	+		×	+	+	0	×						×			
锰	0	×	×		0		×	+	×				×					
汞	0	0	0		0	+	0	×	0									
硒	0	0	0				0	+	0									
银	+	+	+		×		+		×									
锌	×	×	+		+	+	+		+							+		
色度	0	×	×		0		+	×	+			+	+	+	+	+		
泡沫	×	|	|		|		×		|			|	|	|	|	|		
浊度	×	+	+		×		+	+	+			+	+	+	+	+		
总有机碳	×	+	+		×		+	×	+	0	0	+	+	+	+	+		

注 表中符号表示去除效果，0=25%，×=25～50%，+>50%，符号“|”表示空白。

（二）工业回用水处理流程

工业回用水处理流程的选择是指对各单元处理技术（构筑物）的优化组合。工业回用水处理流程的确定取决于要求的处理程度（回用水的用途及相应的回用水水质标准）、工业废水的性质、水质和水量的变化幅度、建设单位的自然地理条件（如气候、地质）、可资利用的厂（站）区的面积、工程投资和运行费用等因素。工业废水回用的处理流程大致由下列过程组成：

(1) 去除沉降、浮游和漂浮性物质。

(2) 去除构成浑浊度的成分和胶状物质。

(3) 去除溶解的无机物，包括有毒有害物质。

(4) 去除有机物，消除其毒害性。

(5) 保证水回用的安全性。

显然，欲实现上述过程不可能仅靠单一的处理方法和操作单元，而应根据废水性质和回用水水质标准，参照表2-10和表2-11综合考虑。

对于工业回用水处理而言，采用较多的是物理、化学和物理化学法，但是生物处理法在去除易被微生物分解的悬浮性、溶解性有机物或无机物方面仍具有重要地位。由于工业废水的水质差别悬殊，处理要求也很不一致，因此很难形成一种像城市污水那样的典型处理流程或系统。表2-12为常见工业回用水处理流程的一般组合模式。

表2-12　　工业回用水处理流程组合模式

阶段	预处理	一级处理		二级处理		三级处理或深度处理	废渣处理处置
		化学法	物理法	溶解性物质	悬浮性物质		
代号	A	B	C	D	E	F	
1	格栅、沉砂池	中和		活性污泥	沉淀	沉淀/气浮	浓缩
2	调节池、均化池	混合反应	气浮	生物膜	过滤	过滤	真空过滤
3	隔油/除油	化学沉淀	隔油/除油	氧化塘		活性炭吸附	消化
4	pH调整		冷却	厌氧生物处理		离子交换	干燥
5					电渗析		
6					超过滤		
7					反渗透		
8					化学氧化		
9					生物处理		

下面列举以表2-12中代号表示的一些工业回用水处理流程组合。

1. 炼厂含油、含酚废水

废水→A(1)→A(2)→C(3)→C(2)→D(1)→E(1)→F(2)→F(3)→回用

2. 石化聚酯、三纶废水

生活污水 ↓（进入B(1)）

含油废水→A(1)→C(1)→C(3)→B(1)→A(2)→P(1)→E(1)→出水

酸碱清洁水→B(1)→（进入出水）

3. 冶金焦化废水

粗苯分离、蒸氨废水→A(3)→C(3)→C(4)→D(1)→F(1)→熄焦、再处理

4. 印染废水

进水→A(2)→C(1)→E(2)→F(3)→出水

当进水中的有机物较多色度较高时应加强处理，其流程如下：

进水→A(1)→A(2)→D(2)→E(1)→E(9)→F(1)→F(3)→F(2)→回用

5. 毛纺废水

进水→A(1)→C(1)→A(2)→D(2)→E(1)→E(9)→F(1)→出水

6. 氯丁橡胶废水

进水→A(2)→B(2)→B(3)→D(1)→E(1)→出水

7. 造纸废水

进水→A(1)→C(1)→D(1)→E(1)→F(1)→出水

现实中，有的企业由于没有对废水水质进行充分调研，就匆忙建设废水回用处理工程，结果再生的回用水不能达到使用要求；也有的企业对回用水水质要求并不高，却选择了超滤工艺等深度处理工艺，造成了资金的浪费。所以，选择的水处理工艺流程应尽量做到技术先进、经济合理，处理过程和处理后不产生二次污染，尽可能采用高效、低耗的回收与处理设备，基本建设投资和运行维修费用较低，并结合当地条件通过技术经济比较确定。

第三章　工 业 节 水 管 理

第一节　工业企业水平衡测试

这里水平衡是水量平衡的简称，工业企业水平衡是指工业企业内任意一个确定的用水系统，其输入水量之和等于输出水量之和。水平衡测试是指对一个工厂的用水体系，在特定的研究周期内，利用水平衡理论和方法，通过水量、水质基础信息的准确化采集、规范化整编、系统化分析、资源化整合、合理化建议等环节，围绕水资源的取、用、耗、排所进行的监测和分析的总称。

一、水平衡测试的目的

水平衡测试是加强用水科学管理，最大限度地节约用水和合理用水的一项基础工作。它涉及用水单位管理的各个方面，同时也表现出较强的综合性、技术性。水平衡测试的涵义包括 3 个方面：其一为测试；其二为平衡；其三为用水分析。通过水平衡测试应达到以下目的。

（1）掌握单位用水现状。如水系管网分布情况，各类用水设备、设施、仪器、仪表分布及运转状态，用水总量和各用水单元之间的定量关系，获取准确的实测数据。

（2）对单位用水现状进行合理化分析。依据掌握的资料和获取的数据，对有关用水技术经济指标进行计算、分析、评价，找出薄弱环节和节水潜力，制订出切实可行的技术、管理措施和规划。

（3）找出单位用水管网和设施的泄漏点，并采取修复措施，堵塞跑冒滴漏。

（4）健全单位用水三级计量仪表。做到既能保证水平衡测试量化指标的准确性，又为今后的用水计量和考核提供技术保障。

（5）可以较准确地把用水指标层层分解下达到各用水单元，把计划用水纳入各级承包责任制或目标管理计划，定期考核，调动各方面的节水积极性。

（6）建立用水档案。在水平衡测试工作中，对搜集的有关资料、原始记录和实测数据等，按照有关要求，进行处理、分析和计算，形成一套完整翔实的包括有图、表、文字材料在内的用水档案。

（7）通过水平衡测试提高单位管理人员的节水意识、单位节水管理水平和业务技术素质。

（8）为制订用水定额和计划用水量指标提供了较准确的基础数据。

二、水平衡测试的主要工作内容

（一）调查工业企业的水源情况

这里所谓的水源是指工业企业补给水的一切来源，除工业企业自备水源外，还包括城市市政给水管网来水及外部补给的回用水。为开展工业企业水量平衡测试，需查清所有水源的相应技术数据，以及取自水源的水量、水质和水的主要用途。对于工业企业内部的任一用水系统，其水源调查要求同上述情况类似。

（二）勘测工业企业给排水系统，绘制企业给排水管网图

许多工业企业具有相当长的生产经历，经过多年的改建和扩建原貌大多已发生变化。企业保存的建厂初期的供排水管网图可能和现实的管网差异较大，水平衡测试首先要核实、修改、完善供排水管网，作为水平衡测试及用水分析的依据。

（三）划定测试单元，确定测试周期和时段

测试单元的划分，应根据工艺流程、生产工艺、给水系统和生产辅助系统等方面情况考虑，应自上而下从全厂至单台用水设备逐层分解、划分。把具有相对独立性的生产工序、装置（设备）或生产车间、部门等划分为若干个用水系统（单元），即水平衡测试的子系统。对于产品结构复杂的工业企业，划分测试单元时还应特别注意初级产品、中间产品和最终产品之间的衔接关系，以便分摊水量。选取生产运行稳定、有代表性的时段，每次连续测试时间为48～72h，每24h记录一次，共取3～4次测试数据。

（四）根据测试单元和给排水管网图，配备水量计量器具

工业用水计量和水平衡测试中所配备的计量器具一般采用两类：一类是水表；另一类是流量计。根据工业用水计量核算、统计和管理的需要，以一、二、三级计量范围划分，计量器具要按三级进行配置。一级计量是指公司、总厂（厂）为核算单位进行管理的计量点；二级计量是指以分厂、车间等二级部门管理的计量点；三级计量是指以工段、班组、主要用水设备为单位的计量点。工业用水计量应按生产用水、辅助生产用水和附属生产用水系统分开的原则配置计量器具，生产用水应按不同产品生产体系分开计量。重点用水设备的用水在$10m^3/d$以上的也要装表，归三级计量管理。水量计量器具的设置应能保证进行水量平衡测试及给水系统正常运行管理基本要求，一级计量配置率应达到100%，二级计量配置率不低于90%，三级计量配置率不低于85%。

（五）测定各种水量，填写用水单元水平衡测试表

所需测定的水量主要有：新水量、重复利用水量（必要时应区分系统内的循环水量和回用水量）和排水量。前两类水量一般可由水表计量而得，排水量通常由其他计量装置或方法测定。用水量、耗水量和漏失水量多由间接方式确定。

整个水量测定工作原则上均应自下而上按测试单元进行，具体包括以下内容。

1. 水源取水测试

测试水源日取水量、水压、水温、水质参数。

2. 漏失水量测试

可以在生产动态或停产静态条件下，通过各级水表测量数值的平衡分析加以确定。如在生产动态条件下，将各用水系统的用水量之和（二级水表读数之和）与全厂总用水量（一级水表读数之和）相比较，若后者大于前者，差值即为漏失水量。如在静态条件下，各生产用水单元都停止用水，则一级水表的读数，即为漏失水量。

3. 用水单元水量测试

对用水单元的各种输入水量和输出水量进行测试，填写用水单元水平衡测试表（见表3-1）。

表3-1　　用水单元水平衡测试表　　单位：m^3/d

日期	工序或设备名称	输入水量												输出水量										
		新水量				循环水量			串联水量					循环水量			串联水量					排水量	漏失水量	耗水量
						直接冷却循环水量	间接冷却循环水量	其他循环水量				蒸汽冷凝水回用量	回用水量											
		1	2	3	4	5	6	7	8	9	10	11	12	13	14	15	16	17	18	19	20	21	22	23

注：新水量、循环水量以及串联水量的空格项依据各用水单元情况填写，表中所填项供参考。

注　摘自《企业水平衡测试通则》（GB/T 12452—2008）。

（六）汇总测试数据，绘制水平衡图

汇总各生产用水单元的水平衡测试表，填写企业水平衡测试统计表（见表3-2），绘制企业层次、车间或用水系统层次及重要装置和设备的水平衡图。

表3-2　　企业水平衡测试统计表　　单位：m^3/d

用水分类	序号	用水单元名称	新水量							重复利用水量						其他用水		
			常规水资源量				非常规水资源量			直接冷却循环水量	间接冷却循环水量	其他循环水量	蒸汽冷凝水回用量	回用水量	其他串联水量	排水量	漏失水量	耗水量
			1.1	1.2	1.3	1.4	2.1	2.2	2.3	3	4	5	6	7	8	9	10	11
主要生产用水																		
辅助生产用水																		

续表

用水分类	序号	用水单元名称	新水量							重复利用水量						其他用水		
			常规水资源量				非常规水资源量			直接冷却循环水量	间接冷却循环水量	其他循环水量	蒸汽冷凝水回用量	回用水量	其他串联水量	排水量	漏失水量	耗水量
附属生产用水																		
水量合计																		
取水量计算			取水量＝∑1＋2.1															
总用水量计算			总用水量＝新水量＋重复利用水量															

注　1　“新水量”栏按本企业水源类别及名称填报。

2　“非常规水资源”中的“城镇污水再生水”填报在2.1栏。

3　各用水单元水平衡测试表中数据的平均值列入本统计表。

注　摘自《企业水平衡测试通则》(GB/T 12452—2008)。

（七）测试结果分析，编写测试报告书

检查测试的各种水量在时间上、测试范围上是否一致；测试仪器、仪表等是否满足测试精度要求；读数是否准确，测试方法是否正确，是否达到水平衡。对某些因测试手段、仪器等无法得到的水量资料，利用水量平衡关系求得。或者对不符合要求的水量数据做重测、补测等工作。根据企业水平衡测试结果，计算本企业内各种用水评价指标，包括单位产品取水量、重复利用率、漏失率、排水率、冷却水循环率、冷凝水回用率、达标排放率、非常规水资源替代率等评价指标。根据企业水平衡测试分析结果，分析测算相关节水改造项目的节水效益和成本；与同类企业的水平或节水目标进行比对，挖掘企业节水潜力；提出企业取水、用水、排水、节水的改进措施。有关企业用水评价指标计算、节水潜力分析等内容将在本章第三节作进一步讨论。

第二节　工业用水定额及其制定

一、工业用水定额的影响因素

工业用水定额是指在一定的生产技术和生产组织条件下，为生产一定数量的产品或完成一定的工作而规定的取用新水数量的标准。所谓新水是取自任何水源被第一次利用的水量。工业用水定额通常采用单位产品新水量、单位产值新水量（通常以万元为产值单位）表示。不同行业、不同产品所需的用水定额相差很大，即使是同一种产品，因设备状况、工艺水平等因素的影响，用水定额也会有较大差别。

(一) 生产方式对用水定额的影响

1. 生产规模的影响

工业用水也和其他原材料的消耗一样，与企业的生产规模及生产负荷大小相关。企业生产规模越大，生产负荷越饱满，用水量相对就低，反之就大。所以制定工业用水定额不能离开企业的生产规模和生产负荷，对于不同的规模其用水定额是不一样的，而对于同等规模的生产装置，其生产负荷不同时，也不能使用同一种用水定额值。

先看生产规模发生变化后，用水定额的变化。

例如某电厂1992年装机50万kW，当年取水量为1283.1万m^3，总发电量为11.67亿kW・h，完成的新水定额值为11L/(kW・h)；1996年装机已达到100万kW，当年取水量为3713.4万m^3，总发电量达到51.72亿kW・h，实现的新水定额值降到7.18L/(kW・h)，比1992年下降了34.7%，其主要原因很大程度是依赖规模的扩大。

再看生产规模没有变化，而生产负荷发生变化后用水定额的变化情况。

例如某电厂自1988年，全部120万kW的机组投产以来至2000年没有发生变化。但是由于生产负荷的变化，各年产量有所不同，如1990年取水量为2229万m^3，当年机组运行时间为5160h，总发电量为61.90亿kW・h，实现的新水定额为3.61L/(kW・h)。1995年取水量为2446.3万m^3，机组运行时间为5961h，总发电量为71.53亿kW・h，实现的新水定额为3.42L/(kW・h)。通过这个例子可看到1995年比1990年，发电时间增加了801h，发电量增加了9.63亿kW・h，新水定额降低了5.26%。

2. 工艺和用水方式的影响

在工业生产中是否有先进的生产工艺、先进的技术装备，不仅对其产品的产量、质量有重大的影响，而且对其用水情况也影响很大，特别是工艺所决定的用水方式的用水量大小影响更明显。一般情况下，凡是生产工艺先进，技术装备优良的，不仅产量大、质量高，而且单位产品新水量也不会高。相反，若生产工艺落后，技术装备较差的不仅产量低、质量差，而且单位产品用水量与新水量也不会低。

例如，某电厂总装机为4×10万kW，其中2×10万kW采用直流式用水工艺，另外的2×10万kW采用循环式用水工艺。2001年直流式的二台机组取水量为788.6万m^3，发电量为12.8亿kW・h，每1kW・h平均取水量6.16L/(kW・h)，循环式二台机组取水量为428.8万m^3，发电量为12.43亿kW・h，每1kW・h平均取水量为3.45L/(kW・h)。

同样是10万kW的凝汽式机组采用直流方式的取水定额值是6.16L/(kW・h)，而采用循环式的为3.45L/(kW・h)，如果能采用空冷式，可能会达到2L/(kW・h)左右。之所以有差别是由于采用的工艺不同。再如长网造纸与园网造纸工艺的不同，干法水泥生产和湿法水泥生产不同，浮法玻璃生产和传统方法玻璃生产的不同，都会形成用水上的差异。由此可见，生产工艺及用水方式是制定工业用水定额必须考虑的问题。

(二) 基础水平及生产组合对用水定额的影响

1. 节水水平的影响

工业企业中节水水平的高低主要反映在工业用水重复利用率上，对一个企业来讲，在一般情况下重复利用率愈高，其节水程度就愈高；重复利用率愈低，其节水程度也就愈低。

由于重复利用水量V_r+新水量（取水量）V_f=总用水量V_t，所以在用水量一定时，复用水量愈大，取水量就愈小。

而复用率 R＝复用水量 V_r/总用水量 V_t，在总用水量一定时，复用水量愈大，重复利用率就愈高。

因此可得出结论：在工业总用水量一定的情况下，复用率愈高，复用水量就愈大，取水量（新水量）就会愈小，单位产品新水量（用水定额）也就愈低。

对于两个相同企业来讲，由于其复用率不等，所完成的取水定额也不会相等。对于同一企业来讲，若其中两年的工业产量和总用水量完全相等，但工业用水的重复利用率有所变化，那么这两年该企业所实现的取水定额是不同的，复用率高的那年的新水定额必然较低。

【例 1】 某钢铁企业 2000 年工业用水总量为 V_t，钢铁产量为 G，当年的重复利用率为 R_1，完成新水定额为 V_{uf_1}；而在 2002 年工业用水量和钢铁产量没有变化还是分别为 V_t 和 G，重复利用率为 R_2，求这两年新水定额有什么变化？

【解】 根据题意有：$V_{uf_1}=\frac{V_{f_1}}{G}=\frac{(1-R_1)V_t}{G}$，设 2002 年的新水定额为 V_{uf_2}，则

$V_{uf_2}=\frac{V_{f_2}}{G}=\frac{(1-R_2)V_t}{G},V_t=\frac{V_{uf_2}G}{1-R_2}$，所以

$$V_{uf_1}=\frac{(1-R_1)V_t}{G}=\frac{1-R_1}{G}\frac{V_{uf_2}G}{1-R_2}=\frac{1-R_1}{1-R_2}V_{uf_2} \tag{3-1}$$

讨论：①当 $R_1=R_2$ 时，$V_{uf_1}=V_{uf_2}$；

②当 $R_1>R_2$ 时，$\frac{1-R_1}{1-R_2}<1$，$V_{uf_1}<V_{uf_2}$；

③当 $R_1<R_2$ 时，$\frac{1-R_1}{1-R_2}>1$，$V_{uf_1}>V_{uf_2}$。

由式（3－1）可以看出，企业重复利用率的高低，是影响企业新水定额变化的因素之一。

2. 管理水平及职工素质与操作技术水平的影响

工业企业之间在生产管理、用水管理方面总会存在一定的差异，职工素质也有一定的差别。有的企业注重提高自身的管理水平，基础工作比较扎实；职工教育抓得较紧，职工队伍训练有素；技术操作水平较高，节水意识较强，水的利用效率也较高。有的企业却相反，不注意加强自身管理水平的提高，职工教育抓得不紧，企业管理较差，原材料浪费严重，水的跑、冒、滴、漏现象司空见惯。由于企业间的管理水平不同，用水效果也不会相同，而对工业用水定额产生影响。

3. 产品链中不同环节组合的影响

每一种工业产品的生产，都有由原料、中间体、半成品、成品组成的产品链，每一个环节都涉及用水。在不同的情况下特别是大型联合企业有可能甲企业生产所需的中间体或半成品就是乙企业的终端产品，那么在考虑甲企业产品的用水定额时，包容不包容它的上游谓之中间体或半成品（乙企业的终端产品）的用水？若界限不明确，容易造成终端产品定额值的混乱。

如以浆造纸的用水为造纸用水定额，而从草木到造浆再到造纸的用水也谓之造纸用水定额，但是两者差距很大。再如钢材的用水定额，钢材的生产要经过原铁矿—选矿—烧结

—炼铁—炼钢—开坯—轧制—钢材等多道工序。期间的中间体、半成品种类较多，每一个环节都要涉及用水。从钢到钢材的用水可产生钢材的用水定额；从铁到钢材的用水也可产生钢材的用水定额；从原铁矿到钢材的用水还可产生钢材的用水定额。虽然从钢材上游的不同环节算起的用水定额同属钢材的用水定额，但它们的差别很大。所以，制定工业用水定额时一定不能疏忽这方面的问题，它对工业用水定额的影响很大。

（三）水资源与供水条件对用水定额的影响

由于各地水资源与供水条件不同，水的供需状况也不相同。如我国北方大部分地区水资源状况较差，自来水普及率低，供水紧张，水的供需矛盾突出。而南方特别是西南地区水资源状况很好，供水比较宽松，个别地区供大于求。

一般情况下水资源与供水条件好的地方，公众的节水意识比较薄弱，同时该地区关于水资源利用、节约用水方面的方针政策、法律法规不太健全，对企业用水的约束力较弱，对节约用水的行为表彰鼓励不够，企业用水可以自由采、自由用、自由排。

而我国北方地区，特别是某些严重缺水的省份，连居民吃水问题都难以解决，如晋西北、陕北的居民吃水都靠积累的雨水解决，这些地方的人们节水意识很强，视水如油，当地领导干部的节水态度也非常积极，这些地方关于用水节水的法律、法规也比较健全。企业取水、用水都是按照计划有序有规地进行，政府对节水用水和浪费水的行为奖惩非常明确。

在如上所述的两种客观情况下，若用同一用水定额值进行考核，是不合适的。如水资源条件好的长江沿岸，很多企业的冷却用水采用直流式，从江中取水经使用后再返回江中，其引水量很大。而北方冷却用水一般采用循环式，自水源引来的新水都作为循环系统的消耗和排污的补充水、引水量较小。甚至有的企业为了节约更多的水，改湿式冷却为干式冷却，节约了大量的冷却水消耗量。所以在制定工业用水定额时，必须充分考虑到各地区的水资源状况和供水条件的差异。

二、制定工业用水定额的原则

（一）分类、分行业的原则

不同的需水主体，特别是工业企业各行业的产品对水的需求程度有很大的差别，在水的用量上也有很大不同。如电子工业与酿造业的单位产品需水量相差悬殊。因此，分析用水定额时，应按不同的类型、不同的行业来制定，以使制定的用水定额切合实际，便于实施。但对同一地区，同一行业的用水单位，应严格采用统一的用水定额。

（二）先进、合理的原则

用水定额的高低不仅关系到需水管理，而且代表了某一时期地区、行业的合理用水水平。因此，要求用水定额必须具有一定的先进性和合理性。应该在满足工艺需要的前提下，充分利用现有节水技术、器具和措施所能达到的先进水平，并考虑技术进步因素为今后不同时期节水的发展提供的可能。

（三）经济、可行的原则

用水定额定得低，意味着取用新水量减少，节水量增加。但这必须以经济、可行为前提。也就是说，一方面要考虑用水单位为推行用水定额所采取的节水技术措施，在经济上是否划算（既有社会效益又有经济效益）；另一方面应考虑在现实工艺条件和技术水平下，用水单位执行现行用水定额在技术上是否能够实现。用水定额的可行性水平应该是在正常条件下，使少数用水单位经过挖潜改造能低于用水定额，大多数用水单位经过努力可以达到用水定额，少数用水单位经过努力虽然达不到用水定额但可以接近定额要求。

（四）统一领导、分级管理的原则

用水定额的制定，应在国家的统一领导和分级分部门管理的原则下进行。中央有关部门定期制定全国统一的通用性定额，各地区各部门使用的定额，要在中央的统一规划下，分别由相应主管部门做好用水定额的制定或修订工作。各用水单位在行业用水定额的指导下，可以制定自身的用水定额。但各单位制定的用水定额只限于本单位内部使用，而且应比行业用水定额更先进，并接受上级主管部门的检查和监督。

（五）相对稳定、不断完善的原则

由于用水定额是按一定时期的技术水平和条件并考虑了今后节水技术等的发展制定的，所以，用水定额本身应保持在一段时间内的相对稳定。但随着科学技术的发展，无论是用水设备、工艺流程，还是管理手段等，都会有较大的提高。因此，对原有定额的补充、修订工作也是必要和经常的，使用水定额保持“与时俱进”。

三、制定用水定额的基本方法

目前常用的制定用水定额的基本方法有经验法、统计分析法、类比法、技术测定法和理论计算法。

（一）经验法（直观判断法）

1. 方法概要

经验法是运用人们的经验和判断能力，通过逻辑思维，综合相关信息、资料或数据，提出定量估计值的方法的统称。

经验法通常是在有关专家、业务人员（统称“专家”）中，严格地遵照一定的组织方式、程序和步骤进行的。据此，又可分成多种多样的方法。

根据制定工业用水定额的特点，可考虑采用下列方法。

（1）主观概率值，即对人们就某一经验的特定结果（如提出的定额或有关的节水考核指标）所持的个人信息量度的评价，即对事件估计概率的平均值（P）。显然，P 应大于某一预定概率值（如 0.7～0.9）；否则，应提出新的定额值重新评价。

（2）调查法，即综合调查“专家”对某项用水定额或节水考核指标估计值的方法。调查可通过书面表格形式进行，但应慎重选择“专家”与调查内容。调查结果可采用算术平均、加权平均或下列概率平均法计算。若由调查得出 3 种（或 3 组）数值：先进的（乐观估计）为 a，一般的（可能性最大）为 m，保守的（悲观估计）为 b。则它们的平均值为

$$\bar{V} = \frac{a + 4m + b}{6} \tag{3-2}$$

设标准差

$$\sigma = \left| \frac{a - b}{6} \right| \tag{3-3}$$

根据正态分布表，对应实现概率 P 的用水定额基准值为

$$V = \bar{V} + \lambda\sigma \tag{3-4}$$

式中的λ为σ的系数。从正态分布表（表 3－3）中，可以查到P值对应的λ值，反之，也可以查到λ值对应的P值。

【例 2】 已知“专家”对某项单位产品新水量的先进估计为 12.5m^3/t，保守估计为 29.5m^3/t，一般的估计为 17.5m^3/t。求：①该项单位产品新水量的平均值；②平均值实现的可能性。③单位产品新水量为 20m^3/t 时，其实现的可能性。④实现定额基准值的可能性$P(\lambda)$=90%时，单位产品新水量应是多少？

【解】 (a) $a=12.5m^3/t$；$b=29.5m^3/t$；$m=17.5m^3/t$。

由式（3－2），得平均值为

$$\bar{V}=\frac{12.5+4\times17.5+29.5}{6}=18.67(m^3/t)$$

(b) 由式（3－3），得均方差为

$$\sigma=\left|\frac{12.5-29.5}{6}\right|=2.83$$

由式（3－4），得

$$\lambda=\frac{18.67-18.67}{2.83}=0$$

由λ=0，从正态分布表中查得对应的$P(\lambda)$ =0.50，即单位产品新水量为平均值 18.67m^3/t 时，其实现的可能性为 50%。

(c) 由式（3－4）得

$$\lambda=\frac{20-18.67}{2.83}=0.45$$

由λ=0.45，从正态分布表中查得对应的$P(\lambda)$ =0.675，即单位产品新水量为 20m^3/t 时，其实现的可能性为 67.5%。

(d) $P(\lambda)$=90%=0.90，由正态分布表查得相应的λ=1.3，由式（3－4）得

$$V=\bar{V}+\lambda\sigma=18.67+2.83\times1.3=22.35(m^3/t)$$

即要使实现的可能性$P(\lambda)$ =90%，单位产品新水量应为 22.35m^3/t。

具体计算见表 3－3。

表 3－3　　正态分布概率表

λ	$P(\lambda)$	λ	$P(\lambda)$	λ	$P(\lambda)$	λ	$P(\lambda)$	λ	$P(\lambda)$
−2.5	0.01	−1.5	0.07	−0.5	0.31	0.5	0.69	1.5	0.93
−2.4	0.01	−1.4	0.08	−0.4	0.34	0.6	0.73	1.6	0.95
−2.3	0.01	−1.3	0.10	−0.3	0.38	0.7	0.76	1.7	0.96
−2.2	0.01	−1.2	0.12	−0.2	0.42	0.8	0.79	1.8	0.96
−2.1	0.02	−1.1	0.14	−0.1	0.46	0.9	0.82	1.9	0.97
−2.0	0.02	−1.0	0.16	0	0.50	1.0	0.84	2.0	0.98
−1.9	0.03	−0.9	0.18	0.1	0.54	1.1	0.86	2.1	0.98
−1.8	0.04	−0.8	0.21	0.2	0.58	1.2	0.88	2.2	0.98
−1.7	0.04	−0.7	0.24	0.3	0.62	1.3	0.90	2.3	0.99
−1.6	0.06	−0.6	0.27	0.4	0.66	1.4	0.92	2.4	0.99

2. 经验法的主要特点

经验法的主要特点是简单易行，省时省事，耗费较少，便于调整定额。但受主观因素影响，易出现主观性、片面性和一定的盲目性，其结果也不够准确。因此，采用经验法制定定额时，对工作的设计组织者及“专家”素质要求较高，需要有一定的客观基础（如节水工作基础、资料、信息、数据、……）。此法，可作为其他工业用水定额制定法的补充手段或基础，也可作为某些特殊情况下的主要手段。

（二）统计分析法

1. 方法概要

这里所讲的统计分析法，是指统计分析方法在时间序列分析中的应用而言，即是把过去同类产品生产用水的统计资料，与当前生产设备、生产工艺及技术组织条件的变化情况结合起来进行分析研究，以制定工业用水定额的方法。

根据定额水平判定方法，统计分析法可分为：二次平均法、概率测算法、统计趋势分析法。

（1）二次平均法。

由于统计资料反映的是某项产品过去已经达到的生产用水水平，但没有也不可能消除生产过程中不合理因素的影响，如用统计资料的平均值判定定额水平一般偏于保守。为了克服这个缺陷，可采用“二次平均法”计算平均先进值，以作为制定定额水平的依据。其步骤是：

1）剔除统计资料中特别偏高、偏低明显不合理的数据。这些数据实际上不反映过去客观发生的事件，而是由生产过程中偶然因素或数据统计的疏忽所致。

剔除异常数据的标准有多种，如 3σ 准则、肖维准则、格拉布斯准则等。下面以格拉布斯（Grubbs）准则为例说明异常数据的剔除方法。

若有一组测量得出的数值 x_1，x_2，…，x_n，其中某次测量所得数值与平均值的偏差的绝对值 $|\Delta x_i|$ 与该组测量值的标准偏差 σ_x 之比大于某一阈值 $g_0(n, \alpha)$，即

$$\frac{|\Delta x_i|}{\sigma_x} > g_0(n, \alpha) \tag{3-5}$$

则认为此测量值为异常数据，并可予以剔除。这里 $g_0(n, \alpha)$ 中的 n 为测量数据的个数，α 为信度，一般取 α 为 0.05 或 0.01。表 3-4 给出了 α=0.05 和 0.01 时，不同的 n 值所对应的 g_0 值。

表 3-4　$g_0(n, \alpha)$ 值表

n \ α	0.05	0.01	n \ α	0.05	0.01
3	1.15	1.15	8	2.03	2.22
4	1.46	1.49	9	2.11	2.32
5	1.67	1.75	10	2.18	2.41
6	1.82	1.94	11	2.23	2.48
7	1.94	2.10	12	2.28	2.55

续表

n \ α	0.05	0.01	n \ α	0.05	0.01
13	2.33	2.61	22	2.60	2.94
14	2.37	2.66	23	2.62	2.96
15	2.41	2.70	24	2.64	2.99
16	2.44	2.75	25	2.66	3.01
17	2.48	2.78	30	2.74	3.10
18	2.50	2.82	35	2.81	3.18
19	2.53	2.85	40	2.87	3.24
20	2.56	2.88	45	2.91	3.29
21	2.58	2.91	50	2.96	3.34

2）计算平均值。

$$\bar{V}=\frac{V_1+V_2+\cdots+V_n}{n}=\frac{1}{n}\sum_{i=1}^{n}V_i \tag{3-6}$$

式中 n——数据个数；

V_i——第 i 个数据（如单位产品新水量）。

3）计算第二次平均值。

由上述平均值与数列中小于平均值的各数值的平均值相加，所得的平均值即第二次平均值。此即判定用水定额水平的依据。

小于全数列平均值的各个数值的平均值（$\bar{V}_e$）

$$\bar{V}_e=\frac{V_1+V_2+\cdots+V_k}{k}=\frac{1}{k}\sum_{i=1}^{k}V_i \tag{3-7}$$

式中 V_i——数列中小于平均值 $\bar{V}$ 的数值，$i=1，2，\cdots，k$；

k——数列中小于平均值 $\bar{V}$ 的数值个数。

故第二次平均值 $\bar{V}_2$ 为

$$\bar{V}_2=\frac{\bar{V}_e+\bar{V}}{2} \tag{3-8}$$

本法是以二次平均值 $\bar{V}_2$ 为判定定额的依据，如果其值没有满足先进水平要求，可以按此步骤求出第 3 次、第 4 次、……、第 m 次平均值，并以第 m 次平均值为判定定额水平的依据。

【例 3】 已知某厂生产某种产品的单位产品水量（取水量）为 32、25、25、21、18、17、15、15、19、40、26、25、20、20、17、17、16、19、26（m^3/t），试求其二次平均值。

【解】（a）剔除明显不合理数据。

$n=19$，$x_{max}=40$；$x_{min}=15$；$\bar{x}=21.7$；标准差 $S=6.38$；记可疑数据为最大值时的统计量为 g_{max}，可疑数据为最小值时的统计量为 g_{min}，则

$$g_{max}=(x_{max}-\bar{x})/S=2.87$$

$$g_{min}=(x_{min}-\bar{x})/S=-1.05$$

取信度 $\alpha=0.05$，由表 3-2 查出 $g_0(n, \alpha)=g_0(19, 0.05)=2.53$，由于：$|g_{max}|=2.87>2.53$；$|g_{min}|=1.05<2.53$，故上述单位产品取水量中最大值 $40m^3/t$ 为异常值，应剔除。类似地，经分析次大值 $32m^3/t$ 非异常值，故除 $40m^3/t$ 之外的其余 18 个数据为正常值。

剔除最大值后，按从小到大顺序排列该组数据为：15、15、16、17、17、17、18、19、19、20、20、21、25、25、25、26、26、32（m^3/t）。

（b）求平均值 $\bar{V}$。

$$\bar{V}=\frac{1}{n}\sum_{i=1}^{n}V_i=\frac{373}{18}=20.7\ (m^3/t)$$

（c）求小于平均值 $\bar{V}$ 的平均 $\bar{V}_e$，即 V_1 到 V_{11} 的平均值为

$$\bar{V}_e=\frac{1}{k}\sum_{i=1}^{k}V_i=\frac{193}{11}=17.5\ (m^3/t)$$

（d）求二次平均值 $\bar{V}_2$。

$$\bar{V}_2=\frac{\bar{V}_e+\bar{V}}{2}=\frac{1}{2}(17.5+20.7)=19.1\ (m^3/t)$$

若二次平均值符合先进水平，即可按单位产品用水定额基础值 $19.1m^3/t$ 确定定额。

（2）概率测算法。

用“二次平均法”求得的定额需经统计检验后方可知道是否为先进水平。概率测算法是先知实现定额的可能性后再求定额值的统计分析方法。它可为确定定额提供依据，其步骤如下。

1）确定有效数据。即对取得的用水数据进行分析整理，删掉明显偏高或偏低的不合理数据。

2）求平均值 $\bar{V}$。

3）求方差 S^2。

$$S^2=\frac{1}{n-1}\sum_{i=1}^{n}(V_i-\bar{V})^2 \tag{3-9}$$

4）运用正态分布判定定额水平。正态分布的概率函数为

$$P(V)=\frac{1}{\sqrt{2\pi}\sigma}\int\exp\left(-\frac{(V-\bar{V})^2}{2\sigma^2}\right)dV \tag{3-10}$$

令

$$\lambda=\frac{V-\bar{V}}{\sigma} \tag{3-11}$$

式（3-10）变为

$$\Phi(\lambda)=\frac{1}{\sqrt{2\pi}}\int\exp\left(-\frac{\lambda^2}{2}\right)d\lambda \tag{3-12}$$

由式（3-11）得

$$V=\bar{V}+\lambda\sigma$$

因此，$\Phi(\lambda)$ 即实现定额值的累计频率。若根据先进原则，确定了 $\Phi(\lambda)$ 值，由正态分布表求得系数 λ，即可确定相应累积频率下的定额值。

【例 4】 已知统计资料同［例 3］，试用概率测算法求累积频率为 25%时，实现或超过平均先进水平的定额值。

【解】 (a) 由［例 3］已求出 $\bar{V}=20.7$ (m^3/t)。

(b) 计算方差得 $S^2=22.45$，标准差 $S=4.74$。

用标准差来估计 σ 值，即 $\sigma=4.74$。

由正态分布表查得

当 $\Phi(\lambda)=0.25$ 时，$\lambda=-0.67$

(c) 求相应累积频率下的定额值。

$$V=\bar{V}+\lambda\sigma=20.7-0.67\times4.74=17.53\ (m^3/t)$$

即该产品在已知 25%的累计频率下，实现或超过平均先进水平的定额基础值为 $17.53m^3/t$。

而［例 3］中，用二次平均法求得的值为 $19.1m^3/t$，能达到此值的概率由式 (3-4) 得

$$\lambda=\frac{V-\bar{V}}{\sigma}=\frac{19.1-20.7}{4.74}=-0.34$$

查正态分布表得

$$\Phi(-0.34)=0.36=36\%$$

即该单位产品新水量已经有 36%的累积频率实现或超过了此用水水平 ($19.1m^3/t$)。

(3) 统计趋势分析法。

前已述及统计资料反映过去已经达到的生产用水水平。但随着科学技术的进步，设备不断改进，工艺不断更新，加之节水的压力不断增强，生产单位产品用水水量应呈下降趋势。如果掌握了大量统计资料，这种变化趋势是可以定量预测分析的。

统计趋势分析法就是根据同类产品生产用水的多年统计资料，分析其随时间的变化规律和发展趋势，来判断确定未来指定年限内定额水平的方法。其方法步骤为：

1) 收集整理某产品在确定生产条件下，过去多年用水资料，并加以分析，剔除明显不合理数据。

2) 进行统计拟合，求出相应条件下的预测数学模型或曲线，即得到平均单位产品水量与时间的函数关系。

3) 确定未来指定水平年的单位产品水量平均值 $\bar{V}$。

4) 求均方差 σ。

5) 根据先进原则，确定累积频率。

6) 求用水定额基准值。

2. 统计分析法的特点

优点：①准确、可靠性高；②可操作性强，便于组织实施；③根据较充分。

缺点：①对定额制定人员素质要求较高，应有一定的数理统计知识；②需要大量的统计资料。样本容量越大，可靠性越高；反之，样本容量小，可靠性低，甚至失真。

适用条件：①制定具有大量统计数据的生产用水定额（企业或行业生产用水定额）；②统计趋势分析，需收集到按时间（年份）序列变化的生产用水资料；③要求较高的传统产品或大批量产品的生产用水定额。

（三）类比法

1. 基本内容

类比法是以同类型或相类似型的产品或工序及典型定额项目的定额为基准，经过分析

比较，类比出相邻或相似项目定额的方法，故也称为“典型定额法”。根据类比参数的确定方法又可分为比例数示法和曲线图示法两种。

（1）比例数示法。

比例数示法又叫比例推算法，是以某些执行时间较长、资料较多、定额水平比较稳定的产品用水定额项目为基础，通过经验法、技术测定法、理论计算法或根据统计分析法求得相邻项目或类似项目的比例关系或差数制定用水定额的方法。

比例数示法实质是用已知某产品用水定额，根据与其同类型或相似产品的比例关系推算用水定额的方法。

比例数示法可用式（3-13）表示。

$$W_M = KW_{MD} \tag{3-13}$$

式中　W_M——需计算的单位产品用水定额；

W_{MD}——相邻或相似的典型定额项目的单位产品用水定额；

K——比例系数。

【例5】 某机械加工车间同时加工6种不同规格的产品，其中一种产品为该厂的定型产品，并已知该产品的用水定额为13.5m^3/t，现需制定另5种产品用水定额。

【解】 因为这6种产品生产加工工序基本相同，其差别为规格不同，也就是加工每吨产品的难易程度不同，所耗机时也不同。但知道其中某一种（典型）产品的用水定额，故拟采用比例数示法制定另外5种产品的产品用水定额。

（a）用经验法或实际测定这5种产品所耗机时，求得与典型产品的比例数（如表3-5所示）。

（b）采用式（3-13）计算另外5种产品的用水定额。

产品2：

$$W_{M2} = K_2 W_{MD} = 2.89 \times 13.5 = 39.02\ (\mathrm{m^3/t})$$

产品3：

$$W_{M3} = K_3 W_{MD} = 1.67 \times 13.5 = 22.55\ (\mathrm{m^3/t})$$

产品4：

$$W_{M4} = K_4 W_{MD} = 1.54 \times 13.5 = 20.75\ (\mathrm{m^3/t})$$

产品5：

$$W_{M5} = K_5 W_{MD} = 3.50 \times 13.5 = 47.25\ (\mathrm{m^3/t})$$

产品6：

$$W_{M6} = K_6 W_{MD} = 4.25 \times 13.5 = 57.38\ (\mathrm{m^3/t})$$

该方法体现了结构比例分析原理。

表3-5　产品比例数

项　目	产品1	产品2	产品3	产品4	产品5	产品6
比例系数	1.00	2.89	1.67	1.54	3.50	4.25
定额（m^3/t）	13.5	39.02	22.55	20.75	47.25	57.38

（2）曲线图示法。

曲线图示法是以一组已知的典型用水定额项目为基准，根据其影响因素，求所需项目的用水定额的方法，故又称为“影响因素法”。它是因果分析法的简单情况，其具体步骤是：选择一组同类型典型产品项目，以影响因素为横坐标，与之相对应的用水定额为纵坐标。将这些典型定额项目的用水定额值标在坐标纸上，依次连接各点成一曲线，从此曲线即可定出所需项目的用水定额。

【例 6】 某地区生产某种产品的单位产品用水量与生产规模有关，并已知生产该产品典型定额项目的单位产品用水量定额如表 3－6 所示，试求生产规模为 1 万 t/a 和 7 万 t/a 的用水定额。

表 3－6　　产品用水定额

生产规模（t/a）	2000	5000	15000	30000	50000	100000
用水定额（m^3/t）	20.6	19.1	18.2	17.2	15.8	14.0

【解】 (a) 根据表 3－6 所列数据，绘出用水定额曲线（图 3－1）。

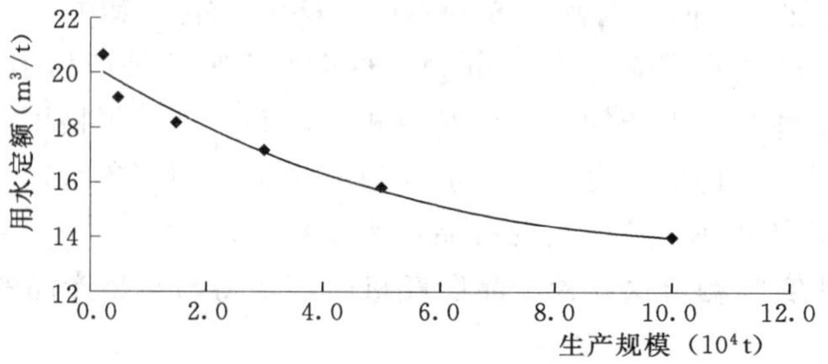

图 3－1　用水定额曲线

(b) 在图上确定出所要求确定的项目的单位用水定额。

当生产规模为 1 万 t/a 时，$W_M=18.7$（m^3/t）

当生产规模为 7 万 t/a 时，$W_M=15.1$（m^3/t）

2. 类比法的特点

优点：①方法简便，工作量小；②可操作性强，容易掌握；③定额数合理准确，若典型单位用水定额选择恰当、切合实际且具有代表性，类比定额是比较合理和反映实际用水情况的；④可确定系列产品的单位用水定额。

缺点：要掌握典型产品的单位用水定额，相对独立性较小。对典型单位用水定额的依赖性强，如果典型数据有偏差，类比的单位用水定额也会出现偏差。

这种方法适用于同类型产品规格多、批量小的生产过程。随着机械化、标准化、产品系列化程度的提高，其适用范围还会逐步扩大。

为了提高单位用水定额的准确性，通常要采用主要项目或相当成熟的项目的典型单位用水定额。但要特别注意掌握产品生产工序、工艺过程和生产技术组织条件类似或近似的特征，深入细致地分析生产工艺过程中影响用水的各种因素，及这些因素用水的量值变化规律，并且要在众多因素中找到最主要的因素。这种因素不仅是一个也可能是两个或两个以上。如果主要变化因素为两个，需要采用三维坐标图法。

（四）技术测定法

1. 基本内容

技术测定法，是在一定的生产技术和操作工艺、合理的生产管理和正常的生产条件下，通过对某种产品全部生产过程用水水量及其产量进行实际测算，并分析各种因素对产品生产用水的影响，以确定产品生产用水定额的方法。

2. 测定次数的确定

测定次数直接影响所测水量、产量数据的精确度，故要认真确定测定次数，以保证测定资料的可靠性和代表性。尽管选择了比较正常的生产条件，但由于产品生产的复杂性和测试手段、测试人员的差异都会产生一定的偏差。一般来说，测定的次数越多数据的可靠性越高，但要花费的时间和人力也较多。根据误差理论，表 3-7 给出了测定所得数据算术平均值的精确度与观测次数、稳定系数之间的关系，可作为测定时检查所测次数是否满足需要的参考。

稳定系数 K_p 是反映多次测定数据波动大小的参数，可由式（3-14）求出：

$$K_p = \frac{X_{max}}{X_{min}} \tag{3-14}$$

式中　X_{max}——最大测定值；

X_{min}——最小测定值。

表 3-7　不同稳定系数与精度要求下的测定次数

稳定系数 K_p	测定精度（%）					
	3	5	8	10	15	20
1.1	6	4	4	3	—	—
1.2	12	7	5	4	3	—
1.3	22	10	6	5	4	—
1.4	31	14	7	6	5	3
1.5	45	19	9	7	5	4
1.6	60	22	11	8	6	5
1.7	75	27	13	10	6	5
1.8	91	33	16	11	7	5
2.0	125	45	22	14	8	6
2.5	205	75	30	21	10	8
3.0	278	100	40	25	11	10

3. 技术测定程序

（1）选择正常的生产管理和技术条件。

（2）考虑产品生产周期和影响用水的季节变化因素，选择有代表性的时段。

（3）进行水量平衡测试。

（4）统计计算对应水量平衡测试期内的产品数量。

（5）按企业水量平衡测试表中水量数据计算单位产品用水定额基准值的测定值 W_i。

$$W_i = \frac{V_i}{m_{pi}} \tag{3-15}$$

式中 V_i——第 i 次测算水量值，m^3；

m_{pi}——与 V_i 对应的产品数量，t，kg，m，km，…。

（6）对 W_i 值进行处理，求其算术平均值，然后再根据影响因素，加以调整，求出用水定额基准值。

4. 技术测定法的特点

优点：能反映产品用水的真实过程和目前的工艺水平，有较高的准确性和科学性。

缺点：工作量大，比较麻烦。尤其当产品周期长、生产稳定性差时，所需测试周期长，耗时费力。

在城市工业生产用水定额的制定过程中，可以根据产品生产的具体情况选择其中一种计算方法，但多数情况下应以统计分析方法为主，其他方法为辅，以使定额值更符合生产实际情况。

四、制定工业用水定额的程序

（1）设立专门机构。

用水定额的制定，应按照统一领导，分级管理的原则，依据一定的程序，建立用水定额制定的分级组织机构（如以市为单位的用水定额制定的组织机构），一般设立市、各主管局（委、办、公司）、各用水单位三级。

（2）调查收集资料。

1）了解和调查其他地区用水定额制定的经验和方法。

2）收集有关用水定额资料。

3）通过调研掌握有代表性的用水单位近年来生产及用水情况。

（3）编制技术文件，以统一用水定额制定的标准和方法。

（4）对用水定额的编制人员进行培训。

（5）确定与划分制定用水定额的各类产品。

（6）健全和完善计量手段，以得到全面准确的实测数据。

（7）对产品的用水量和产量进行统计、实测和计算。

（8）制定种类产品的用水定额并评判用水定额水平及发展趋势。

（9）对所制定的用水定额进行审查、审批，使之具有法律效力和可实施性。审查、审批部门包括节水管理部门、工业主管部门和技术监督部门等。

五、工业用水定额的编制现状

（一）用水定额国家标准

为促进全国用水定额的编制，水利部于 1999 年就发布了《关于加强用水定额编制和管理的通知》。为了对工业用水进行定额管理和指导，原国家经贸委资源节约与综合利用司提出、中国标准研究中心于 2002 年组织编写了《工业企业产品取水定额编制通则》（GB/T 18820—2002）推荐性国家标准。该标准规范了工业企业产品取水定额的术语和定义、计算方法、编制原则和制定程序。

实施工业取水定额管理是促进企业节水技术进步、不断提高工业用水效率、实现合理用水的重要手段。因此，原国家经贸委向国家标准化管理委员会提出制定高用水行业取水定额国家标准项目计划，经批准正式立项。在《工业企业产品取水定额编制通则》的统一规范下，目前已发布了多项工业企业取水定额国家标准，主要如下：

(1)《工业企业产品取水定额编制通则》(GB/T 18820—2002)。

(2)《取水定额第1部分：火力发电》(GB/T 18916.1—2002)。

(3)《取水定额第2部分：钢铁联合企业》(GB/T 18916.2—2002)。

(4)《取水定额第3部分：石油炼制》(GB/T 18916.3—2002)。

(5)《取水定额第4部分：棉印染产品》(GB/T 18916.4—2002)。

(6)《取水定额第5部分：造纸产品》(GB/T 18916.5—2002)。

(7)《取水定额第6部分：啤酒制造》(GB/T 18916.6—2004)。

(8)《取水定额第7部分：酒精制造》(GB/T 18916.7—2004)。

(9)《取水定额第8部分：合成氨》(GB/T 18916.8—2006)。

(10)《取水定额第9部分：味精制造》(GB/T 18916.9—2006)。

(11)《取水定额第10部分：医药产品》(GB/T 18916.10—2006)。

(二) 各省用水定额标准

从黑龙江省2000年发布全国第一个地方用水定额以来，目前全国已有28个省（自治区、直辖市）编制发布了用水定额标准（见表3-8），其他的省份也正在抓紧编制。

表3-8　各省（自治区、直辖市）已发布的用水定额

序号	定额名称	发布年份	备注
1	北京市主要行业用水定额	2002	
2	天津市城市生活用水定额（DB 12/T 158—2003） 天津市农业用水定额（DB 12/T 159—2003） 天津市工业产品取水定额（DB 12/T 101—2003）	2003	
3	上海市用水定额（试行） 学校、医院、旅馆主要生活用水定额及其计算方法（DB 31/T 391—2007）	2001 2007	上海市用水定额（试行）正在修订
4	重庆市部分工业产品用水定额（试行）（第二批） 重庆市农业用水定额（试行） 重庆市城市非生产用水定额标准	2006 2006 2007	
5	河北省用水定额（试行）	2002	
6	山西省用水定额	2008	没有农业用水定额
7	内蒙古自治区行业用水定额标准（DB 15/T 385—2003）	2003	
8	辽宁省行业用水定额（DB 21/T 1237—2003）	2003	
9	吉林省用水定额（DB 22/T 389—2004）	2004	单设生态用水定额
10	黑龙江省行业用水定额（试行）	2000	农业用水定额仅有水稻
11	江苏省工业和城市生活用水定额	2005	正在修订
12	浙江省用水定额（试行）	2004	
13	安徽省用水定额（DB 34/T 679—2007）	2007	

续表

序号	定 额 名 称	发布年份	备 注
14	山东省农业灌溉用水定额（试行） 山东省电力、造纸、冶金、化工、纺织（丝绸）行业产品用水定额（试行） 山东省城市生活用水量标准（试行）	2004	
15	江西省城市生活用水定额（DB 36/T 419—2003） 江西省工业企业主要产品用水定额（DB 36/T 420—2003）	2003	
16	福建省用水定额（DB 35/T 772—2007）	2007	
17	河南省用水定额（DB 41/T 385—2004）	2004	
18	湖北省用水定额（试行）	2003	
19	湖南省用水定额（DB 43/T 388—2008）	2008	
20	广东省用水定额（试行）	2007	
21	广西壮族自治区用水定额（试行）	2003	
22	四川省用水定额（试行）	2002	正在修订
23	云南省用水定额（DB 53/T 168—2006）	2006	
24	陕西省行业用水定额（试行）	2004	
25	甘肃省行业用水定额	2004	
26	青海省用水定额（试行）	2004	
27	宁夏回族自治区工业产品去水定额（试行）	2005	
28	新疆维吾尔自治区工业和省会用水定额	2007	

各省（自治区、直辖市）编制的用水定额详尽程度和内容不一，先前发布的省份有的已到该修订的期限，如上海市用水定额（试行）正在修订；发布的形式也各异，如天津市、内蒙古自治区、辽宁省、吉林省、安徽省、江西省、福建省、河南省、湖南省、云南省等以地方标准的形式发布了各自的用水定额，而其他省份则以文件的形式发布。为此，2007 年水利部又下发了《关于进一步加强用水定额管理的通知》（水资源［2007］158 号）。该通知指出用水定额管理工作目前主要存在以下问题。

（1）管理基础薄弱。

一些省（自治区、直辖市）尚未制定和发布用水定额，已经发布用水定额的普遍存在体系不完整、定额数据偏差大、用水定额标准一刀切、用水定额不能及时更新等问题；水平衡测试、用水情况跟踪调查和统一分析等基础工作得不到足够的重视，用水计量设施不完备。

（2）用水定额编用脱节、管理粗放。

用水定额和总量控制结合不够紧密，在建设项目水资源论证、取水许可管理、计划用水管理、节水管理等环节，没有得到充分地运用。这些问题的存在，说明用水定额管理工作与加强水资源管理、建设节水型社会的要求还有很大差距，各地水行政主管部门对此要有充分的认识，切实从速加强用水定额管理工作。

通知要求将用水定额运用到水资源管理的主要环节中，特别是对评价、考核各地和用水户节水水平时，要把用水定额作为重要的基础指标。对高污染工业行业，要严格控制和适度削减用水定额，合理确定取水许可量和计划用水量，促进企业提高水重复利用率和使用再生水，减少污水排放量，促进水资源保护工作。

第三节　工业企业用水评价

一、概述

（一）用水评价的目的

工业企业用水评价，是在企业水平衡测试的基础上，构建一套科学合理的指标体系，对企业用水的合理性程度做出评价。其目的是通过用水评价正确反映企业用水、管水水平，找出企业用水先进与不合理之处，为提高企业合理用水程度，挖掘节水潜力提出指导性意见，最终达到全面提高企业经济效益和社会效益的目的。

（二）用水评价的原则

工业企业用水评价应遵循以下原则。

1. 统一标准

必须在各项水量测试的基础上，依据《节水型企业评价导则》（GB/T 7119—2006）规定的指标体系进行企业用水的分析评价工作。为此，要求水量测试的数据可靠准确，对指标的考核范围，考核的时间也可有统一的标准。

2. 行业与区域相结合

企业用水评价一般在同行业之间对比分析，以便找出本企业与同行业先进企业的差距。另外，还应与其他地区同行业的先进企业直至与国际上同行业的先进企业进行对比分析。

3. 单项分析与综合分析相结合

评价企业合理用水的各个单项指标，都是从一个侧面或某个局部反映企业用水状况。因此，仅从一项指标还不能全面反映企业用水的合理性状况。必须通过综合分析（如计算综合指标，经济分析等）来反映企业整体用水状况。但这并不意味着可以忽视单项指标，单项指标分析在挖掘企业节水潜力上有着重要的作用。

4. 采用科学的评价方法

评价方法对用水评价的成果有很大影响。科学合理的评价方法，不仅可以避免人为主观因素在评价中的影响，而且能够充分发挥数据的作用，用“事实”说话，较准确的找出企业用水存在的问题。

（三）用水评价的内容

工业企业用水评价包括供水系统、用水系统、排水系统 3 个方面。

1. 供水系统

供水系统是企业用水的基础。评价内容有水源的选择是否合理，供水管网布置是否合理，运行是否安全可靠，供水管网的漏失水量，装表计量等。如企业供水是否考虑不同工序、不同生产车间对水量、水压、水质、水温的不同要求而分别供水，对可以不需要连续供水的工艺或设备，是否采用间歇性供水方式等。

2. 用水系统

用水系统是企业用水管理的核心，是评价的主要内容。评价内容包括对各项技术考核指标进行计算、比较，检查生产用水流程是否合理，是否采用节水工艺、节水设备等。

3. 排水系统

检查企业的废水回收利用情况，企业是否实行清浊分流，使清水回用于生产，减少废水处理量等。

根据《节水型企业评价导则》，节水型企业是指采用先进适用的管理措施和节水技术，经评价用水效率达到国内同行业先进水平的企业。可见，节水型企业评价的指标体系和考核要求，树立了当前企业应该达到的节水目标，各企业将自身情况与节水型企业的考核要求相比对，不难找到自身的差距或薄弱环节，从而针对性地采取措施，提高节水水平。为此以下介绍节水型企业评价的内容。

二、节水型企业评价

（一）节水型企业评价指标体系

1. 评价指标体系建立的原则

建立节水型企业评价指标体系时，应该考虑以下因素。

（1）指标体系应能够科学、有效地考核企业用水、节水情况。包括：

——是否符合国家供水、取水、用水、排水方面的法律法规、政策和技术标准；

——是否符合资源合理配置、环境保护和可持续发展的基本要求；

——是否具备完备、适用的用水管理制度和措施；

——是否采用先进的节水工艺、技术、设备和器具；

——用水效率和效益的高低；

——开发和使用非常规水资源的状况。

（2）考虑不同行业、不同产品生产用水特点，以及地区间的水资源禀赋差异。

（3）对不同类型企业应具有一定的通用性，同行业大企业之间应具有较好的可比性。

（4）应具有可操作性，统计计量方便，便于考核。

节水型企业评价指标体系包括基本要求、管理考核指标和技术考核指标。

2. 基本要求

节水型企业必须满足以下基本要求。

（1）企业在新建、改建和扩建项目时应实施节水的“三同时、四到位”制度。“三同时”即工业节水设施必须与工业主体工程同时设计、同时施工、同时投入运行；“四到位”即工业企业要做到用水计划到位、节水目标到位、管水制度到位、节水措施到位。

（2）严格执行国家相关取水许可制度，开采城市地下水应符合相关规定。

（3）生活用水与生产用水分开计量，生活用水没有包费制。

（4）蒸汽冷凝水进行回用，间接冷却水和直接冷却水应重复使用。

（5）具有完善的水平衡测试系统，水计量装置完备。

（6）企业排水实行清污分流，排水符合 GB 8978—2002 的规定，不对含有重金属和生物难以降解的有机工业废水进行稀释排放。

（7）没有使用国家明令淘汰的用水设备和器具。

3. 管理考核指标

管理考核指标主要考核企业的用水管理和计量管理等，包括管理制度、管理人员、供水管网和用水设备管理、水计量管理和计量设备等。节水型企业管理考核指标见表 3-9。表 3-9 中各项指标为必考指标。

表 3-9　　节水型企业的管理考核指标及要求

考核内容	考核指标及要求
管理制度	有节约用水的具体管理制度
	管理制度系统、科学、适用、有效
	计量统计制度健全、有效
管理人员	有负责用水、节水管理的人员，岗位职责明确
管网（设备）管理	有近期完整的管网图，定期对用水管道、设备等进行检修
水计量管理	具备依据 GB/T 12452 要求进行水平衡测试的能力或定期开展水平衡测试
	原始记录和统计台账完整，按照规范完成统计报表
计量设备	企业取水，以及非常规水资源的水表计量率为 100%
	企业内主要单元的水表计量率≥90%
	重点设备或者各重复利用用水系统的水表计量率≥85%
	水表精确度不低于±2.5%

4. 技术考核指标

技术考核指标主要考核企业取水、用水、排水以及利用非常规水资源等 4 个方面。依据不同行业取水、用水、节水的特点，选择不同的考核内容和技术指标，见表3-10。

表 3-10　　节水型企业的技术考核指标

考核内容	技术指标	考核内容	技术指标
取水量	单位产品取水量	重复利用	冷凝水回用率
	万元增加值取水量		废水回用率
重复利用	重复利用率	用水漏损	用水综合漏失率
	直接冷却水循环率	排水	达标排放率
	间接冷却水循环率	非常规水资源利用	非常规水资源替代率

（二）节水型企业技术考核指标计算

1. 单位产品取水量

单位产品取水量按式（3-16）计算

$$V_{uf}=\frac{V_f}{Q} \tag{3-16}$$

式中 V_{uf}——单位产品取水量，m^3/单位产品；

V_f——在一定计量时间内企业的取水量，m^3；

Q——在一定计量时间内的产品产量。

2. 万元工业增加值取水量

万元工业增加值取水量按式（3-17）计算

$$V_{waf}=\frac{V_f}{VA} \tag{3-17}$$

式中 V_{vaf}——万元工业增加值取水量，m^3/万元；

V_f——在一定计量时间内企业的取水量，m^3；

VA——在一定计量时间内的工业增加值，万元。

3. 重复利用率

重复利用率按式（3-18）计算

$$R=\frac{V_r}{V_f+V_r}\times 100 \tag{3-18}$$

式中 R——重复利用率，%；

V_r——在一定的计量时间内，企业的重复利用水量，m^3；

V_f——在一定计量时间内企业的取水量，m^3。

4. 直接冷却水循环率

直接冷却水循环率按式（3-19）计算

$$R_d=\frac{V_{dr}}{V_{dr}+V_{df}}\times 100 \tag{3-19}$$

式中 R_d——直接冷却水循环率，%；

V_{dr}——直接冷却水循环量，m^3/h；

V_{df}——直接冷却水循环系统补充水量，m^3/h。

5. 间接冷却水循环率

间接冷却水循环率按式（3-20）计算

$$R_c=\frac{V_{cr}}{V_{cr}+V_{cf}}\times 100 \tag{3-20}$$

式中 R_c——间接冷却水循环率，%；

V_{cr}——间接冷却水循环量，m^3/h；

V_{cf}——间接冷却水循环系统补充水量，m^3/h。

6. 蒸汽冷凝水回用率

蒸汽冷凝水回用率按式（3-21）计算

$$R_b=\frac{V_{br}}{D}\times\rho\times 100 \tag{3-21}$$

式中 R_b——蒸汽冷凝水回用率，%；

V_{br}——蒸汽冷凝水回用量，m^3/h；

D——产汽设备的产汽量，t/h；

ρ——蒸汽体积质量，t/m^3。

注：V_{br}、ρ 均指在标准状态下。

7. 废水回用率

废水回用率按式（3－22）计算

$$K_w = \frac{V_w}{V_d + V_w} \times 100 \tag{3-22}$$

式中　K_w——废水回用率，%；

V_w——在一定的计量时间内，企业对外排废水自行处理后的回用水量，m^3；

V_d——在一定的计量时间内，企业向外排放的废水量，m^3。

8. 非常规水资源替代率

非常规水资源替代率按式（3－23）计算

$$K_h = \frac{V_{fh}}{V_f + V_{fh}} \times 100 \tag{3-23}$$

式中　K_h——非常规水资源替代率，%；

V_{fh}——在一定的计量时间内，非常规水资源所替代的取水量，m^3；

V_f——在一定的计量时间内，企业的取水量，m^3。

9. 用水综合漏失率

用水综合漏失率按式（3－24）计算

$$K_l = \frac{V_l}{V_f} \times 100 \tag{3-24}$$

式中　K_l——用水综合漏失率，%；

V_l——在一定的计量时间内，企业的漏失水量，m^3；

V_f——在一定的计量时间内，企业的取水量，m^3。

10. 达标排放率

达标排放率按式（3－25）计算

$$K_d = \frac{V_{d'}}{V_d} \times 100 \tag{3-25}$$

式中　K_d——达标排放率，%；

$V_{d'}$——在一定的计量时间内，企业的达到排放标准的排水量，m^3；

V_d——在一定的计量时间内，企业的排水量，m^3。

11. 水表计量率

水表计量率按式（3－26）计算

$$K_m = \frac{V_{mf}}{V_f} \times 100 \tag{3-26}$$

式中　K_m——水表计量率，%；

V_{mf}——在一定的计量时间内，企业或企业内各层次用水单位的水表计量的用（或取）水量，m^3；

V_f——在一定的计量时间内，企业或企业内各层次用水单位的用（或取）水

一车间的供水情况如图 3-5 所示。

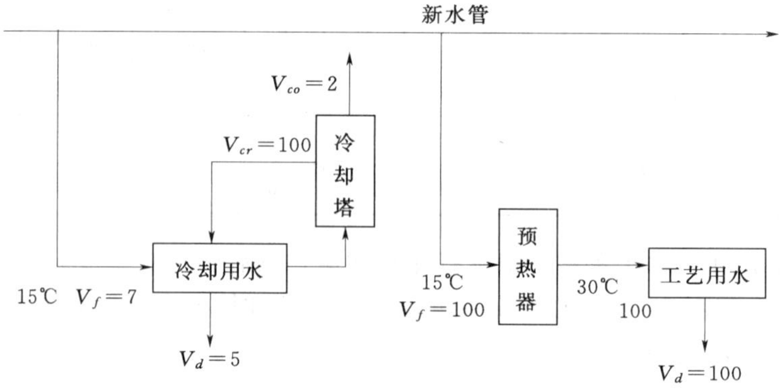

图 3-5　一车间水平衡图（m^3/d）

由图 3-5 得有关水量及指标计算如下：

新水量 $V_f=7+100=107$（m^3）

冷却水循环量 $V_{cr}=100$（m^3）

冷却用水量 $V_{ct}=7+100=107$（m^3）

重复用水量 $V_r=V_{cr}=100$（m^3）

用水量 $V_t=V_f+V_r=107+100=207$（m^3）

冷却水循环率 $R_c=\frac{V_{cr}}{V_{ct}}\times100\%=\frac{100}{107}\times100\%=93.5\%$

重复利用率 $R=\frac{V_r}{V_t}\times100\%=\frac{100}{207}\times100\%=48.3\%$

二车间的供水情况如图 3-6 所示。

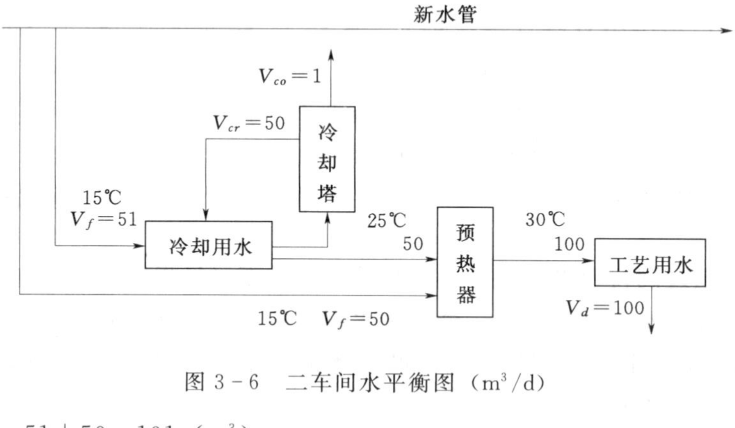

图 3-6　二车间水平衡图（m^3/d）

新水量 $V_f=51+50=101$（m^3）

冷却水循环量 $V_{cr}=50$（m^3）

冷却用水量 $V_{ct}=50+51=101$（m^3）

重复用水量 $V_r=50+50=100$（m^3）

总用水量 $V_t=V_f+V_r=101+100=201$（m^3）

冷却水循环率 $R_c=\frac{V_{cr}}{V_{ct}}\times100\%=\frac{50}{101}\times100\%=49.5\%$

重复利用率 $R=\frac{V_r}{V_t}\times100\%=\frac{100}{201}\times100\%=50\%$

比较上述结果可以看出，一车间冷却水循环率为 93.5%，虽然大大高于二车间的 49.5%，但重复利用率却低于二车间。从取用的新水量看，二车间少取水 $6m^3$。而且二车间的 $50m^3$ 回用的冷却水用于生产工艺，只需预热升温 5℃，可节省预热器的煤耗（或电耗）。所以，二车间用水较合理。

多项指标的综合分析还可用本节介绍的“企业合理用水综合评比方法”。

（二）企业内部对比分析法

企业内部对比分析法，一是企业内部车间与车间，班组与班组之间进行的横向比较，二是企业自身做纵向（年际间）的对比分析。企业内部车间之间的对比分析方法与行业内企业之间的对比分析方法类似，在此不再赘述。企业自身的纵向分析，可采用企业用水考核指标过程线对比分析法。

（1）单项指标的过程分析：将企业用水考核的单项指标，按时间顺序画在直角坐标系内，进行分析与比较。

（2）企业新水量与产量关系过程线：企业新水量是企业产量的物质基础之一，二者之间的数量关系随着企业的节水而变化。为了更直接反映企业新水量的变化，将企业新水量过程线与产量过程线画在同一坐标内，以此进行分析。

（三）企业合理用水综合评比方法

企业合理用水综合评比方法，是将企业用水考核的各个单项指标，用同趋势处理法、比重法、补偿法对其作技术性处理，综合成一个具有可比性的考核评分，便于同行业企业间进行用水合理性的横向比较。

1. 单项指标同趋势化处理

在节水型企业评价的 11 个技术考核指标中，重复利用率、直接冷却水循环率、间接冷却水循环率、冷凝水回用率、废水回用率、达标排放率、非常规水资源替代率、水表计量率等 8 个指标，其值越大越优，这些指标称为“正向指标”。其余 3 个指标（单位产品取水量、万元工业增加值取水量、用水综合漏失率），其值越小越优，称为“负向指标”。要将这 11 个指标综合成一个考核指标（评分），就必须进行技术处理，将指标的方向统一起来并消除量纲，使每个指标都变成同一方向的纯数，以便于进行统计。

所谓指标的同趋化处理，就是将负向指标通过整理变换后转化为正向指标。其方法是对负向指标采用最大与最小值之和求补法作处理，求出新的指标值，对正向指标不作处理。具体做法是：将某负向指标进行排列，以数列中最大数与最小数之和减去原指标值即为该指标变为正向指标的新值，计算公式为

$$K'_{ij}=K_{j,\max}+K_{j,\min}-K_{ij} \tag{3-27}$$

式中 K'_{ij}——某负向指标经过同趋势化处理变为正向指标值；

K_{ij}——某负向指标原始测定值；

$K_{j,\max}$，$K_{j,\min}$——负向指标的最大值与最小值；

i，j——下标 i 表示企业序号，j 表示指标序号。

在节水型企业评价的技术考核指标中，需要做同趋势化处理的有 3 个指标，分别是单位产品取水量、万元工业增加值取水量、用水综合漏失率。

2. 单项指标评分计算

单项指标在综合评价中的评分值可通过比重法计算。该法是以某项指标在所有参加评比的企业中，用指标所占的比重值作为该指标在总评分中分项得分，用式（3－28）或式（3－29）计算（得分按百分制）。

对原正向指标

$$P_{ij} = \frac{K_{ij}}{\sum_{i=1}^{N} K_{ij}} \times 100 \tag{3-28}$$

对原负向指标

$$P_{ij} = \frac{K'_{ij}}{\sum_{i=1}^{N} K'_{ij}} \times 100 \tag{3-29}$$

式中　P_{ij}——第 i 个企业第 j 项指标的得分值；

K_{ij}——第 i 个企业第 j 项指标的原值（正向指标）；

K'_{ij}——第 i 个企业第 j 项指标处理后的新值（负向指标）；

N——参加评比的企业数。

显然，采用式（3－28）、式（3－29）计算的结果应满足 $\sum_{i=1}^{N} P_{ij} = 100$。

3. 综合评分值计算

（1）综合评分值计算方法。

在求得单项指标的分值后，用加权平均法将 11 项指标的得分值相加综合成为一个单一的分值，用式（3－30）计算。

$$V_i = \sum_{j=1}^{11} \alpha_j P_{ij} \tag{3-30}$$

式中　V_i——第 i 个企业综合评分；

α_j——第 j 项指标在综合评比中的权重。

综合评分 V_i 代表了某企业在所有参加评比企业中 11 项指标的综合得分，从整体上反映了该企业的用水合理性考核结果，得分以大者为好。据此即可以对所有参加评比的企业进行排序选优。

（2）指标权重 α_j 的确定。

企业用水各项指标的权重是指该指标反映的合理用水情况占整个企业用水情况的比重，或者称为相对重要程度。对同一行业而言，因各项指标反映的角度不同，应赋予不同的权重。

指标权重值确定的方法有专家评分法、比例分配法、德尔裴法和层次分析法等。下面介绍一种简便易行的方法，即专家评分——比例分配法。该法需要对各个指标作对比分析，分析时每两个指标一组，按其重要程度，由专家进行对比分析，按 5 分制或 10 分制判定各指标的权重分值，然后根据各指标的总得分值计算权重（见表 3－12）。

表 3－12 按 10 分制评分。A 指标相对于 B、C 指标的重要性分别为 6、4。应注意的是，专家评分时任何两个指标的评分之和必须保持在 10 分（或 5 分）。另外，数个专家评分汇总平均时，遇小数应四舍五入，但仍应使两指标评分之和保持在 10 分（或 5 分）。

表 3－12　　专家评分及权重计算表

指　标	A	B	C	Σ	权　重
A	0	4	6	10	10/30＝0.33
B	6	0	2	8	8/30＝0.27
C	4	8	0	12	12/30＝0.40
Σ				30	1.00

（3）允许缺项处理。

如果有的企业确实因某种不可避免的原因未能进行某一指标的考核，即为允许缺项。若该项指标以 0 分计，则会降低该企业的总评分。因此，对允许缺项应计算其缺项补分，即以补偿的方法加以考虑。补分值按缺项指标的总平均分计算。如式（3－31）

$$\Delta V_{ij} = \alpha_j \overline{P}_{ij} = \alpha_j \frac{\sum_{i=1}^{N} P_{ij}}{N} \quad (3-31)$$

式中　ΔV_{ij}——第 i 个企业第 j 项指标的允许缺项补分；

$\overline{P}_{ij}$——N 个企业第 j 项指标的平均分值。

考虑允许缺项后的综合评分计算通式为

$$\overline{V}_i = V_i + \Delta V_{ij} = \sum_{j=1}^{11} \alpha_j P_{ij} + \sum_{j=1}^{11} \alpha_j \overline{P}_{ij} M_j \quad (3-32)$$

式中　M_j——允许缺项计算参数，允许缺项时 $M_j=1$，其余为零。

4. 算例

某行业 6 个工厂经过测试得到 4 项考核指标结果见表 3－13，试用综合评分法对各企业的节水水平进行排队。

（1）用式（3－27）对负向指标 V_{wf} 作同趋化处理：

$$K_{4\max} + K_{4\min} = 370 + 110 = 480$$

$$K'_{i4} = [480-280, 480-370, 480-260, 480-124, 480-206, 480-110]$$

计算结果见表 3－13。

表 3－13　　某行业企业用水考核指标实测值

指标＼工厂	Ⅰ	Ⅱ	Ⅲ	Ⅳ	Ⅴ	Ⅵ
R	0.42	0.65	0.74	0.21	0.58	0.20
R_c	0.38	0.78	0.82	0.50	0	0.90
K_w	0.62	0.40	0.90	0.14	0.82	缺

续表

指标 \ 工厂	Ⅰ	Ⅱ	Ⅲ	Ⅳ	Ⅴ	Ⅵ
V_{wf}	280	370	260	124	206	110
K'_{i4}	200	110	220	356	274	370

（2）指标权重计算。

用专家评分——比例分配法得到 4 项指标的权重，见表 3-14。

表 3-14　指标评分及权重计算表

指　标	R	R_c	K_w	V_{wf}	Σ	权　重
R	0	6	6	8	20	20/60=0.33
R_c	4	0	4	6	14	14/60=0.23
K_w	4	6	0	6	16	16/60=0.27
V_{wf}	2	4	4	0	10	10/60=0.17
Σ					60	1.00

（3）用式（3-28）或式（3-29）计算单项指标得分值。

如指标 1

$$P_{i1}=\left[\frac{0.42}{2.8},\frac{0.65}{2.8},\frac{0.74}{2.8},\frac{0.1}{2.8},\frac{0.58}{2.8},\frac{0.20}{2.8}\right]\times 100$$

指标 4

$$P_{i4}=\left[\frac{200}{1530},\frac{110}{1530},\frac{220}{1530},\frac{356}{1530},\frac{274}{1530},\frac{370}{1530}\right]\times 100$$

其余计算结果见表 3-15。

（4）计算综合评分。

按式（3-32）计算各工厂的综合得分值，其中工厂Ⅵ的第 3 项指标 K_w 为允许缺项 $M_3=1.0$，补分计算为

$$\Delta V_{63}=\alpha_3\frac{1}{N}\sum_{i=1}^{N}P_{ij}=0.27\times\frac{1}{6}\times(21.5+13.9+31.3+4.9+28.4+0)=4.5$$

计算结果见表 3-15。由此结果可以得到企业合理用水考核的优劣顺序为工厂Ⅲ，Ⅱ，Ⅴ，Ⅵ，Ⅰ，Ⅳ。

表 3-15　综合评分计算表

指标 \ 工厂	Ⅰ	Ⅱ	Ⅲ	Ⅳ	Ⅴ	Ⅵ
P'_{i1}	15	23.2	26.4	7.5	20.7	7.2
P_{i2}	11.2	23.1	24.3	14.8	0	26.6
P_{i3}	21.5	13.9	31.3	4.9	28.4	0
P_{i4}	13.0	7.2	14.4	23.3	17.9	24.2

续表

指标＼工厂	Ⅰ	Ⅱ	Ⅲ	Ⅳ	Ⅴ	Ⅵ
$\bar{V}_i$	15.5	17.9	25.2	11.2	17.5	17.1
排序	5	2	1	6	3	4

5. 应用上述方法评价企业合理用水应注意的问题

（1）按式（3－32）计算的企业用水综合评分值仅对企业合理用水考核作综合评比排序选优用，其值大小并不代表企业合理用水程度，是一个相对评分值。

（2）综合评比所用指标值必须为同一时期的实测值。用综合评分进行排序时，若两企业得分相同，不缺项（包括允许缺项）者在先。

（3）单项指标权重是一个重要参数，应慎重取值，同一行业一定时期该值相对稳定。

第四章　农业节水技术与管理

第一节　农业节水内涵

目前，我国农业用水约占全国总用水量的60%～70%，农业用水量的90%用于种植业灌溉，其余用于林业、牧业、渔业以及农村人畜饮水等。尽管农业用水所占比重近年来明显下降，但农业仍是我国第一用水大户，发展高效节水型农业是国家的基本战略。

在谈到农业节水时，人们往往只想到节水灌溉，这一方面是由于灌溉用水在农业用水中占有相当大的比例（90%以上）；另一方面也反映了人们认识上的片面性。实际上，节水灌溉是农业节水中最主要的部分，但不是全部。著名水利专家钱正英在中国水利科学研究院作的《转变发展方式——中国水利的战略选择》报告中指出目前有关需水管理的七大误区之一就是"误以为农业节水的内容仅仅是节水灌溉"，指出农业节水的第一个层次是农业结构的调整，就是农、林、牧业结构的配置；第二个层次是农业技术的提高，主要是提高植物本身光合作用的效率；第三个层次才是通过节水灌溉，减少输水灌溉中的水量损失。因此应研究各个层次的节约用水，不应当仅限于节水灌溉。

相比于节水灌溉，农业节水的范围更广、更深，包括生物节水、农艺节水和旱作农业节水等。农业节水以水为核心，研究如何高效利用农业水资源，保障农业可持续发展。农业节水的最终目标是建设节水高效农业。

除了"农业节水"，大家还经常听到"节水农业"一词，两者互有联系，但却是两个概念，内涵和研究重点有差异，不能混淆。节水农业类似节水性农业，是指按照节水的要求规划农业、建设农业、管理农业，农业可以分成很多种，节水农业只是其中一种。而农业节水，不仅要研究农业生产过程中的节水，还要研究与农业用水有关的水资源开发、优化调配、输水配水过程的节约等。

第二节　农业节水现状

一、国内农业节水现状

我国农业节水的发展与国家经济社会发展水平及宏观经济发展战略密切相关。近些年来我国农业节水受到党和国家的高度重视，从20世纪80年代以后呈加速发展趋势。主要从5个方面开展工作：①农业结构调整，包括两个层次，即农业产业结构调整（农林牧比例）和农业种植结构调整。通过调整农业结构，使其与区域水资源禀赋相匹配。如干旱地区的游牧就是一种适应当地自然条件的重要生产方式，通过"逐水草而居"使人类活动对脆弱的自然生态的影响减到最小；半干旱地区的种植结构调整则是农业节水的卓有成效的途径之一。②农艺节水，推广种植耐旱品种及节水栽培技术，采取深耕蓄水、塑料薄膜或秸秆覆盖、聚肥保墒等措施。③输配水系统的节水，如灌区渠系调整、建筑物配套改造、渠道防渗、管道输水等。④田间灌溉过程的节水，如采用喷灌、滴灌、畦灌、沟灌、膜上灌、膜下灌，坐水点种、土地平整等。⑤加强用水管理，如制定科学的管理制度，健全节水政策法规，加强计划用水、计量用水、科学调度。

此外我国西北半干旱地区的雨养农业已形成了适应各种条件的栽培管理体系，包括种植制度的选择、抗旱品种的选育、覆膜、施肥、生物调控技术以及蓄水保墒工程技术等。雨养农业作为灌溉农业的补充，对于缓解农业用水压力，具有重大的意义。

“九五”期间国家加大了对农业节水的扶持力度，并利用国债资金、政策性贴息贷款，启动了“以节水为中心的大中型灌区续建配套与技术改造”节水灌溉示范项目、300 个节水增产（增效）重点县建设及节水型井灌区建设；水利部先后启动了 18 个农业节水示范市建设。“十五”期间，国家又相继启动了牧区节水灌溉示范项目、末级渠系节水改造试点项目；在资源节约和高效利用方面，开展了灌溉用水“总量控制、定额管理”等基础性研究工作，恢复建设了 100 多个灌溉试验站，节水灌溉的技术支撑体系开始建立。全国节水灌溉无论是在规模上，还是质量、效益上都呈跨越式发展态势，形成了骨干工程与田间工程，典型试点示范与区域节水示范相结合，同时注重从节水灌溉技术、节水机理、节水灌溉制度、水资源合理利用、节水灌溉设备、配套农艺措施、管理措施等全方位进行深入研究，初步形成了符合国情的节水灌溉技术体系与综合发展模式；在管理体制及运行机制改革与创新方面也进行了有效探索，并取得一定成效。截止到 2006 年年底，全国节水灌溉面积达到 2242.5 万 hm^2，其中喷滴灌 282.4 万 hm^2，微灌 75.5 万 hm^2，管道输水灌溉面积 526.4 万 hm^2，渠道防渗 959.3 万 hm^2，其他节水灌溉面积 398.9 万 hm^2。

实践表明，采用农业节水措施节水增产效果十分显著。陕西省洛惠渠灌区．推广长畦改短畦、宽畦改窄畦、大水漫灌改小畦浅灌后，作物生育期灌水量降低了 20%～30%；山东省济宁市汶上井灌区实行低压管道输水灌溉后，输水利用系数从 0.6 提高到 0.95 以上，节水率达 40%，节能 33%，节地 1.7%，省工 50%，灌水周期缩短 1/3；陕西省泾惠渠灌区，经过对各级渠道衬砌后，渠系水利用系数由 0.59 提高到 0.858；北京郊区县近几年发展喷灌面积近 7 万 hm^2，取得了增产 20%、节水 55%、省工 50%、提高土地利用率 23%的显著效果；河南省堰师县关窑村，采用以半固定式滴灌为中心，井池结合，提蓄结合，限额供水和滴灌关键水的提、蓄、滴相结合的灌溉模式，利用每小时出水量 $20m^3$ 的机井，年平均灌溉面积 $57.9hm^2$，小麦平均用水量 $759m^3/hm^2$，增产 $1522.5kg/hm^2$；山西省翼城县利民灌区，在对全灌区进行技术改造的基础上，实行地面水和地下水资源统一管理、统一调度，自流灌溉与提水灌溉水费平衡政策，使渠系水利用系数由 0.64 提高到 0.74，灌溉水利用系数由 0.5 提高到 0.6，增产 19.6%；广西采用“薄、浅、湿、晒”节水灌溉制度，实测结果平均节水 $1425m^3/hm^2$，增产 $375kg/hm^2$。水利部农田灌溉研究所承担的总理基金课题《华北地区节水农业技术体系的研究与示范》在河南、山西、河北建立了 3 个节水农业示范区，实施节水灌溉综合技术措施，即在节水灌溉的同时配合采用耐旱品种、水肥结合、地面覆盖等农业节水增产技术和施保水剂等化学节水增产技术，分别取得了增产 39.7%、71.5%和 104%，节水 30.4%、45.5%和 55%，提高水分生产率 63.3%、

30%和96.5%的显著效益。

纵观30多年的发展历程，我国农业节水已经取得了瞩目的成就，基本形成了中国特色的农业节水体系，具有自身的优势和特点，为各个时期经济社会持续发展做出了巨大的贡献。但同时也看到，我国农业节水的现代科学技术水平仍然不高，科技成果的推广应用还存在一些瓶颈问题，管理体制和制度尚未科学、健全，因此，我国农业节水还有待进一步的发展和创新。

二、国外农业节水现状

农业节水因各国不同的经济发展水平和缺水程度存在不同的发展模式。以埃及、印度等为代表的经济欠发达国家，受其经济条件和技术水平的限制，农业节水主要采用以渠道防渗技术和地面灌水技术为主，配合相应的农业措施及天然降水资源利用技术的模式。而以美国、以色列等为代表的经济发达国家，农业节水主要采用以高标准的固化渠道和管道输水技术、现代喷、微灌技术与改进后的地面灌水技术为主的模式，以色列实现了全国输水管道联网，滴灌面积占90%以上；美国喷、滴灌面积1100万hm^2，占灌溉面积的50%；德国、法国喷灌面积占灌溉面积的60%左右；前苏联早在1984年就基本实现了渠道防渗，地下输水管道占63%，防渗渠道占29%。此外，发达国家的农业节水坚持将天然雨水资源利用技术、生物节水技术、农艺节水技术与用水系统的现代化管理技术相结合。发达国家在农业节水方面采取的措施主要有7个方面。

（一）采用先进的节水灌溉技术

（1）采用节水、节能的喷、微灌系统。

（2）对现有渠系进行改造。如加拿大阿尔伯特省南部灌区改造流量超过5m^3/s的渠道，用厚75mm的素混凝土板或厚0.5mm的聚乙烯薄膜衬砌；对流量小于3m^3/s的渠道采用地下管道。改造后渠系水利用率由0.4～0.7提高到0.8。

（3）灌溉系统采用计算机进行自动化管理。在计算机程序设计中考虑土壤、水的物理性质，植物生理和气候参数，计算出实际作物需水量。

（二）基因改良、培育抗旱节水型作物新品种

在种植业领域，通过基因的转移和重组，培育出抗旱的或能适宜咸水灌溉的农作物品种以节约淡水资源。以色列通过作物遗传育种，专门培育出适宜咸水灌溉的小麦、番茄、棉花等作物新品种，可以利用浓度高达0.45%的咸水灌溉。利用咸水灌溉的西红柿不仅甜度高，而且储存期长，可储存15d。咸水灌溉作物品种的培育和推广可大大缓解淡水资源的紧缺程度。

（三）加强以计划用水为核心的农业用水管理

统计灌溉系统水量，根据用水计划的执行情况奖励计划用水。灌溉用水计划考虑土地面积、作物种类和现有的灌溉情况，对灌溉的土地进行适当的分类、分级，这样进行灌溉可减少用水的不必要浪费。农民应支付其实际灌溉用水的水费，超定额用水应进行罚款。另一种手段是禁止超灌溉定额用水。

（四）农业灌溉用水管理的经济政策

加拿大小型灌溉工程大部分由私人投资，而大型灌溉工程主要由国家投资。澳大利亚为灌溉目的修建的工程，如水库、堰和配水工程的费用，主要是由州政府投资，有时借助

联邦政府的援助。这些投资一般不需要灌溉用户偿还，只要求用户支付运行和维修费用。

鼓励购买低耗水灌溉设备，政府可给农民提供优惠价设备，也可通过水费体制对安装低耗水设备的农民采用加速折旧或水费赊欠的办法给予鼓励。另一种鼓励低耗水灌溉系统的经济政策，是对购买改进灌溉设备的农户实行低息贷款。

（五）调整作物结构，改变土地利用方式

（1）引进低耗水作物。种植水稻、甘蔗、玉米、蔬菜、桑树和各种饲料作物，其耗水量相对较大。根据气候条件，选择种植低耗水作物（如花生、向日葵、高粱等）可用较少的耗水产生同等的经济效益。推广低耗水作物，结合适当的灌溉用水水费政策，引导作物种植结构的变化。

（2）采用土地休闲补助政策控制灌溉用水。勉强能种植的土地或距主灌区很远的土地，获得的纯收入可能抵不上用水费用，补贴到灌溉上的费用是无益的。边远的土地有时通过支付给土地拥有者报酬而休闲不耕种，到来年再耕种。美国长期采用这种政策管理农业（称为支付闲置费），只要支付的费用不超过土地用水的总补贴，这种做法就对整体效益有利。

（六）通过水价杠杆调节灌溉用水量

世界上大多数国家已提出利用市场和市场力量、受益者和污染者共同负担的原则推进有效长期地使用水资源。提倡按实际成本收费，使用水者真正意识到水资源和输水系统的价值，减少对这些系统的过度需求，促进节约用水。以实际消费作为控制需要的直接措施，增加收入以满足费用的要求。

（七）农民参与农业灌溉用水管理

根据世界各国的经验，农民参与用水管理的效益已逐步显现出来：农民可直接参与管理三级渠道以下的工程，以减轻政府在人力、物力上的沉重负担；农民为灌溉工程的规划、设计提供了可靠的资料和信息，为工程的建设提供了劳动力；调动了农民的积极性，提高了管理水平和水的利用效率；促进了水量的合理分配，延长水利工程与渠系的寿命；协调了职能部门与农民、农民与农民之间的用水矛盾。

第三节 农业节水技术

从水源到形成作物产量要经过以下 4 个环节：①通过渠道或管道将水从水源输送到田间；②通过灌溉将引至田间的水分配到指定面积上转化为土壤水；③经作物吸收将土壤水转化为作物水；④通过作物复杂的生理生化过程，使作物水参与经济产量的形成。在农田水的 4 次转化中，每一环节都有水的损失，都存在节水潜力。前两个环节不与农作物吸收和消耗水分的过程直接发生联系。但前两个环节中的节水潜力比较大，措施比较明确，是当前节水灌溉的重点。工程技术节水措施通常指能提高前两个环节中灌溉水利用率的工程性措施，包括渠道防渗技术、管道输水技术、节水型地面灌溉技术、喷灌技术、微灌技术等。

一、渠道防渗技术

（一）渠道防渗的节水增效作用

1. 提高渠系水利用系数

目前我国已建渠道防渗工程约 55 万 km，仅占渠道总长的 18%，有 80%以上的渠道没有防渗，仍是土渠输水，渠系水利用系数平均不到0.5。也就是说，从渠首引进的水有50%以上都在渠道输水过程中通过渠床土壤渗漏损失掉了。因此采用渠道防渗技术对渠床土壤处理或建立不易透水的防护层，如混凝土护面、浆砌块石衬砌、塑料薄膜防渗和混合材料防渗等工程技术措施，可减少输水渗漏损失，加快输水速度，提高灌水效率。与土渠相比，浆砌块石防渗可减少渗漏损失50%～60%；混凝土护面可减少渗漏损失60%～70%；塑料薄膜防渗可减少渗漏损失70%～80%。

2. 节约投资和运行费用

渠道防渗后减少输水损失，与土渠输水相比，从水源取等量的灌溉水可以灌溉更多的农田，即如果灌溉同等数量的耕地，渠道防渗所需建设水源工程的投资比土渠少得多。据新疆的经验，渠道采用防渗技术措施后，用其节省下来的水灌溉，每亩地的投资约为建水库蓄水灌溉每亩地投资的1/3。由于渠道防渗后，与土渠相比通过同等流量时，可以加大纵比降、缩小断面，因此不但可降低渠道土方工程投资，而且可减少渠道占地40%～50%。对于提水灌区节水即节电或节油，据山西调查，提水灌区每平方米渠道防渗工程，每年可节电2.7kW·h或节油1.2kg，井灌区每平方米渠道防渗工程，每年可节电5.6kW·h或节油3.0kg。渠道防渗后还可大幅度节约管理养护费用，一般比土渠减少70%。

3. 防止土壤盐碱化及沼泽化

渠道若不采取防渗技术措施，会因渗漏而补给地下水，不但造成输水损失，而且提高地下水位，在我国北方会导致灌区盐碱化、沼泽化，在南方则会形成冷浸田、反酸田、洋湖田等，造成严重减产，甚至弃耕。更有甚者，引发房屋倒塌，威胁附近工业与民用建筑和人身安全。而采取了渠道防渗后，因大幅度减少了渗漏，对新建灌区可防止产生土壤盐碱化及沼泽化，对已建灌区则可制止或减少土壤盐碱化及沼泽化。

4. 防止渠道冲刷、淤积及坍塌

渠道防渗后，渠床得到加固，抗冲刷、抗坍塌能力得到很大提高，对稳定渠道，保障输水安全起到重要作用。特别是塬边或傍山渠道、湿陷性黄土地区，渠道防渗对防止在输水过程中发生决口、滑坡等事故起到很大作用。渠道防渗后由于纵比降增大，糙率减小、流速加快，因此在输水过程中不易发生淤积，特别在浑水灌区，其防淤的优点尤其显著。

（二）各种渠道防渗技术

1. 土料防渗

土料防渗的技术原理是在渠床表面铺上一层适当厚度的黏性土、黏砂混合土、灰土、三合土和四合土等材料，经夯实或碾压形成一层紧密的土料防渗层，以减少渠道在输水过程中的渗漏损失。适用于气候温暖无冻害、经济条件较差地区，流速较低的小型渠道及农、毛渠等田间渠道。

采取土料防渗一般可减少渗漏量的60%～90%，并且能就地取材，技术简单，农民容易掌握，投资少。因其投资少、见效快，在今后较长一段时间内，仍将是我国中、小型渠道的一种较简便可行的防渗措施。但目前由于我国经济实力增强、防渗新材料和新技术不断问世，应用传统的土料防渗技术正在逐年减少。但是，随着大型碾压机械的应用、土的电化学密实和防渗技术的发展以及新化学材料的研制，也可能会给土料防渗带来生机。

2. 水泥土防渗

水泥土防渗的技术原理是将土料、水泥和水按一定比例配合拌匀后，铺设在渠床表面，经碾压形成一层紧密的水泥土防渗层，以减少渠道在输水过程中的渗漏损失。适用于气候温和的无冻害地区。

采取水泥土防渗一般可减少渗漏量的80%～90%，并且能就地取材，技术简单，农民容易掌握，投资少。因其投资少、见效快，在今后较长一段时间内，仍将是我国中、小型渠道的一种较简便可行的防渗措施。但是，因其早期强度及抗冻性较差，随着效果更优的防渗新材料和新技术不断涌现，水泥土防渗大面积推广应用的前景较差。

3. 砌石防渗

砌石防渗的技术原理是将石料浆砌或干砌勾缝铺设在渠床表面，形成一层不易透水的石料防渗层，以减少渠道在输水过程中的渗漏损失。适用于沿山渠道和石料丰富、劳动力资源丰富的山丘地区。

砌石防渗具有较好的防渗效果，可减少渗漏量50%左右。而且具有抗冲流速大、耐磨能力强、抗冻和防冻害能力强和造价较低的优点。我国山丘地区所占国土面积很大，石料资源十分丰富，农民群众又有丰富的砌石经验，因此，砌石防渗仍有广阔的推广应用前景。但随着劳动力价格提高，因砌石防渗难以实现机械化施工，且质量不易保证，在劳动力紧缺的地区则应用会受到制约。

4. 混凝土防渗

混凝土防渗的技术原理是将混凝土铺设在渠床表面，形成一层不易透水的混凝土防渗层，以减少渠道在输水过程中的渗漏损失。混凝土防渗对大小渠道、不同工程环境条件都可采用，但缺乏砂、石料地区造价较高。

采取混凝土防渗一般能减少渗漏损失90%～95%以上，且耐久性好寿命长（一般混凝土衬砌渠道可运用50年以上）；糙率小，可加大渠道流速，缩小断面，节省渠道占地；强度高，防破坏能力强，便于管理。混凝土防渗是我国最主要的一种渠道防渗技术措施，推广应用前景十分广阔。

5. 膜料防渗

膜料防渗的技术原理是用不透水的土工织物（即土工膜）铺设在渠床表面，形成一层不易透水的防渗层，以减少渠道在输水过程中的渗漏损失。适用于交通不便运输困难、当地缺乏其他建筑材料的地区；有侵蚀性水文地质条件及盐碱化的地区；北方冻胀变形较大的地区。

膜料防渗的防渗效果好，一般能减少渗漏损失90%～95%以上。具有适应变形能力强；质轻、用量少、方便运输；施工简便、工期短；耐腐蚀性强；造价低（塑膜防渗造价仅为混凝土防渗的1/15～1/10）等优点。随着高分子化学工业的发展，新型防渗膜料的不断开发，其抗穿刺能力、摩擦系数及抗老化能力得到提高，膜料防渗推广应用前景十分广阔。

6. 沥青混凝土防渗

沥青混凝土防渗的技术原理是将以沥青为胶结剂，与矿粉、矿物骨料经过加热、拌和、压实而成的沥青混凝土铺设在渠床表面，形成一层不易透水的防渗层，以减少渠道在输水过程中的渗漏损失。适用于有冻害和沥青资源比较丰富的地区。

采取沥青混凝土防渗一般能减少渗漏损失90%～95%，并且适应变形能力强、不易老化，对裂缝有自愈能力、容易修补、造价仅为混凝土防渗的70%。随着石油化学工业的发展，沥青资源逐渐丰富，效果较好的热拌沥青混凝土防渗的推广应用前景十分广阔。

各种防渗材料的防渗效果及适用条件见表4-1。

表4-1　　各种防渗材料的防渗效果及适用条件

防渗材料类别		主要原材料	防渗效果 $[m^3/(m^2 \cdot d)]$	使用年限 (a)	适　用　条　件
土料类	1. 素土 2. 黏砂混合土	素土、石灰、砂、石等	0.07～0.17	5～15	能就地取材，造价低，施工简便，但抗冻性差，耐久性较差，所需劳力多，质量不易保证。适用于气候温和地区的中、小型渠道
	3. 三合土 4. 四合土 5. 灰土			10～25	
水泥土类	1. 干硬性水泥 2. 塑性水泥土	壤土、砂壤土、水泥	0.06～0.17	8～30	能就地取材，造价较低，施工较容易，但抗冻性较差。适用于气候温和地区，且附近有壤土和砂壤土的渠道
石料类	1. 浆砌料石 2. 浆砌块石 3. 浆砌卵石 4. 浆砌石板	料石、块石、卵石、石板、水泥、石灰、砂等	0.09～0.25	25～40	抗冻和抗冲性能好，施工简易，耐久性强，但防渗能力一般较难保证，所需劳力多。适用于石料来源丰富、有抗冻与抗冲要求的渠道
	5. 干砌卵石挂淤		0.20～0.40		
埋铺式膜料类	1. 土料保护层 2. 刚性保护层	膜料、土料、砂石、水泥等	0.04～0.08	20～30	防渗能力强，质轻、运输便利，当用土作保护层时，造价较低，但占地多，允许流速小。适用于中、小型低流速渠道。当用刚性保护层时，造价较高，可用于大、中型渠道
沥青混凝土类	1. 现场浇筑 2. 预制铺砌	沥青、砂、石矿粉等	0.04～0.14	20～30	防渗能力强，适应冻胀变形能力较好，造价与混凝土相近，但目前沥青料源缺乏。一般适用于有冻害的地方，且附近有沥青料源的渠道
混凝土类	1. 现场浇筑 2. 预制铺砌	砂、石、水泥等	0.04～0.14	30～50	防渗、抗冲性能好，耐久性强。适用于不同地形、气候及运行条件的大、中、小型渠道
			0.06～0.17	20～30	
	3. 喷射法施工	砂、石、水泥、速凝剂等	0.05～0.16	25～35	防渗、抗冲性能好，耐久性强。但需较多的施工设备，施工较繁杂。多用于基础为岩石的渠道

二、低压管道输水灌溉技术

（一）低压管道输水灌溉的节水增效作用

（1）省水：水的输送利用率可达95%。

（2）节能：井灌提水需耗能，节水即节能，一般比土渠输水节能25%左右。

（3）减少渠道占地：管道埋在地下，可减少渠道占地2%～3%。

（4）管理方便：管道埋在地下，不易受人为破坏，而且可提高输水速度，加快灌水进度，缩短轮灌周期，有利于控制灌水量。

（5）增产增收：由于节水和节地，故可扩大灌溉面积，增加产量和增加收入。

（二）低压管道输水灌溉技术及其应用

低压管道输水灌溉（简称管灌）的技术原理是采用低的水压力（不大于0.2MPa），通过塑料管或混凝土管等管道将灌溉水输到田间沟、畦对农田实施灌溉，以减少输水过程中的渗漏、蒸发损失。低压管道输水灌溉主要适用用于井灌区输水，也适用于在水质条件好的自流灌区或提水灌区替代末级固定输水渠道。

我国井灌面积超过2亿亩，随着新型、质量好、价格适宜的塑料管材开发，而且可利用井泵余压解决管道输水所需的工作压力，因此在我国北方井灌区有着广阔的推广应用前景。在自流灌区，也可采用大口径低压管道代替明渠输水。

三、喷灌技术

（一）喷灌技术的节水增效作用

（1）提高农作物产量：像降雨一样湿润土壤，不破坏土壤结构，可以根据作物需水规律进行精确供水，还能调节田间小气候。因此，可为作物生长创造良好的水分条件和环境条件，比地面灌溉提高产量15%～25%。

（2）节约灌溉用水量：灌水均匀度可达80%～85%，灌溉水利用率可达80%以上，一般可比地面灌溉省水30%～50%。

（3）适应性强：可用于各种类型的土壤和作物，受地形条件限制小，可以节省农田平整的工作量。

（4）节省灌水劳动力：喷灌的机械化程度高，可以降低灌水劳动强度，节省劳动力。

（5）提高耕地利用率：喷灌采用压力管道输水，可减少农田中的渠道、田埂占地，提高耕地利用率7%～15%，因而可比地面灌溉增加实际播种面积，增加作物产量。

（二）喷灌技术及其应用

喷灌技术是利用专门的设备（动力机、水泵、管道等）将水加压，或利用水的自然落差将有压水通过压力管道送到田间，再经喷洒器（喷头）喷射到空中散成细小的水滴，均匀地散布在农田上，达到灌溉目的。

喷灌系统可分为固定管道式、半固定管道式和移动机组式喷灌3种。固定式喷灌系统各组成部分在整个灌溉季节中（甚至长年）都是固定不动的，或除喷头外，其他部分固定不动；半固定式喷灌系统除喷头和装有许多喷头的支管可在地面移动外，其余部分均固定不动，支管与干管常用给水栓快速连接；移动机组式喷灌系统除水源工程固定外，装在机组上的动力、水泵、管道、喷头都可移动。

喷灌几乎适用于灌溉所有的旱作物，如谷物、蔬菜、果树等。既适用于平原也适用于山丘区；既用来灌溉农作物又可用于喷洒肥料、农药、防霜冻和防干热风等。但在多风情况下，喷洒会不均匀，蒸发损失增大。为充分发挥喷灌的节水增产作用，应优先应用于经济价值较高、且连片种植集中管理的作物；地形起伏大、土壤透水性强、采用地面灌溉困难的地方；水源有足够自然落差适合修建自压喷灌的地方；灌溉季节风小的地区。

我国现有耕地18.3亿亩，其中灌溉面积还不到一半，其余耕地不少是发展地面灌溉难度大或不宜采用地面灌溉。现有耕地中，经济作物和蔬菜面积有约3亿亩，还有上亿亩的茶园、果园和几十亿亩的草原。从长远看，这些耕地和草原只要经济条件许可都可以采用喷灌，因此喷灌技术具有广阔的推广应用前景。

四、微灌技术

（一）微灌的节水增效作用

（1）省水：微灌系统全部由管道输水，很少有沿程渗漏和蒸发损失；微灌属局部灌溉，灌水时一般只湿润作物根部附近的部分土壤，灌水流量小，不易产生地表径流和深层渗漏。另外，微灌能适时适量根据作物生长需要供水，较其他灌水方法水的利用率高，灌溉水利用率可达85%～90%，一般可比地面灌溉省水1/3～1/2，比喷灌还省水15%～20%。

（2）节能：微灌是在低压力条件下运行，灌水器的工作压力一般为50～150kPa，比喷灌低，又因微灌省水，灌溉水的利用率高，对提水灌溉来说，意味着减少了能耗。

（3）灌水均匀：微灌系统能有效地控制每个灌水器的出水量，灌水均匀度高，一般可达80%～90%。

（4）增产：微灌能适时适量地向作物根区供水供肥，有的还可调节田间小气候，不会造成土壤板结，为作物生长提供了良好的条件，因而有利于实现高产稳产和提高品质，经济作物采用微灌一般较其他灌水方法可增产30%～50%。

（5）适应性强：微灌系统的灌水速度可快可慢，因此对土壤的适应性强，又由于微灌是用压力管道输水，对地形的适应性也很强。

（6）节省劳力：微灌不需平整土地，开沟打畦，可实行灌溉自动化，因此可降低劳动强度和节省劳动力。

（二）微灌技术与应用

1. 技术原理

微灌技术是一种新型的最节水的灌溉工程技术，包括滴灌、微喷灌、涌泉灌和地下渗灌。微灌可根据作物需水要求，通过低压管道系统与安装在末级管道上的灌水器，将水和作物生长所需的养分以很小的流量均匀、准确、适时、适量地直接输送到作物根部附近的土壤表面或土层中进行灌溉，从而使灌溉水的深层渗漏和地表蒸发减少到最低限度。微灌常以少量的水湿润作物根区附近的部分土壤，因此主要用于局部灌溉。

（1）滴灌：是通过安装在毛管上的滴头、孔口或滴灌带等灌水器，将水一滴滴、均匀而又缓慢地滴入作物根区土壤中的灌水方式。灌水时仅滴头下的土壤得到水分，灌后沿作物种植行形成一个一个的湿润圆，其余部分是干燥的。由于滴水流量小，水滴缓慢入渗，仅滴头下的土壤水分处于饱和状态外，其他部位的土壤水分处于非饱和状态。土壤水分主要借助毛管张力作用湿润土壤。

（2）微喷灌：采用低压管道将水送到作物根部附近，通过流量为50～200L/h、工作压力为100～150kPa的微喷头将水喷洒在土壤表面进行灌溉。微喷灌一般只湿润作物周围的土地，一般也用于局部灌溉。微喷灌不仅可以湿润土壤，而且可以调节田间小气候。此外，由于微喷头的出水孔径较大，因而比滴灌抗堵塞能力强。

（3）涌泉灌：也称小管出流灌。是通过安装在毛管上的涌水器或微管形成的小股水流，以涌泉方式涌出地面进行灌溉。其灌溉流量比滴灌和微喷灌大，一般都超过土壤渗吸速度。为了防止产生地面径流，需要在涌水器附近的地表挖小穴坑或绕树环沟暂时储水。由于出水孔径较大，不易堵塞。

（4）地下渗灌：是通过埋在地表下的全部管网和灌水器进行灌水，水在土壤中缓慢地浸润和扩散湿润部分土体，故仍属于局部灌溉。

2. 技术要点

要实施微灌，必须建设微灌系统。微灌系统由水源、首部枢纽、输配水管网和灌水器以及流量、压力控制部件和量测仪表等组成。

（1）选用适宜的水源，江河、渠道、湖泊、水库、井、泉等均可作为微灌水源，但其水质需符合微灌要求。

（2）建立首部枢纽：包括水泵、动力机、肥料和化学药品注入设备、过滤设备、控制阀、进排气阀、压力及流量量测仪表等。如果有足够自然水头的地方可不设置水泵和动力机。

（3）铺设输水管网：包括干管、支管和毛管三级管网，通常采用聚乙烯或聚氯乙烯管材，一般干、支管埋入地面以下一定深度，毛管可埋入地下，也可铺设在地面。

（4）选用安装适合的灌水器：包括滴头、微喷头、滴灌带、涌水器和渗水头，应根据使用条件选用。

（5）根据作物的需水规律和微灌系统的运行要求，开启微灌系统进行灌溉。

3. 适用条件

微灌适用于所有的地形和土壤，特别适用于干旱缺水地区，我国北方和西北地区是微灌最有发展前途的地区，南方丘陵区的经济作物因常受季节性干旱影响也很适宜采用微灌。微灌系统可分为固定式和半固定式两种，固定式常用于宽行作物，半固定式可用于密植的大田作物及宽行瓜类等。

4. 推广应用前景

微灌特别适合灌溉干旱缺水地区的经济作物，如新疆地区的棉花滴灌。微灌也很适宜经济林果灌溉，如北方和西北地区的葡萄、瓜果等适用滴灌；南方的柑橘、茶叶、胡椒等适用微喷灌；食用菌、苗木、花卉、蔬菜等适用微喷灌。因此，微灌在我国有着广阔的应用前景。

五、节水型地面灌溉技术

（一）地面灌溉分类及适用条件

1. 地面灌溉的分类

地面灌溉技术是最古老的，也是现今世界上采用最为普遍的灌溉技术。地面灌溉技术是使灌溉水通过田间渠沟或管道输水至田间，水流在田面上呈连续薄水层或细小水流，主要借重力作用兼有毛细管作用下渗湿润土壤的灌水方法，又称重力灌水方法或全面灌水方法。

地面灌溉根据地面灌溉水向田间输送的形式和湿润土壤方式的不同，可分为畦灌、沟灌、淹灌和漫灌。

（1）畦灌。

畦灌是用田埂将灌溉土地分隔成一系列小畦。灌水时，将水引入畦田后在畦田上形成很薄的水层，沿畦长方向流动，在流动过程中主要借助重力作用逐渐湿润土壤。依畦田长度划分，畦灌有长畦灌和短畦灌两种。通常，畦长大于100m的称为长畦灌，畦长小于70m的称为短畦灌或小畦灌。试验证明，小畦灌较长畦灌可省水30%以上，作物产量也较高。一般长畦灌的田间灌溉水有效利用率小于70%，短畦灌的田间灌溉水有效利用率可达80%以上。畦灌是目前世界上运用最广泛的灌水方法之一。

（2）沟灌。

沟灌是在作物行间开挖灌水沟，水从输水沟进入灌水沟后，在流动的过程中主要借毛细管作用湿润土壤。沟灌与畦灌相比，其明显的优点是不会破坏作物根部附近的土壤结构，不会导致田面板结，能减少土壤蒸发损失，灌水量较省，灌水效果比较理想，田间灌水有效利用率可达到80%以上。沟灌适用于宽行距的中耕作物。

（3）淹灌（又称格田灌溉）。

淹灌是在田间用较高的土埂将灌溉土地划分成许多格田，一般引入较大流量迅速在格田内建立起一定深度的水层，借重力作用湿润土层。淹灌主要适用于水稻、水生植物及盐碱地冲洗灌溉。旱作物严禁使用淹灌方法，以避免产生深层渗漏，损失浪费大量的灌溉水。

（4）漫灌。

漫灌是在田间不做任何沟埂，灌水时任其在地面漫流，借重力作用渗入土壤，是一种粗放的灌水方法。漫灌灌水均匀性较差，水量浪费大，一般不应采用漫灌方法。

2. 地面灌溉的适用条件

上述地面灌水方法各有其优缺点，也各有其适用范围，在选择时应考虑作物、地形、水源和土壤等条件。地面灌水方法的适用条件及优缺点如表4-2、表4-3所示。

表4-2　　地面灌水方法适用条件简表

灌水方法	作　　物	地　　形	水源	土　壤
畦灌	密植作物（小麦等）、牧草、某些蔬菜	坡度均匀，坡度不超过0.2%	水量充足	中等透水性
沟灌	宽行作物（棉花、玉米等）、某些蔬菜	坡度均匀，坡度不超过2%～5%	水量充足	中等透水性
淹灌	水稻、水生植物等	平坦或局部平坦	水量丰富	透水性小
漫灌	牧草	较平坦	水量充足	中等透水性

表4-3　　地面灌水方法优缺点比较

灌水方法	水的利用率	灌水均匀性	不破坏土壤的团粒结构	对土壤透水性的适应性	对地形的适应性	改变空气湿度	结合施肥	结合冲洗盐碱土	基建与设备投资	平整土地的土方工程量	田间工程占地	能源消耗量	管理劳动力
畦灌	0	0	—	0	—	0	0	0	0	—	—	+	—
沟灌	0	0	0	0	—	0	0	0	0	—	—	+	—
淹灌	0	0	—	—	—	0	0	+	0	—	—	+	—
漫灌	—	—	—	—	—	0	—	0	+	+	0	+	—

注　表中符号，+代表优；0代表一般；—代表差。

（二）节水型地面灌溉技术的节水增效作用

（1）能较好地保证将灌溉水按拟定的灌水定额输送到作物根层，使全部灌溉面积上的土壤湿润比较均匀，作物的需水要求容易得到满足。

（2）能有效防止田面跑水、串灌、流失和避免或减少深层渗漏损失。因此，灌溉水利用率较高。

（3）能防止或减少破坏土壤团粒结构，使灌水后土壤保持疏松，减少地面蒸发，有利于作物生长发育。

（4）操作简便、投资费用少，农民易掌握。

（三）田间节水地面灌溉技术及应用

1. 技术原理

对旱作物灌溉采取划小和划短畦块，改长沟为短沟，平整土地，间歇供水；对水稻灌溉采取控制格田面积，防止串灌，并采用适宜的灌溉流量等措施，提高灌溉水在田面上分布的均匀度，减少灌溉水在田面流动过程中的深层渗漏损失，以提高灌溉水利用率并满足作物的需水要求。

2. 技术要点

在我国旱作物田间节水地面灌溉方式主要有小畦灌溉、长畦短灌、水平畦灌（小块灌）、间歇灌溉等。在水稻田间节水地面灌溉技术主要有改进格田灌。各种方式的技术要点如下。

（1）小畦灌溉技术：在自流灌区运用小畦灌溉技术的时候，畦田宽度应该控制在2～3m，畦田长度不要超过75m。机井和高扬程提水灌区的畦田宽度应该控制在1～2m，畦田长度控制在30～50m。

（2）长畦短灌技术：长畦短灌又称长畦分段灌水技术，是将长畦划分成一个一个的小段，采用地面纵向输水沟或软管分别对这些小段进行灌溉。采用长畦短灌技术的畦田，畦宽应控制在5～10m之间，畦长可以控制在200m以上，一般在100～400m左右。

（3）水平畦灌技术：水平畦灌是将田块整理成方形（或长方形），以较大的流量入畦，使水流迅速灌满全部田面（田块）块的一种灌水技术。该技术要求田面比较平整，田面各个方向无坡度，在我国现阶段的水平畦田一般多为0.3亩左右。如果与激光控制平地技术结合进行高精度的土地平整，还可以增大灌溉田块的面积。

（4）节水型沟灌：节水型沟灌有短沟灌、细流沟灌、隔沟灌等形式。短沟灌的沟长要求，自流灌区一般不超过100m，提水灌区和井灌区一般不超过50m。细流沟灌的灌水沟规格与一般的沟灌相同，只是用小管控制入沟流量，一般流量不大于0.3L/s，水深不超过沟深的一半。隔沟灌是头一次灌水时，相邻的沟不同时灌水，而是间隔一条沟通水，下一次灌水时再间隔灌上一次没有灌水的沟。

（5）间歇灌溉技术：间歇灌溉是通过间歇向田块供水，逐段湿润土壤，直到水流推进到灌水末端为止的一种节水型地面灌溉新技术。间歇灌溉的设备，由波涌阀、控制器、田间输配水管道等组成。与传统的地面灌水不同，采用间歇灌溉技术向田面供水时，不是一次灌水就推进到末端；而是灌溉水在第一次供水输入田面，达一定距离后，暂停供水，当田面水自然落干后，再继续供水，如此分几次间歇反复地向田面供水直至供水到田面末端。这样降低了灌溉过程中灌溉水的渗漏损失，提高了地面灌水的质量。

(6) 改进格田灌：格田的长度宜采取 60～120m，宽度宜取 20～40m；山区和丘陵区可根据地形、土地平整及耕作条件等适当调整。格田与格田之间不允许串灌。

3. 适用条件

不管北方还是南方，不论是旱作物或是水稻都可采用田间节水地面灌溉技术，但不宜在微地形变化很大和土壤渗透性很大的土地上应用。

4. 推广应用前景

目前我国有 95%以上的灌溉面积在应用不同形式的地面灌溉方法，其中绝大部分仍是采用传统的地面灌溉技术，而且在今后很长一段时间内，地面灌溉方法在我国灌溉农业中仍将占绝对的主导地位，节水改造的任务很重。因此，田间节水地面灌溉技术有着极广阔的推广应用前景。

第四节 农业节水管理

农业节水管理是指根据农作物的需水、耗水规律，来控制、调配水源，以最大限度地满足作物对水分的需求，实现区域效益最佳的农田水分调控管理。它包括节水高效灌溉制度、土壤墒情监测与灌溉预报技术、灌区配水技术、灌区量水技术和灌溉自动控制技术等几个方面。

一、节水高效灌溉制度

作物灌溉制度是为了促使农作物获得高产和节约用水而制定的适时、适量的灌水方案，它既是指导农田灌溉的重要依据，也是制定灌溉规划、设计灌溉工程以及编制灌区用水计划的基本依据。作物灌溉制度包括：农作物播种前及全生育期内的灌水次数、灌水时间、灌水定额和灌溉定额。灌水定额是指单位耕地面积上的一次灌水量，而灌溉定额是指单位耕地面积上农作物播种前和全生育期内的总灌溉水量。灌溉制度的制定，要依赖于灌区内农作物的组成情况和各种农作物的需水量，以及灌区内水源供应情况和农作物生长期内的有效降雨量等因素，通过试验和进行水量平衡计算确定。

节水高效灌溉制度是把有限的灌溉水量在作物生育期内进行最优分配，以提高灌溉水向根层储水的转化效率和光合产物向经济产量转化的效率。对旱作物可采用非充分灌溉、调亏灌溉、低定额灌溉、储水灌溉等，对水稻可采用浅湿灌溉、控制灌溉等，限制对作物的水分供应，一般可节水 30%～40%，而对产量无明显影响。制定节水高效灌溉制度一般不需要增加投入，只是根据作物生长发育的规律，对灌溉水进行时间上的优化分配，农民易于掌握，是一种投入少、效果显著的管理节水措施。

(一) 充分供水条件下的节水高效灌溉制度

充分灌溉是指水源供水充足，能够全部满足作物的需水要求，此时的节水高效灌溉制度应是根据作物需水规律及气象、作物生长发育状况和土壤墒情等对农作物进行适时、适量的灌溉，使其在生长期内不产生水分胁迫情况下获得作物高产的灌水量与灌水时间的合理分配，并且不产生地面径流和深层渗漏，既要确保获得最高产量，又应具有较高的水分生产率。

山西省霍泉灌区采用节水高效灌溉制度后，冬小麦、夏玉米和棉花都减少了灌溉次数1次。冬小麦每公顷节约灌溉水2985m^3，节水45.3%，每公顷增产1035kg，增产16.2%，水分生产率由原来的0.78kg/m^{3}提高到1.41kg/m^3。夏玉米每公顷节约灌溉水2010m^3，节水47.2%，每公顷增产1725kg，增产22.4%，水分生产率由原来的1.24kg/m^{3}提高到2.24kg/m^3。棉花每公顷节约灌溉水1800m^3，节水50%，每公顷增产420kg，增产53.8%，水分生产率由原来的0.11kg/m^{3}提高到0.23kg/m^3。

（二）供水不足条件下的非充分灌溉制度

非充分灌溉的优化灌溉制度是在水源不足或水量有限条件下，把有限的水量在作物间或作物生育期内进行最优分配，确保各种作物水分敏感期的用水，减少对水分非敏感期的供水，此时所寻求的不是单产最高，而是全灌区总产值最大。

1. 非充分灌溉的经济用水灌溉制度

以经济效益最大或水分生产率最高为目标，确定作物的耗水量与灌溉水量。对华北地区主要农作物非充分灌溉的经济需水量试验研究表明，与充分灌溉相比，每公顷可节水30～40m^3，而对产量基本没有影响。

2. 调亏灌溉制度

根据作物的遗传和生物学特性，在生育期内的某些阶段，人为地施加一定程度的水分胁迫（亏缺），调整光合产物向不同组织器官的分配，调控作物生长状态，促进生殖生长，控制营养生长的灌溉制度。在山西洪洞试验研究表明，冬小麦采用调亏灌溉，湿润年份灌1次水，平水年份灌2次水，干旱年份灌3次水，灌水定额60mm，产量提高7%～10%，水分利用效率提高11%～24%。商丘试验区进行的玉米调亏灌溉试验结果表明，玉米拔节前中度亏水和拔节、抽雄阶段的轻度亏水，光合作用降低不明显，而蒸腾作用降低显著，且复水后，光合作用有超补偿效应，即抽雄前的水分调亏，具有节水、增产、提高水分利用效率的生理基础。甘肃武威对春小麦调亏灌溉的研究结果表明，在春小麦分蘖、拔节、乳熟前受旱3～5d，可增产2%～20%，耗水量减少750～10500m^3/hm^2，适度亏缺灌溉能够促进根系发育，提高抗旱能力和抗倒伏能力，对生殖生长有促进作用，使单位面积有效穗数和穗粒数增加，具有明显的节水增产效应。

3. 根系分区交替隔沟灌溉

每条灌水沟在两次灌水之间对作物根系实行干湿交替，且顺序间隔一条灌水沟供水的灌溉措施。在甘肃省武威地区进行了根系分区交替隔沟灌溉的示范推广工作。1998年在甘肃省民勤大坝乡文二村、田斌村选择了两个示范点，每个示范点面积2hm^2，连片种植、单井控制、并建立重点示范户6户。1999年分别在民勤小坝口、大坝乡田斌、文二村进行了试验与示范，面积近6.67hm^2，玉米次灌水定额300m^3/hm^2，灌溉定额2100m^3/hm^2，比常规沟灌节水33%，比畦灌节水600%以上，籽粒产量11355kg/hm^2，保持常规沟灌的高产水平，单方水效益2.93kg，比常规增加32%。

4. 水稻“浅、薄、湿、晒”灌溉制度

在我国南方及北方的一些水稻灌区推广了水稻节水灌溉技术，包括广西推广的水稻“浅、薄、湿、晒”灌溉技术、北方地区推广的“浅湿”灌溉技术和浙江等地推广的水稻“薄露”灌溉技术等。其技术要点为：在水稻全生育期需要灌溉的大部分时期内，田面不设水层或只设浅水层，采取湿润灌溉或薄水灌溉。由于田面不设水层或只设薄水层，可大幅度降低稻田的渗漏量和水面蒸发量，从而使稻田用水量降低20%～50%，而对产量没有影响。

天津市塘沽区高标准稻田遥测计量综合节水示范区推广稻田“浅湿晒”灌溉，结果表明，采用水稻“浅、薄、湿、晒”灌溉技术每公顷年节水4500～7500m^3。浙江省平湖市积极推广增产节水的水稻“薄露”灌溉技术，1996～2000年累计推广11.4万hm^2，取得了非常显著的效果。4年共节电547.5万kW·h，节水2.19亿m^3，平均每公顷节水1920m^3、增产945kg。

太湖稻区绝大部分为老稻区，经近几年各地对各种节水灌溉技术试验、筛选，重点推广了“浅湿”灌溉技术。该技术采用浅水和湿润相结合，以浅水为主构成浅水与湿润反复交替，浅、湿、干灵活调节并充分利用雨水的一种综合性灌溉技术，各生育期的灌水技术可概括为：“薄水插秧，寸水活棵，浅水促蘖，苗足烤田，浅湿长穗，湿润灌浆，黄熟落干”。各生育期田间水分控制指标见表4-4。

表4-4　浅湿灌溉各生育期田间水分指标

项目＼生育期	返青	分蘖		拔节	孕穗	抽穗	乳熟	黄熟
		前中期	末期					
灌水上限（mm）	30～40	20～30	烤田	20～30	30～40	20～30	20～30	干干湿湿
土壤水下限（%）	100	80～90	70	70～80	100	90～100	80	75
蓄水深度（mm）	80	100	—	140	140	140	80	0
灌溉周期（d）	4～5	4～5	6～8	4～6	3～4	4～6	4～6	—

注　土壤水下限为耕层20cm土壤饱和含水量的比值。

据对太湖地区实测资料分析，在浅水勤灌下日渗漏强度变幅一般为3.0～5.0mm，渗漏总量要占耗水量的30%～50%，而在浅湿灌溉情况下，日渗漏变幅仅为2.0～3.0mm，仅为耗水总量的15%～30%，比浅水灌溉渗漏量平均减少25%左右。据常熟水科所连续两年用ZHT植物蒸腾仪测定，浅湿勤灌抽穗以后的叶面蒸腾强度为204～310g/（m^2·h）时，比浅水勤灌减少12%～19%，棵间蒸发在总耗水量中所占比例较小，日均蒸发强度在1～2mm，尤其在浅湿灌溉情况下，大部分时间处于湿润状态，水面蒸发被土壤蒸发所取代，蒸发速率比水面蒸发降低5%～8%，在生育后期植株叶面荫蔽程度亦优于常规灌溉，降低了棵间蒸发。太湖地区年平均降雨量1100mm，在水稻生长期多年平均降雨量为450mm左右，如何充分利用这期间的雨量，提高雨水资源利用率，降低灌溉用水量是节水灌溉的重要措施。而浅湿灌溉田面一般保持干湿或浅水状态，雨后可承接较多的雨水，提高了雨水的利用率。据多年观测，浅湿灌溉技术在偏丰或平水年平均雨量的利用率可达55%～65%，偏枯年可达75%以上，比常规浅水勤灌提高15%～20%，相当于每公顷节省灌溉用水量675～900m^3。

二、土壤墒情监测技术

用张力计法、中子仪法、电阻法等监测土壤墒情，数据经分析处理后，配合天气预报，对适宜灌水时间、灌水量进行预报，可以做到适时适量灌溉，有效地控制土壤含水量，达到节水又增产。土壤墒情监测与灌溉预报技术只需购置必要的仪器设备，对基层农民技术员经技术培训后，即可操作运用，也是一种投入较低，效果比较显著的管理节水技术。

1. 烘干法

用取土管插入土中取得土样，称其重量，置于烘箱中，在105～110℃的温度下，烘干至其重量不再变更时，计算所失去的水分与土样干重量的百分比。此法需有烘箱、取土钻及一定精度的天平，烘干时间最少需8～10h。

2. 张力计法

先用负压计测定土壤水分的能量，然后通过土壤水分特征曲线间接求出土壤含水量。负压计由陶土头、连通管和压力计三部分组成。压力计可采用机械式真空表、压力传感器、水银或水的U形管压力计。陶土头安装在被测土壤中之后，负压计中的水分通过陶土头与周围土壤水分达到平衡，这样就可以通过压力计将土壤水分的势能显示出来。负压计的实际测定范围一般为0～8kPa。

3. 中子仪法

通过测定土壤中氢原子的数量而间接求得土壤含水量，它主要由快中子源、慢中子探测器和读数控制系统三部分组成。目前中子仪主要有两种类型，一种用于测定深层（地表30cm以下）土壤水分；另一种用于测定表层（小于30cm）土壤含水量。

4. 时域反射仪（TDR）法

在测定土壤含水量时，主要依赖电缆测试器。时域反射仪通过与土壤中平行电极连接的电缆，传播高频电磁波，信号从波导棒的末端反射到电缆测试器，从而在示波器上显示出信号往返的时间。只要知道传输线和波导棒的长度，就能计算出信号在土壤中的传播速度。介电常数与传播速度成反比，而与土壤含水量成正比，即可通过预先率定的土壤——水介质的介电常数，求出土壤的体积含水量。

5. 遥感法

采用遥感技术测定土壤含水量，主要依据于测定从土壤表面反射或散出的电磁能。随着土壤含水量大小而变化的辐射强度主要受土壤介电特性（折射率）或土壤温度的影响。遥感技术根据使用放射波的波长不同而有两种方法：一种是热力法或红外热辐射遥测法，其波长是10～12m；另一种是微波法，其波长为1～50cm。微波法一般又分为无源微波法和有源微波法，前者是利用放射技术，而后者是利用雷达技术去测定与土壤含水量密切相关的土壤表层介电特性。

三、灌溉预报技术

灌溉预报是以农田水量平衡计算为基础，以土壤含水量预报为中心。通过循环运算，以确定各时段的土壤含水量，然后判断其是否需要灌溉，并计算灌水量。

1. 采用正推法进行灌溉预报

该法是通过农田土壤水分预测，得知现在的农田土壤含水率，并依此预报未来时段内农田土壤水分是否降到作物适宜土壤水分控制下限，然后根据下限可能出现的日期预报灌水时间和灌水量。武汉大学在河北、湖北两省用此预报方法分别对冬小麦和水稻进行灌溉预报，根据实测资料检验，其预报精度较高，符合实际应用要求。据河北省望都、藁城、临西3个试验站的冬小麦试验资料，用该预报方法确定灌水日期和灌水定额，结果全生育期内预报的灌溉次数比实际减少 1 次，灌溉定额可减少 20%～25%。石家庄、保定市从 20 世纪 90 年代中期起，按此法在每次灌水前通过报纸、广播与电视发布冬小麦分次灌水预报，1993～1999 年间促进节水 3.9 亿 m^3，增产粮食 8.9 万 t。湖北省漳河灌区在 1999 年和 2000 年用该法对 220.5 万亩水稻田进行水稻灌溉预报，平均每年节水 5200 万 m^3，增产粮食 1.5 万 t。

2. 采用时域反推法进行灌溉预报

中国农业科学院农田灌溉研究所在河南省清丰县采用时域反推法进行农田灌溉预报，取得较好效果。这种预报方法操作过程可归纳为：①确定土壤水分控制标准，根据作物光合作用对土壤水分的阈值反应与土壤蒸发等研究，确定节水灌溉的下限指标和上限指标，这样有利于减少土壤蒸发与提高作物水分生产率；②用时域反推法跟踪土壤水分下限值出现的时间与地块；③预报未来时段的蒸腾量并与降水量比较，判断灌水与否；④发出灌水预报以指导灌水；⑤如发现旬内实际天气条件（主要是降水）与预报出入较大，可在旬末及时修改灌水方案；⑥如此反复，旬以继旬，直至作物生长期结束。

此法具有很强的操作性，一般县级气象站，可根据此法发布全县范围内灌溉预报，而农民与灌水员就可依据县站的预报实施灌水。由于预报仅用上次灌水日期识别灌水地块，灌水量又是预报中已给出的量值，农民很容易掌握。

3. 利用土壤墒情模拟和预报模型进行灌溉预报

河海大学以概念性平原水文模型为原型，建立了山西省霍泉灌区土壤墒情模拟及预报模型，武汉大学在土壤墒情模拟及预报模型的基础上进行灌溉预报，取得了较好效果。模型根据墒情预报的要求引进了作物需水量的概念，按农作物实际蒸发蒸腾量，对原模型中的蒸发蒸腾计算进行了修改，并利用作物适宜土壤含水量的研究成果，对田间土壤墒情的动态发展过程进行模拟和预报。利用该预报模型可直接由实测的或预测的降雨、蒸发和其他气象条件、作物条件来模拟和预测田间土壤墒情，并可根据作物的适宜土壤含水量指标和土壤含水量下限临界指标来判断作物的水分状态，进行灌溉预报，以指导田间灌溉用水管理。

四、灌区配水技术

根据灌区各级输配水渠道的技术参数和灌溉农田及作物分布情况，按照水源可供水量和作物某生育阶段需水量及水分生产函数，以输配水过程中水量损失较小，而增产值较大为目标，应用系统工程手段，编制灌区水量优化调度方案，合理调配灌溉水量。其技术要点是灌区配水计划的编制。灌区向各级用水单位配水的计划，通常是根据渠系或用水单位的分布情况，将全灌区划分成若干段（片），在各段（片）进出口设立配水站（或点），由灌区管理局（处）按一定比例统一向各管理段（片）配水，各管理段（片）再向所辖各配水点配水。编制配水计划就是在全灌区的灌溉面积、取水时间、取水水量和流量已确定的情况下，拟订每次灌水向配水点分配的水量、配水方式、配水流量（续灌时）或配水顺序及时间（轮灌时）。渠系动态配水技术是目前较先进的灌区配水技术。其技术的主要内容是确定各干支渠系统的灌溉需水量、开闸时间、放水延续时间和开闸流量。应用渠系动态配水技术的操作过程如下。

（一）建立灌溉用水信息管理系统

该系统是以微机系统为基础，包括数据采集系统、通信系统、数据库及数据库管理系统、用水计划编制与调控系统等软硬件在内的综合系统。数据库包括灌区灌溉用水基本信息数据库和实时信息数据库。灌区灌溉用水基本信息数据库内含灌区概况信息库、气象资料库、作物生长信息库、水源流量数据库、渠系分布信息库、土壤信息库、农业生产信息库。实时信息数据库包含短期天气预报、水源流量预测、作物生长情况、作物需水量、田间土壤水分状况及工业、城镇生活用水量等。每次运行预报程序前要根据系统菜单提示输入前一个时段的各项实测数据，以修正预报值，同时输入下一时段的预测值辅助系统做出灌溉预报。

（二）实时灌溉预报

进行实时预报必须正确估计“初始状态”和掌握最新的预测资料。每一次预测都是以修正后的初始状态为基础，根据地形条件、土壤质地、作物品种、生育阶段、农田小气候、水文地质等不同条件，选择代表性田块进行初始状态修正，并对所有田间水量平衡要素和影响灌水日期、灌水定额的各种因素进行逐日递推或分析。

（三）制定渠系动态配水计划

主要体现在渠系操作计划方面，即确定各级渠道的开闸日期、时间，放水延续时间（或关闸日期和时间），放水流量。为顺利实施动态配水计划，还应对输水渠道中的水位、流量变化进行监测。

五、灌区量水技术

采用量水设备对灌区用水量进行量测，实行按量收费，促进节约用水。常用的量水设备有量水堰、量水槽、灌区特种量水器和复合断面量水堰等。随着电子技术、计算机技术的发展，应用半自动或自动式量水装置，可大幅度提高灌区的量水效率和量水精度。

（一）各种量水技术的原理和特点

1. 利用渠道建筑物量水

利用渠道建筑物量水较为经济简便，但需要事前对不同种类的渠系建筑物逐个进行率定，工作量很大。可用于量水的渠系建筑物一般有渠槽、闸、涵、倒虹吸及跌水。

（1）利用渠槽量水：这是一种最简单的量水技术，但精度较差。即选用一般断面尺寸稳定的渠槽，安装水尺，并预先率定水位与渠槽断面积的关系，然后用流速仪测定渠道中的稳定流速，即可用断面积乘以流速得出渠道的流量。

（2）利用闸、涵量水：对于具有平面直立启闭式闸门的明渠，可利用其放水的单孔闸、涵量水。根据闸、涵结构及过闸水流状态选用相应公式求得过水流量。

（3）利用渡槽量水：渡槽下游不应有引起槽中壅水或降水的建筑物。测流断面面积及湿周应为渡槽中部、进口、出口断面的平均值。水尺应固定在渡槽中部侧壁上，水尺零点应与槽底齐平。过槽流量可利用流量经验公式计算；当渡槽的槽身总长度大于进口前渠道水深的 20 倍时，槽中流量可按均匀流公式计算流量。

（4）利用跌水（或陡坡）量水：跌水分单口跌水与多口跌水，跌水口的形式有矩形、梯形与台堰式。当进口底与上游渠底齐平或台堰顺水流方向宽度大于 2 倍堰上水头时，可用宽顶堰公式计算；当台堰顺水流方向宽度为 0.67～2 倍堰上水头时，按实用堰公式计算。梯形跌水口、多缺口跌水可采用相应公式计算流量。

2. 利用量水堰量水

堰板厚度 δ 与堰上水头 H 之比 $\delta/H<0.67$ 时，称为薄壁堰堰流。薄壁堰适用于量测输送清水、且具有一定水头的渠道流量。薄壁堰堰板应与侧墙和水流方向垂直。堰口应制成锐缘，锐缘水平厚度为 0.001～0.002m，当厚度大于 0.001～0.002m 时，缺口下缘要加工成斜面，并使堰顶下游斜面和堰顶的夹角不小于 45°。小型薄壁堰堰板可用钢板、木板堰口加铁皮制成，大型薄壁堰应在现场安装在钢筋混凝土基座上，并应保持垂直。水流通过薄壁堰板形成的水舌，应完全挑离堰顶射出。水舌上下表面应与大气接触、通气良好，下游最高水位应低于堰顶 0.1m，堰上水头应大于 0.03m。水头测量断面应设置在距堰口上游 3～6 倍堰顶最大水头处。薄壁堰水尺零点高程与堰顶高程相同，水尺零点高程用水准仪确定。当堰顶宽（b）与行近渠宽（B）之比 $b/B\geqslant 0.5$ 时，行近渠槽的长度至少应为槽宽的 10 倍；当 $b/B<0.5$ 时，可适当缩短。行近渠槽应断面整齐、顺直、坚固。水头可用水尺（刻度 5mm）测量。

（1）三角形薄壁堰：过水断面为三角形缺口，角顶向下。常用的薄壁三角堰堰顶夹角为 45°、90°，适用于小流量（L/s）。堰口与两侧渠坡的距离 T 及角顶与渠底的高度 P，不应小于最大堰上水头 H。根据其出流方式是自由或是淹没出流选用不同公式计算流量。

（2）矩形薄壁堰：矩形薄壁堰分为无侧收缩和有侧收缩两类。当堰顶宽度（b）与行近渠槽（B）等宽时称为无侧收缩矩形薄壁堰，堰顶宽度小于行近渠槽宽度时为有侧收缩的矩形薄壁堰。堰口宽度 $b\geqslant 0.15$m。根据有无收缩情况选用不同的公式计算流量。

（3）梯形薄壁堰：梯形薄壁堰结构为上宽下窄的梯形缺口，堰口侧边比应为 1∶4（横∶竖）。根据其出流方式是自由流或是淹没流选用不同公式计算流量。

3. 利用量水槽量水

量水槽应设置于顺直渠段，上游行近渠段壅水高度不应影响进水口的正常引水，长度一般应大于渠宽的 5～15 倍；行近渠内水流佛汝德数 Fr 应小于或等于 0.5。槽体应坚固，不渗漏，槽体表面平滑光洁。槽体轴线应与渠道轴线一致。量水槽上游不应淤积，下游不应冲刷。水尺零点应用水准仪确定。

（1）长喉道量水槽（量水槛）：长喉道量水槽的收缩段应有足够长度，保证喉道内产生平行水流，并在量水槽内出现临界水流。喉道收缩断面与行近渠道断面应有一个适当比率，矩形长喉道量水槽不应大于 0.7，梯形长喉道量水槽不应大于 0.5。长喉道量水槽分为只有侧收缩（无底槛）、既有侧收缩又有底槛收缩和只有底槛收缩无侧收缩共三类，量水槛适用于稳定流或近似稳定流的渠道，用于自由流和淹没流（但淹没度应控制在 0.9 以下精度较高）状况下测流。它可应用于上下游水位差较小的渠道，建议使用自由流的量水槛。量水槛可用于不同形状渠道断面和不同水流状态下的水流测量，水头损失宜在 0.1～0.13 时最大，最大流量与最小流量比 $Q_{max}:Q_{min}=10:1$。量水槛由上游行近渠道和喉道组成，喉道断面与渠道断面相同。横断面有矩形、梯形、三角形或其他规则的曲线形状。量水槛长度是堰前最大水深的 1.5～2.5 倍，迎水面用 1∶3 的斜坡与原渠底连接。堰后用较缓的斜面与渠底衔接，也可不设斜面，垂直与渠底衔接，底部应设排水管。可用理论公式或经验公式计算流量。

（2）标准巴歇尔量水槽：巴歇尔量水槽由进口收缩段、喉道、出口扩散段及上下游水尺组成。进口收缩段底板应保持水平，进口收缩段的侧墙与轴线应成11°19′的扩散角，出口扩散段的侧墙与轴线应成9°28′的扩散角，喉道底板的坡降为3∶8，出口扩散段底板的逆坡坡度为1∶6。量水槽的上下游水尺分别在进口收缩段和距喉道末端上游处。水尺零点高程均与进口收缩段底板高程一致。喉道宽度在0.75m以下且水流平稳的量水槽，水尺可设在侧壁上；喉道宽度在0.75m以上和水流不稳的量水槽，应在槽外设观测井。观测井底应比槽槛低0.2～0.25m，观测井与量水槽可用平置的金属管或塑料管连通。槽型的选择应考虑流量变化范围、有效水头、最大淹没度、渠道特性、水头损失、水流含沙情况、经济条件等因素。不应随意改变或按比例缩放标准设计中给定的各部尺寸。应根据工程地点渠道的实际情况及水流条件，选择与之最接近测流要求的标准尺寸。根据其出流方式是自由流或是淹没流选用不同公式计算流量。

（3）矩形无喉段量水槽：矩形无喉段量水槽由进口收缩段、矩形喉口、出口扩散段及上下游水尺组成，上游进口段以1∶3折角收缩，下游出口段以1∶6折角扩散，进口和出口宽度相等。量水槽的上、下游水尺分别设置在距进口和出口1/9升处，水尺应垂直于槽底，零点与槽底齐平。小型量水槽（喉宽在0.8m以下），水尺可设在侧墙壁上；大型量水槽可在槽外设观测井观测水位。根据其出流方式是自由流或是淹没流选用不同公式计算流量。

（4）抛物线形喉口量水槽：底弧直径$D=0.3\sim2.0$m；渠道深度$H=0.4\sim1.5$m；直线段外倾角$0°\leqslant\alpha\leqslant15°$；渠底比降$I=1/300\sim1/1500$。抛物线形喉口量水槽应在自由流条件下使用，临界淹没度不宜大于0.88。佛汝德数$Fr\leqslant0.5$。抛物线形喉口量水槽由进口收缩渐变段、抛物线形喉口断面、出口扩散渐变段和水尺组成。喉口上游（4～5H）渠段内的渠底高程应与抛物线形喉口底部高程齐平。水尺位于距进口渐变段前沿的距离为2H。水尺可直接印在U形渠内壁上。水尺零点应高出喉口底部水平面以上0.005m。选用相应的公式计算流量。

4. 利用量水仪表量水

（1）水位计：水位计可用于标准断面、堰槽、渠系建筑物等量水设备与设施的水位测量。水位计有浮子式、压力式、超声波式和遥测水位计等，选用水位计应满足有关标准规定的技术指标与精度要求。

（2）水表：水表用于管道量水。水表分固定式和移动式两种，移动式水表可用于田间测流，水表的周围空气温度在0～40℃，工作水温应低于40℃。用于灌溉的水表主要有旋翼式和螺翼式两类。最大流量时，水表压力损失应不超过0.1MPa，水平螺翼式水表不应超过0.03MPa。水表流量与水头损失关系曲线由厂家提供。水表口径应根据管道设计流量、水头损失要求及产品水表流量～水头损失曲线选择。在渠道或管道上安装固定水表，宜选用湿式水表，并应设水表井等保护设施。螺翼式水表前应保证有8～10倍公称直径的直管段，旋翼式水表前后，应有不小于0.3m的直管段。水表前应设过滤网，滤水网过水面积应大于水表公称直径对应的截面积。

（3）差压式流量计：差压式流量计由节流件、取压装置和节流件前后直管段等组成。根据节流件的不同，推荐用于灌溉系统的差压式流量计有：孔板式流量计、文丘利管流量计及圆缺孔板流量计。可选用相应公式计算流量。

(4) 电磁流量计：电磁流量计主要由变送器和转换器及流量显示仪表三部分组成。输出电信号可以模拟电流或电压，以及频率信号或数字信号输给显示仪表、记录仪表进行流量显示、记录和计算。

(5) 超声波流量计：超声波流量计由超声波换能器、转换器及流量、水量显示三部分构成。

(6) 分流水量计：分流水量计以文丘利管作为节流件和过水主管，在喉管处连接一支管，支管上安装水表，支管进口与上游水体连接，出口与喉管连接。分流水量计分为管道式和渠用式两种。管道式分流水量计用于有压管道量水；渠用式分流水量计用于明渠量水，可安置在渠首或渠中。渠道流量大时，可选用并联分流水量计。

(7) 旋杯式水量计：旋杯式水量计的构造由量水涵洞和量水仪表两部分组成。量水仪表由旋杯式转子、轮轴和计数表三部分组成。计数表分机械型和电子智能型。旋杯式转子安装在涵洞内，计数表安装在量水涵洞的盖板上。

(二) 灌区量水技术应用实例

山东省滨州地区簸箕李引黄灌区，设计灌溉面积 10.9 万 hm^2，有效灌溉面积 5 万 hm^2。1985 年开始利用流速仪测流量水、渡槽量水、巴歇尔量水槽量水、一般涵闸量水等技术，推行“分级管理、分级供水、用水计量、按方收费”的管理办法，取得了显著的经济效益和社会效益。灌区灌溉面积由 1980 年的 4.4 万 hm^2 扩大到 1999 年的 11.46 万 hm^2，并解决了沿海 30 万人口和 20 万头大牲畜的饮水困难问题。1999 年灌区的灌溉水利用率比 1982 年提高了 21 个百分点，达到 64%。1990～1999 年平均引水 4.96 亿 m^3，平均灌溉面积 10.41 万 hm^2，比前 5 年引水量只增加了 26.8%，而灌溉面积却增加了 92.8%。灌区测水量水为水费征收工作提供了可靠依据，1983 年水费征收仅 37.66 万元，而到 1985 年上升到 109 万元，1995 年达 657.1 万元，1999 年达到 2001 万元。现在水费收入已成为灌区管理的主要来源。

六、灌溉自动控制技术

在地表水灌区，采用电子技术对河流、水库、渠道的水位流量、含沙量乃至提水灌区的水泵运行工况等技术参数进行采集，输入计算机，利用预先编制好的计算机软件对数据进行处理，按照最优方案用有线或无线传输方式，控制各个闸门的开启度或调节水泵运行台数，实现自动化监测控制。在井灌区则可利用 IC 智能卡管理系统对井灌实行自动控制。

(一) 水力自动闸门

(1) 定流量变水位的水力自动闸门：这种闸门的作用是，当上一级渠道（如干、支渠）的水位随水源来流量而瞬时变化时，通过这种闸门的自动调节，进入下一级渠道（如斗、农渠）的流量始终稳定不变，确保灌水的正常进行与良好的灌溉质量。这类闸门一般安装在各级渠道的引水口上，以引入稳定的灌溉流量。

(2) 定水位变流量的水力自动闸门：这类水力自动闸门可分为定上游水位和定下游水位两种。

1) 定上游水位的水力自动闸门：这种闸门的作用是，当上一级渠道来流量发生瞬时变化时，而通过该闸门的自动调节以后始终保持上一级渠道水位稳定不变，而将瞬时变化的流量，配入下一级渠道或泄入其他地方，以确保上一级渠道水位始终保持于设计高程。这种闸门一般多安装在配水站、分水点；泄洪的退水渠首；灌排两用渠道的中下段；集水沟的出口处。

2）定下游水位的水力自动闸门：即当上游水位（流量）发生瞬时变化时，通过该闸门的自动调节后，始终保持下游水位稳定不变。这种闸门主要设置在稻田的放水口上，根据水稻各个生育期所需水层要求，田面始终维持其最适宜的水层而不受渠道水位变化影响。

（二）自动调压喷灌泵站

根据灌区不断变化的实际喷灌用水量，自动调压喷灌泵站可以自动调节泵站内泵的运行台数，使泵站供水量始终与实际喷水量相适应，从而使管网在一个规定的压力范围内工作，因此，采用自动调压泵站的喷灌系统就具有节能、节水、管道设备不易破坏及喷洒质量好的优点。

自动调压喷灌泵站由水泵机组（两台以上）、调压罐、压气供应系统、压力水位传感器、水泵机组程序控制器组成。一般适用于不具备自压喷灌条件，又要求加压泵能自动运行的喷灌系统。

我国已在河南省郑县建成446.67hm^2的恒压喷灌工程，采用自动调压喷灌泵站进行喷灌，获得了显著经济效益。这种自动调压喷灌泵站，当控制喷灌面积为26.67～446.67hm^2时，单位面积投资为450～285元/hm^2。与一般无自动调压的喷灌比较，平均节能达12%～13%，省工可达50%～70%，喷灌均匀度提高1～3个百分点，节省工程维修保养费达70%～80%。

（三）IC智能卡灌溉管理系统

IC智能卡灌溉管理系统将计算机管理、智能卡技术和单片机自动控制应用于自动灌溉，采取用户预交水费，凭卡开机灌溉，自动计时计费，卡中预交水费用尽或者无卡不能进行灌溉。同时可以统计用水量和用水时间，为有关部门制定科学用水规划提供依据。

该系统由中心计算机（或专用发卡机）和智能卡机井灌溉管理机组成。中心管理系统由系统维护、卡片管理、分机管理、综合统计、安全加密、辅助系统等子系统构成。主要适用大田低压管灌和喷灌。该系统具有以下特点：

(1) 操作方便、简单：用户只要将有一定金额的智能卡插入安装在机泵房中的管理控制机内，按下“开”键，即可开机上水使用；灌溉完毕，按下“关”键或取走卡即可停机；为避免机泵频繁启动，取卡后设置了10s的延时保护程序。

(2) 管理系统方便灵活：通过计算机内的管理软件，可以完成对数十台、数百台智能卡灌溉管理机的综合管理。发卡机较计算机造价低廉、使用方便，可以脱离计算机单独使用，实现对用户卡的发行与管理、不同机井的费率设置与更改、查询发卡记录、进行发卡统计等；并且还留有通信接口，可将数据上传到以乡镇为单位的计算机上，实现上级单位对水费核算标准的统一、集中管理。县有总监控中心，制定各区域各类机井的水费核算办法，制定合理的水价，使管理者的利益和广大农民的增产增收利益在一定程度上保持最大的统一。

(3) 系统安全可靠：该系统使用的智能卡，采用先进的系统加密技术，保证了使用安全性，并且可以在系统内部划分子系统，以适应各机电井的情况。同时将机泵高压人工启动改为农户持卡低压操作智能卡灌溉管理控制机，该机器配合自动启动柜可以实现水泵的自动控制，对水泵运行过程中的缺相、欠压、过流、过压以及其他不正常运行进行随时检测，可确保水泵安全运行。

(4) 管理功能强大：实行水费预交，不但有利于政府部门对水价的调控监督，还可以消除用水过程中的各种纠纷，减轻农民负担，密切干群关系。该系统可以对发卡数量、收入金额等进行统计并打印成报表。该系统对用水进行详细统计，不但可以加强用水管理，还为科学用水提供依据。该系统的扩展功能为下一步实现全自动节水灌溉奠定基础。

(5) 适应性强，使用寿命长：该系统中的机井智能卡管理机配合相应的附属设备可以控制各种功率的机井，而且根据农村电网的实际情况做到宽电压设计，在 320～420V 交流电仍可稳定工作。该系统采用高可靠性元器件，可适应温度为－40～80℃的极端环境，并且防潮、防水、防尘，该机内置非法卡保护电路，可以防止各种不同卡片（如铁片、塑料片等）插入造成危害。可长久重复使用，使用寿命超过 10 万次。

山东省济南市水利局，山东省平阴县水利水产局在实验区安装了 16 台 IC 智能卡灌溉管理系统，经过一年多的实验运行，取得了良好的效果。每眼机井安装智能卡灌溉管理系统投资 1000 多元，每眼机井可灌溉 3.33～6.67hm^2，与未安装该系统的灌区相比，每公顷年均节水 750m^3、节电 20kW·h，每眼机井每年节水折合费用和增收的灌溉费用达上千元。当年就可将成本收回之后，每眼机井每年都可净收上千元。采用 IC 卡灌溉管理系统，具有预先收费、收费标准公开、减费过程动态可见、不需专人值守等特点，从而较好地解决了水费计收困难、争水抢水发生、水资源浪费、计量失真、收费经常发生纠纷等突出问题，对提高群众自觉节水意识和密切干群关系，具有重要的意义。

（四）灌溉遥测遥控技术

(1) MCCS 灌溉自动化遥测遥控系统：由中国农业科学院农田灌溉研究所研制的 MCCS 遥测遥控系统已广泛应用在喷灌和微灌的自动控制上，取得了较好的效果。

该系统由 MCCS 遥测遥控器（主控机）、MCCS 工作站（子控站）和计算机构成三级控制网络，也可由主控机、子控站等组成两级控制系统。主控机与各子控站之间的通信采用双工、编码、载波的方式，通过信号传输线把指令传输给对方。系统工作时，在主控机的键盘上设好各泵闸的工作时间表（也可在计算机上设置时间表），主控机根据工作时间表，把对泵闸的开关命令传送给各子控站。各子控站再根据主控机的命令开启或关闭对应的水泵阀门。各子控站除按主控机的命令启闭泵阀外，还将各个被控泵阀的实际工作状态信息（如水源水位、出水压力、开关状态等）回送给主控机，并显示在主控机的升 ED 数码管上。主控机将各子控站的实际工况汇总后，再传送给计算机，并在显示屏上显示出整个灌区的泵阀工作状态图。

一台主控机可控制 24 个子控站。主控机一般设置在灌区中心控制室内，由灌区管理人员或系统操作人员根据灌水的需要，操作主控机或计算机实施灌溉。

利用 MCCS 遥测遥控系统，在河南省长葛市官亭乡建成控制 100 座日光温室的自动化日光温室微灌试验工程和控制面积 13.33hm^2 的自动化喷灌试验工程，获得显著的节水增产效益。实施结果，试验区微灌和喷灌分别比地面灌增产 30％和 20％左右，节水 70％

和 30%左右，年节省电费 2.4 万元，提高土地利用率 13.8%，年节省用工费用 16.28 万元。

（2）灌溉遥测计量系统：天津塘沽区高标准稻田遥测计量综合节水示范区建设工程，从 1997 年冬开始至 1999 年春完成，共计投资 601 万元。主要工程内容有：研制安装了遥测计量系统，该系统设中心站 1 处，子站 25 套，遥测计量系统能够自动得出各渠道的瞬时流量、累积流量，按操作人员指令显示、打印，完成对渠道流量遥测计量。实现了微机遥测计量和分析，为按方收取水费提供了技术支持；衬砌 U 形混凝土灌水支渠 19 条，总长 18.5km，新建干支闸 5 座，改造支渠闸 43 座，开挖排渠 14 条，修建田间道路 29 条，安装毛渠涵闸 1686 座及平整土地、干支、毛渠清淤复堤等等。共计完成土方 109 万 m^3，砌石和混凝土 0.6 万 m^3。上述工程（特别是流量遥测计量系统）的建设，建立起了可靠的运行管理系统。①遥测计量系统的使用，使中心桥灌区管理实现了自动计量和随时监测，对渠水位的自动监测，保证了渠堤埝的安全运行，最大限度地发挥了渠道输水能力，缩短了轮灌时间，不误农时，节约了水源。②实现了对支渠首闸运行状态的自动监测。过去对支渠首闸的启闭情况及运行状态是靠人工巡视，由于干渠长、支渠多，管理人员往往未能及时全面掌握各支渠闸的运行状况，对于擅自开闸偷水及调整闸门开启高度的违章情况，不能及时发现和处理，造成调度计划不能正常实施。现在，通过微机可随时掌握各支渠闸的闸前、闸后水位，瞬时流量，累计流量等要素，达到最科学最合理的调度。③促进了管理人员素质的提高。过去的放水员是骑着自行车、带着摇把从事放水管理工作，而该系统运行后，不会微机操作就不能胜任管理工作。从而促进了管理人员学科学用科学，提高了管理人员的基本素质。据河头镇善门口统计，该村在示范区 104.1hm^2 稻田年公顷均用水 7260m^3，而亩产则达到 492kg 的好收成，因此按照协议规定对他们进行奖励。测算结果，公顷均水费 156 元，是原来“大锅水”的 26%。

（五）灌区管理自动化技术

灌区管理自动化是指灌区生产技术活动及管理的自动化，这种自动化的实现要依靠全自动控制的灌区管理系统。该系统除了建立微机控制中心外，还要有一套遥控运动装置，以应用微机，通过信息传输技术组成通信网络或远方监控网络的自动控制系统传达指令和反馈信息。

（1）河南省人民胜利渠灌区管理调度自动化技术：该灌区位于黄河下游半干旱地区，引入黄河高含沙水进行灌溉，正常流量为 60m^3/s，灌溉面积 5.9 万 hm^2。为提高灌区管理水平，管理中心配置一台微机，应用软件进行灌溉用水优化调度。硬件系统方面，在管理局中心站和干总干渠上安装有多微机分布式远方监控网络设备，整个系统是微机联网运行，中心站配备一台小型机，总干渠的两个分站配有分机，中心站通过分站对闸群实行自动控制，实现灌区管理调度自动化。

（2）湖南省韶山灌区管理自动化技术：该灌区位于长江中游地区，灌溉面积 6.67 万 hm^2，总干渠流量 45m^3/s，除灌溉效益外，尚有发电、航运等综合利用效益。为了提高管理水平，实现灌区水利调度自动化，在一座水电站和灌区管理中心安装了监控系统，其主要设备由两部分组成：第一部分采用了美国摩托罗拉公司的微机器材、设备与国产微机运动装置，实现遥测、遥信、遥控和遥调等基本功能及人机联系、打印报表功能；第二部分采用

SWS－1型水位遥测装置和YF－1型分散型运动装置，前者用电话线作为数据传输信道，可收集19个测点的水位，后者用无线传输信道，可进行数十个站点的雨量和水位遥测。实施后每年节约用水超过3000万m^3，农田灌溉效益提高了30%。

另外，与农业节水有关的还包括种植结构优化技术、抗旱节水品种筛选应用技术、耕作保墒技术、覆盖保墒技术、蒸腾蒸发抑制技术、化学制剂保水技术以及水肥耦合技术等节水灌溉配套农业技术措施，属于前文提到的农艺节水范畴，这部分内容更偏重于农学方面，本书不详细展开，需要的话可参考其他相关书籍。

七、节水型灌区考核评价

我国《节水灌溉技术规范》（SL 207—98）对灌溉工程规划、灌溉水源、灌溉用水量、灌溉水的利用系数、工程与措施的技术要求等作了详细规定。但目前还没有发布全国性的节水型灌区考核评价标准，只有部分省（自治区、直辖市）（特别是缺水地区）发布了地方性节水型灌区考核标准。

节水型灌区考核评价主要围绕灌区内水的利用效率而展开。描述灌区内水的利用效率的指标主要有灌溉水利用系数、渠系水利用系数、田间水利用系数、渠道防渗率、水分生产率等，其各自的定义如下。

（1）灌溉水利用系数。

灌入田间的水量（或流量）与渠道引入总水量（或流量）的比值。

（2）渠系水利用系数。

末级固定渠道放出的总水量与渠首引进的总水量的比值。

（3）田间水利用系数。

净灌水定额与末级固定渠道放出的单位面积灌水量的比值。

（4）渠道防渗率。

灌区固定渠道最大过水表面积中防渗面积与总表面积比值，以百分数计。

（5）水分生产率。

作物单位面积产量与作物全生育期耗水量的比值。

《节水灌溉技术规范》（SL 207—98）对各项指标的要求如下。

1. 灌溉水利用系数

大型灌区不应低于0.50，中型灌区不应低于0.60，小型灌区不应低于0.70，井灌区不应低于0.80，喷灌区、微喷灌区不应低于0.85，滴灌区不应低于0.90。对井渠结合灌区的灌溉水利用系数可根据井、渠用水量加权平均计算确定。

2. 田间水利用系数

水稻灌区不宜低于0.95；旱作物灌区不宜低于0.90。

3. 渠系水利用系数

大型灌区不应低于0.55，中型灌区不应低于0.65，小型灌区不应低于0.75，井灌区采用渠道防渗不应低于0.90，采用管道输水不应低于0.95。

4. 渠道防渗率

大型灌区不应低于40%，中型灌区不应低于50%，小型灌区不应低于70%，井灌区如采用固定渠道输水，应全部防渗。

以河南省为例，其2008年发布的“节水型社区、灌区和节水型企业（单位）考核指导意见”中规定：节水型灌区的定量考核指标为40分，基础管理指标为60分。总分达到90分以上的可评为节水型灌区，其中节水型灌区定量考核指标如表4－5所示，节水型灌区基础考核指标如表4－6所示。

表4－5　　河南省节水型灌区定量考核指标

序号	定量指标	考核标准	分数	灌区	标准水平
1	灌溉水利用系数	灌溉水利用系数达到标准水平得满分，否则每低于1%扣2分，直至扣完	10	大型灌区 中型灌区 小型灌区 井灌区 喷灌、微喷灌区 滴灌区 井渠结合灌区	0.50 0.60 0.70 0.80 0.85 0.90 加权平均计算
2	田间水利用系数	田间水利用系数达到标准水平得满分，否则每低于1%扣1分，直至扣完	5	水稻灌区 旱作灌区	0.95 0.90
3	渠系水利用系数	渠系水利用系数达到标准水平得满分，否则每低于1%扣2分，直至扣完	10	大型灌区 中型灌区 小型灌区 井灌区 喷灌、微喷灌区 滴灌区 井渠结合灌区	0.55 0.65 0.75 0.90 0.95 0.95 加权平均计算
4	水分生产率	水分生产率达到标准水平得满分，每低于0.1扣2分，直至扣完	10	大型灌区 中型灌区 小型灌区	1.20 1.50 1.80
5	渠道防渗率	渠道防渗系数达到标准水平得满分，否则每低于1%扣1分，直至扣完	5	大型灌区 中型灌区 小型灌区 井灌区	0.40 0.50 0.70 1.00

注　大型灌区指控制面积在20000hm^2以上的灌区；中型灌区指控制面积为667～20000hm^2的灌区；小型灌区指控制面积在667hm^2以下的灌区；井灌区指以井水作为灌溉水源的灌区；井渠结合灌区指灌溉水源既有井水，又有地表水的灌区。

表4－6　　河南省节水型灌区基础管理考核标准

序号	基础管理考核内容	考核方法	考核标准	分数
1	主管领导负责节水工作建立办公会议制度	查看有关文件及会议记录	有主要领导负责和会议记录各得2分	4
2	有节水主管部门和专职（兼职）节水管理人员	检查企业（单位）上级主管部门文件	符合要求得4分	4
3	有健全的节水管理网络和岗位责任制	查阅文件、网络图和工作记录	管理网络健全和责任明确得4分	4

续表

序号	基础管理考核内容	考核方法	考核标准	分数
4	有计划用水和节约用水的具体管理制度	查阅有关的节水管理制度和文件	有正式文件颁发的规定和办法各得2分	4
5	原始记录和统计台账完整规范；按照要求完成统计报表并进行分析	查阅有关资料，核实有关数据	两项符合要求得4分，一项符合要求得2分	4
6	用水情况清楚，定期巡回检查，问题及时解决	查看巡回检查记录和落实情况	符合要求得2分或4分	4
7	按规定周期进行水平衡测试	查阅水平衡测报告书及有关文件	按规定测试报告书正确有整改计划各得2分	4
8	有近期完整的管网图	查阅图纸和查看现场	管网图完整清晰得2分或4分	4
9	实行定额管理，节奖超罚	查看定额管理节奖超罚文件和资料	定额管理和节奖超罚各得2分	2
10	制订节水十年规划	查阅资料和文件	有节水规划得2分	2
11	经常性开展节水宣传教育活动	查看资料，职工座谈	经常性开展宣传得2分	2
12	有用水计量管理制度	查阅有关文件	制度健全得2分或4分	4
13	有完整的近期计量网络图	查看计量网络图和资料	有网络图无近期的扣1分或2分	4
14	完成节水指标和年度节水计划	查阅有关资料	完成节水指标和年度计划各得2分	6
15	用水设备管道器具定期检修制度	查阅有关资料文件查看现场	有定期检修制度得2分或4分	4
16	已使用的节水设备管理运行正常	查看现场及有关资料、制度	管理好、运行正常各得2分	4

第五章　生活节水技术与管理

第一节　生活节水途径

我国近年来城市化的快速发展推动城市用水人口快速增长，由1993年的1.86亿人增加到2004年的3.03亿人，10年增加了1.17亿人，年均递增5%。与此同时，城市用水普及率也相应由55.2%增加到88.8%。

随着城市居民生活水平的不断提高，卫生设施、洗衣机和热水器的进一步普及，城市居民人均住宅用水量持续增长，由1996年的135.4L/(人·d)增加到2003年的150.4L/(人·d)，平均每年增加2.14L/(人·d)，其中南方城市居民人均住宅用水量明显高于北方城市，见表5-1。全国城市公共服务用水由1996年的58.39亿m^3增加到2004年的68.20亿m^3，呈现缓慢增长的态势，见表5-2。

表5-1　　**全国城市居民人均住宅用水量平均值统计表**　　单位：L/(人·d)

区域＼年份	1996	1997	1998	1999	2000	2001	2002	2003
南方城市	165.4	177.2	177.7	177.9	199.5	193.3	185.9	213.4
北方城市	116.1	113.5	113.9	108.8	106.0	115.0	108.9	114.5
全国城市	135.4	138.2	141.4	144.1	146.0	153.5	150.5	150.4

注　根据建设部综合财务司1992～2003年《城市建设统计年报》统计数字计算。

表5-2　　**全国城市公共服务用水量统计表**　　单位：亿m^3

年份	1996	1997	1998	1999	2000	2001	2002	2003	2004
城市公共服务用水量	58.39	61.94	61.42	64.01	67.80	58.89	62.53	64.80	68.20

注　根据建设部综合财务司1992～2004年《城市建设统计年报》统计数字计算。

随着经济与城市化进程发展，用水人口增加，城市居民生活水平不断提高，公共市政设施范围不断扩大与完善，预计在今后一段时期内城市生活用水量仍将呈增长之势。因此，城市生活节水的核心是在满足人们对水的合理需求的基础上，控制公共建筑、市政和居民住宅用水量的持续增长，使水资源得到有效利用。其主要途径有：实行计划用水和定额管理，进行节水宣传教育，推广应用节水器具与设备，以及发展城市再生水利用技术等。

（一）实行计划用水和定额管理

（1）通过水平衡测试，分类分地区制定科学合理的用水定额，逐步扩大计划用水和定额管理制度的实施范围，对城市居民用水推行计划用水和定额管理制度。

(2) 针对不同类型的用水，实行不同的水价，以价格杠杆促进节约用水和水资源的优化配置，强化计划用水和定额管理力度。

所谓分类水价是根据使用性质将水分为生活用水、工业用水、行政事业用水、经营服务用水、特种用水五类。各类水价之间的比价关系由所在城市人民政府价格主管部门会同同级城市供水行政主管部门结合当地实际情况确定。以 2004 年北京市为例：居民生活用水 3.7 元/m^3；工商用水 5.6 元/m^3；行政事业用水 5.4 元/m^3；旅游饭店和临时施工用水 6.1 元/m^3；特殊行业，如以自来水为主要原料的饮用水生产单位 41.5 元/m^3；洗车业 41.5 元/m^3；高档洗浴业 61.5 元/m^3。

(3) 居民住宅用水取消"包费制"，全面实行分户装表，计量收费，逐步采用阶梯式计量水价。

阶梯式计量水价分为三级，级差为 1∶1.5∶2。阶梯式计量水价的计算公式为

$$P = V_1P_1 + V_2P_2 + V_3P_3 \tag{5-1}$$

式中　P——阶梯式计量水价；

V_1——第一级水量基数；

P_1——第一级水价；

V_2——第二级水量基数；

P_2——第二级水价；

V_3——第三级水量基数；

P_3——第三级水价。

居民生活用水第一级水量基数等于每户平均人口乘以每人每月计划平均消费量。第一级水量基数是根据确保居民基本生活用水的原则制定的；第二级水量基数是根据改善和提高居民生活质量的原则制定的；第三级水量基数是按市场价格满足特殊需要的原则制定的。具体各级水量基数由所在城市人民政府价格主管部门结合本地实际情况确定。具体比价关系由所在城市人民政府价格主管部门会同同级供水行政主管部门结合本地实际情况确定。

（二）进行节水宣传教育

在给定的建筑给排水设备条件下，人们在生活中的用水时间、用水次数、用水强度、用水方式等直接取决于其用水行为和习惯。通常用水行为和习惯是比较稳定的。这说明为什么在日常生活中一些人或家庭用水较少，而另一些人或家庭用水较多。但是人们的生活行为和习惯往往受某种潜意识的影响。如欲改变某些不良行为或习惯，就必须从加强正确观念入手，克服潜意识的影响，将改变不良行为或习惯成为一种自觉行动。显然，正确观念的形成要依靠宣传和教育，由此可见宣传教育在节约生活用水中的特殊作用。应该指出，宣传和教育均属对人们思想认识的正面引导，教育主要依靠潜移默化的影响，而宣传则是教育的强化。因此，通过宣传教育去节约用水，是一种长期行为，应坚持不懈，不能指望获得"立竿见影"的效果。

（三）推广应用节水器具与设备

节水器具与设备的推广应用，是生活节水的重要技术保障。

(1) 推广节水型水龙头。推广非接触自动控制式、延时自闭、停水自闭、脚踏式、陶

瓷磨片密封式等节水型水龙头。淘汰建筑内铸铁螺旋升降式水龙头、铸铁螺旋升降式截止阀。

（2）推广节水型便器系统。推广使用两档式便器，新建住宅便器小于6L。公共建筑和公共场所使用6L的两档式便器，小便器推广非接触式控制开关装置。淘汰进水口低于水面的卫生洁具水箱配件、上导向直落式便器水箱配件和冲洗水量大于9L的便器及水箱。

（3）推广节水型淋浴设施。集中浴室普及使用冷热水混合淋浴装置，推广使用卡式智能、非接触自动控制、延时自闭、脚踏式等淋浴装置；宾馆、饭店、医院等用水量较大的公共建筑推广采用淋浴器的限流装置。

（4）研究生产新型节水器具。研究开发高智能化的用水器具、具有最佳用水量的用水器具和按家庭使用功能分类的水龙头。

（四）发展城市再生水利用技术

再生水是指污水经适当的再生处理后供作回用的水。再生处理一般指二级处理和深度处理。再生水用于建筑物内杂用时，也称为中水。

城市再生水利用技术包括城市污水处理再生利用技术、建筑物中水处理再生利用技术和居住小区生活污水处理再生利用技术。

城市再生水利用技术不仅是节约城市生活用水的重要途径，也是提高城市整体用水效率的重要途径，而且其涉及的范围广、内容多，所以将在本章第三节做专门介绍。

第二节　节水器具与设备

（一）节水器具与设备的含义和要求

节水器具和设备是指与同类器具设备相比具有显著节水功能的用水器具和设备。显然，一般的水量计量仪表、节水系统中的水处理装置等不在其列，更不包括其他用途的各类“节水型”产品（如节水型洗衣机等）。由于节水器具和设备包括的范围极广，类型品种繁多，这里仅限于讨论其中最常见的，且侧重介绍它们的作用或一般节水原理。

节水器具与设备节水的主要方法有以下几种。

（1）限定水量，如限量水表。

（2）限定（水箱、水池）水位或水位适时传感、显示，如水位自动控制装置、水位报警器。

（3）防漏，如低位水箱的各类防漏阀。

（4）限制水流量或减压，如各类限流、节流装置、减压阀。

（5）限时，如各类延时自闭阀。

（6）定时控制，如定时冲洗装置。

（7）改进操作或提高操作控制的灵敏性，前者如冷热水混合器，后者如自动水龙头、电磁式淋浴节水装置。

（8）提高用水效率。

（9）适时调节供水水压或流量，如水泵机组调速给水设备。

上述方法几乎都是以避免水量浪费为特征。实现这些方法可应用各式各样的原理与构思。

鉴于同一类节水器具和设备往往可采取不同的方法，以致某些常用节水器具和设备的种类繁多、效果不一。鉴别或选择时，应依据其作用原理，着重考察是否满足下列基本要求。

（1）实际节水效果好。

（2）安装调试和操作使用方便。

（3）结构简单经久耐用。

（4）经济合理。

任何一种好的节水器具和设备都应比较圆满地体现以上几项要求。否则就没有生命力，难以推广应用。

（二）节水型水龙头与阀门

水龙头是遍及住宅、公共建筑、工厂车间、大型交通工具（如列车、轮船、民航飞机），应用范围最广、数量最多的一种盥洗、洗涤用水器具，同人们的关系最为密切。其性能对节约用水效果影响极大，因而是节水器中开发研究最多的。

1. 节水型水龙头

（1）陶瓷密闭片系列水嘴。

应国家要求，自2000年1月1日起禁止使用螺旋升降式铸铁水嘴，积极采用陶瓷片密闭水嘴（图5-1）。该水嘴是用优质黄铜作为体材，选用精密陶瓷磨片为密封元件。90°开关，具有密封性能好，耐磨、耐腐蚀、开关快速、无锈水和水锤声，运行30万次无漏水的特点。

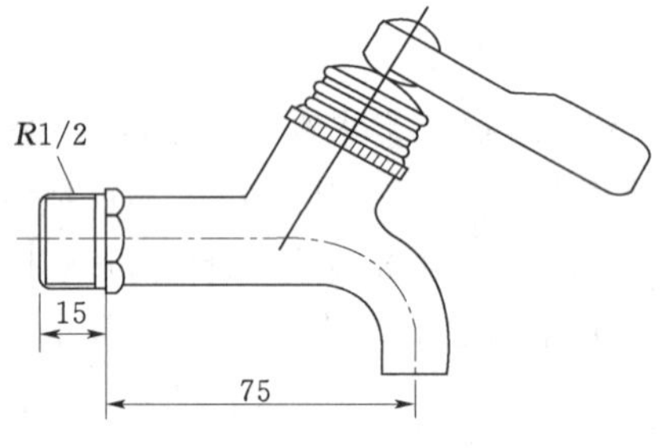

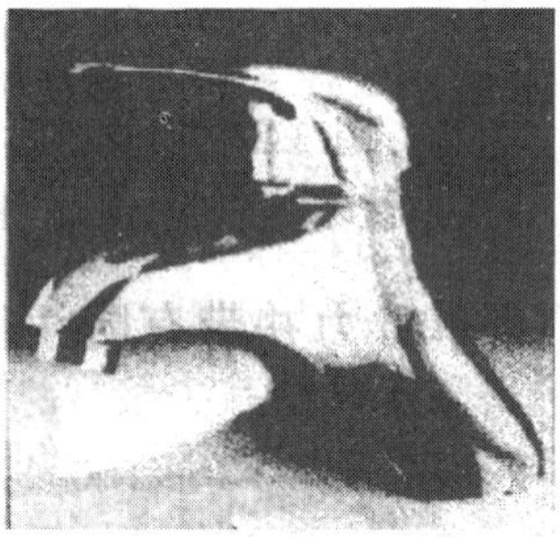

图5-1　陶瓷片密闭系列水嘴

（2）感应式水龙头。

全自动感应水龙头（图5-2）是采用红外线感应原理或电容感应效应及相应的控制电路执行机构（如电磁阀开关）的连续作用设计制造而成；它使用于医院或其他特定场所以避免交叉感染或污染。有交直流两种供电方式。感应式水龙头有龙头过滤网，感应距离可自动调节，具有自动出水及关水功能，清洁卫生，用水节约。

（3）延时自闭水龙头。

延时自闭水龙头（图5-3）多数是直动式水阻尼结构，靠弹簧张力封闭阀口。使用时，按下按钮，弹簧被压缩，阀口打开，水流出。手离按钮，阻尼结构使弹簧缓慢释放，延时数秒，然后自动关闭。有的增加续放功能，按下按钮向右旋，锁住按钮，持续放水，与普通龙头相同。旋回按钮，延时数秒，水流停止。

延时自闭水龙头适用于公共建筑与公共场所，有时也可用于家庭。在公共建筑与公共场所应用延时自闭式水龙头的最优点是可以减少水的浪费，据估计其节水效果约为30%，但要求较大的可靠性，需加强管理。

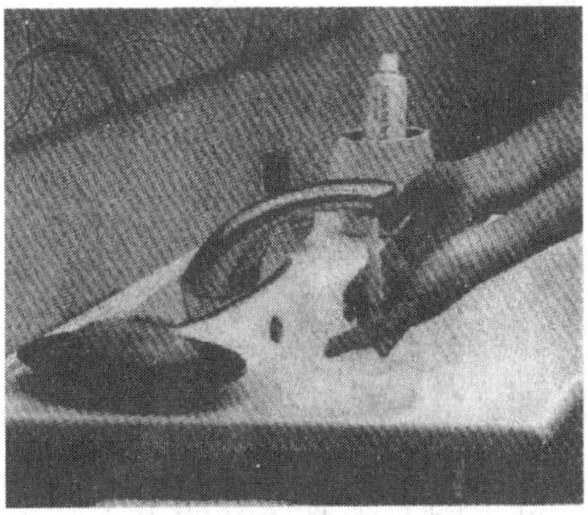

图5-2　全自动感应式水龙头

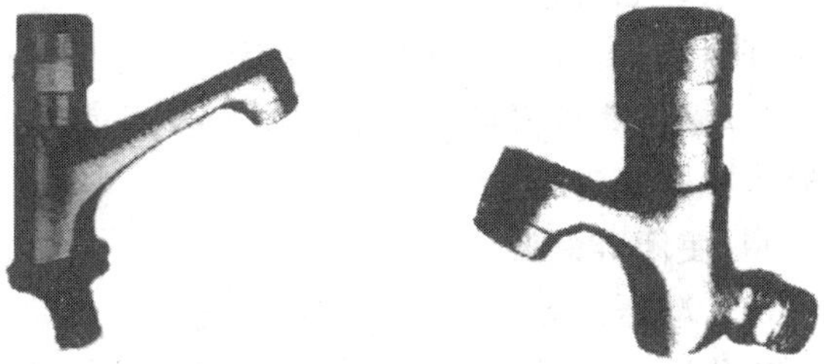

图5-3　延时自闭水龙头

（4）手压、脚踏、肘动式水龙头。

手压、脚踏式水龙头的开启借助于手压、脚踏动作及相应传动等机械性作用，释手或松脚即自行关闭。使用时虽略感不便，但节水效果良好，尤适用于公共场所。

肘动式水龙头靠肘部动作启闭，主要用于医院手术室以免术者手的污染，同时亦有节水作用。

（5）节水冲洗水枪。

当操作者远离闸门（或水龙头）通过软管引水使用时，如肉类、海产品、罐头加工用水，食堂、菜市场、浴池、汽车冲洗用水，建筑工地用水，绿化用水等，往往会因不能及时闭闸门（或水龙头）而浪费水量。这时如在软管末端装一带有开关的“水枪”，既可集中水流（用于冲洗），又可及时启闭“水枪”以节约用水。

图5-4为一种节水冲洗水枪。其性能为：当水压为0.15～2MPa、出口口径为11.3mm时，流量5L/min、射程6m，其节水效果良好。

2. 节水型水阀门

（1）延时自闭冲洗阀。

延时自闭式便池冲洗阀是一种理想新型便池冲洗洁具，是利用阀体内活塞两端的压差和阻尼进行自动关闭的。该阀具有延时冲洗和自动关闭功能，具有节约空间、节约用水、容易安装、操作简单省力等优点，但需有一定的正常水压。

（2）无压自闭阀。

无压自闭阀是一种由自动控制和人工控制相结合的两用阀，其工作原理是在管路“停水”时，靠阀瓣或活塞的自重或弹簧复位关闭水流通道，管路“来水”时，由于水压作用水

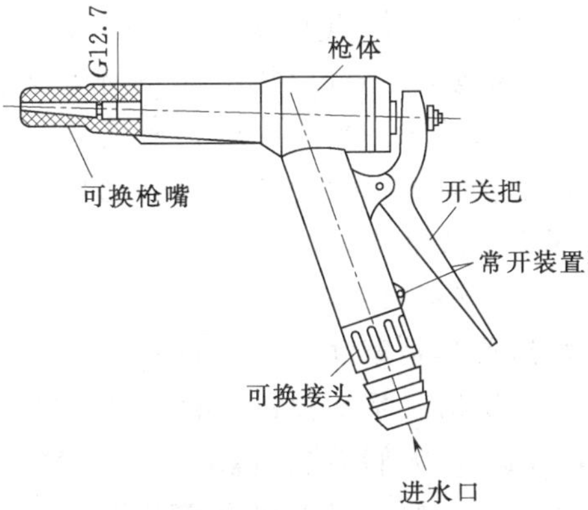

图5-4　节水冲洗水枪

流通道被阀瓣或活塞压得更加紧密，故不致漏水。如需重新开启阀门则需靠外力提升推动阀瓣或活塞打开通道，这时作用于阀瓣或活塞上下侧的力在水流作用下应处于平衡状态。是一种理想的节水产品，适用于水压不稳或定时供水的地区。其主要功能特点如下。

1）停水自闭功能。当管道停水时，节水阀自动关闭，可防止管道再次供水时，水龙头未关闭而造成的水患及水资源浪费。

2）自动判断功能。当管道停水后再次供水时，节水阀能根据水龙头的开关情况判断是否供水。如果水龙头处于关闭状态，则节水阀自动开通，将水送至水龙头；如果水龙头处于开启状态，则节水阀自动关闭，不供水。

3）操作简单方便。该节水阀操作手柄为提拉式，只需提起或压下，即可切断水源或开通水源，既省时又省力。

4）使用寿命长。

（3）减压阀。

减压阀是一种自动降低管路工作压力的专门装置，它可将阀前管路较高的水压减少至阀后管路所需的水平。减压阀广泛用于高层建筑、城市给水管网水压过高的区域、矿井及其他场合，以保证给水系统中各用水点获得适当的服务水压和流量。鉴于水的漏失率和浪费程度几乎同给水系统的水压大小成正比，因此减压阀具有改善系统运行工况和潜在节水作用，据统计其节水效果约为30%。

（4）水位控制阀。

水位控制阀是装于水箱、水池或水塔水柜进水管口并依靠水位变化控制水流的一种特种阀门。阀门的开启、关闭借助于水面浮球上下时的自重、浮力及杠杆作用。浮球阀即为一种常见的水位控制阀，此外还有一些其他形式的水位控制阀。

1）带限位浮球的液压自闭式控制阀（图5-5）。这种水位控制阀实际上为带有限位浮球的一种液压自闭式阀门，其作用原理是：当水位下降到极限位置时，由浮球的重力作用通过推导拉杆推动吊阀，使活塞上空间的水通过内泄通道排出，从而使活塞与活瓣因其上、下空间水压差的作用而上升，这时通道开启注水；反之，当水位上升浮球上浮时，吊阀回复原先位置，管路中的压力水流通过阻尼孔进入活塞上空间使上、下空间水压趋于平衡，活塞和阀瓣借助重力下降并关闭水流通道，这时阀门关闭。这类水位控制阀规格为DN20～200，工作压力为0.05～0.4MPa。

2）水池水位差控制阀。水池水位差控制阀的主阀由一个浮球控制，当水位达到最高点时，阀门关闭。当水位降到最低点时，阀门开启。最高与最低水位之间的位差是可调的，本阀相对于普通阀的优点是动作频率低，噪音低，使用寿命长，可避免系统频繁启动，减少了故障率。

（三）节水型淋浴器具

淋浴器具是家庭、浴室的主要洗浴设施。过去的淋浴设施多采用单手轮或双手轮调节给水，而洗浴又是一种断续的用水方式，用手轮调节水温比较麻烦，一旦打开淋浴开关后（调好水温），人们不愿频繁地开关操作，这样造成无效给水时间长，既浪费了水，又浪费了大量能源，要改变这种浪费现象，最有效的方法是采用非手控给水，如脚踏式淋浴阀，电控、光控等多种淋浴阀。

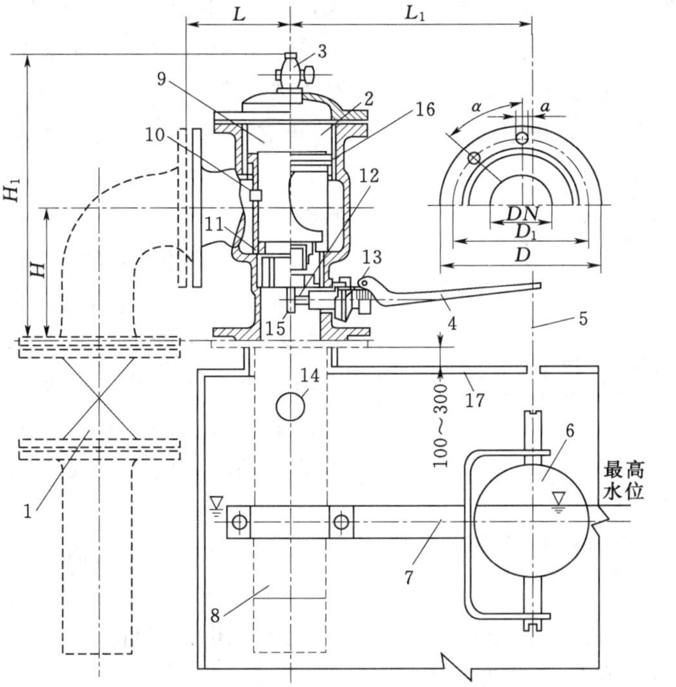

图 5-5 水位控制阀

1—闸阀；2—上空间；3—排气阀；4—推导拉杆；5—吊绳；6—限位浮球；7—支架；8—进水管；9—活塞；10—阻尼孔；11—密封环；12—顶针；13—弹簧；14—孔眼；15—吊阀杆；16—活塞环；17—水箱体

1. 淋浴器

(1) 机械式脚踏淋浴器。

如图 5-6 所示，当人站在淋浴喷头下方，利用人的重力直接作用或通过杠杆、链绳等力传递原理开启阀门，有水；人离阀闭，水自停，从而达到节水的目的。从淋浴阀结构上分为单管和双管，单管是控制已经调节好 35～40℃水温的混合水，双管是通过分别装设于冷、热水管路上的两个截止阀（有的用安装于冷、热水汇合处的单柄调节阀），调冷热水混合比，取得满意的水温。

(2) 电磁式淋浴器。

电磁式淋浴器也简称“一点通”。整个装置由设于莲蓬头下方墙上（或墙体内）的控制器、电磁阀等组成。使用时只需轻按控制器开关，电磁阀即开启通水（“一点通”因此得名），延续一段时间后电磁阀自动关闭停水，如仍需用水，可再按控制器开关。这种淋浴节水装置克服了沿袭多年的脚踏开关的缺点，其节水效果越加显著。根据已使用的浴池统计，其节水效率在 48%左右。

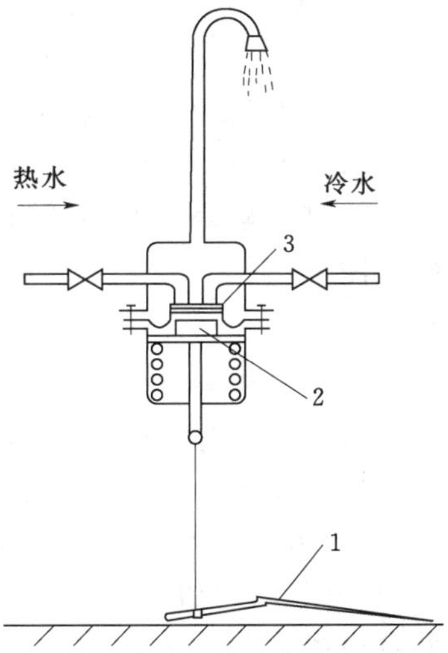

图 5-6 机械式脚踏淋浴器

1—脚踏板；2—橡胶隔膜；3—阀芯

考虑到浴室的环境条件，电磁式淋浴器的控制器采用全密封技术，防水防潮；采用感应式开关；其使用寿命不少于500×10^4次。采用电磁式淋浴节水装置的初次投资虽略为偏高，但可由节水节能效益于5～6月内回收全部投资。

电磁式淋浴器的控制电压为12～36V，电磁开关功率仅0.5W、工作压力为0～0.15MPa，适用于单管（冷热水混合管路）系统。

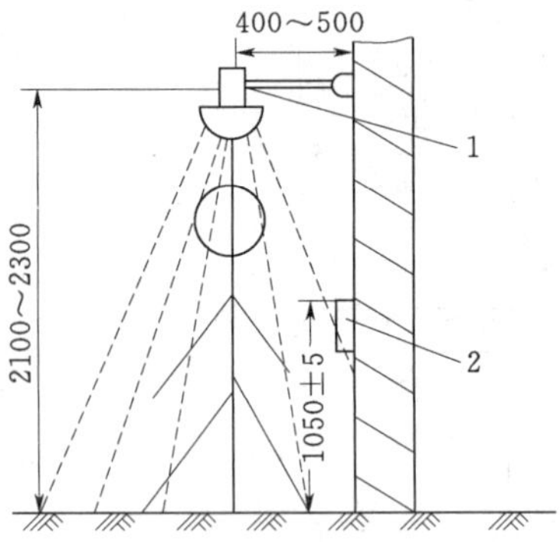

图5－7　红外传感式淋浴器（单位：mm）
1—自动喷头；2—控制器

（3）红外传感式淋浴器。

如图5－7所示，红外发射器和接收控制器装在一个平面上，当人体走进探测有效距离之内，电磁阀开启，喷头出水。人体离开探测区，电磁阀关闭，喷头停止出水。该淋浴器无需动手动脚，既美观又方便。

2. 坐便器

（1）节水型坐便器。

1）节水型坐便器类型。

坐便器即抽水马桶，它始于英国，是19世纪的伟大发明。其用水量是由坐便器本身构造决定的，冲洗用水量发展变化情况：17L—15L—13L—9L—6L—3/6L。坐便器是卫生间必备设施，用水量占到家庭用水量的30%～40%，所以坐便器节水非常重要。

坐便器按冲洗方式分为3类，即虹吸式、冲落式和冲洗虹吸式。虹吸式坐便器采用下上水式，当形成水压后产生虹吸现象，实现冲洗，用水量较大；冲落式坐便器采用直接式冲洗，噪音较大。

目前，坐便器在冲洗水量和噪声方面有了很大改进，产生了节水型坐便器，节水型坐便器在市场投放的已有几十个款式。

2）节水型坐便器特点。

a. 冲水噪音小，噪音峰值小于45dB。

b. 节水性能好，便器单次理想冲洗用水量不大于6L，试件能够全部冲入排污主管，后续冲水量不少于2.5L，存水湾的水被全部置换，小便3L冲洗。

c. 自洁性能好，便器坐圈有特殊设计的喷射孔，在污物排出后，便器的内表面能够全部被冲洗，且存水湾全部被施釉，使污物很难附着在管道内壁上，产品的使用寿命得到延长。

（2）感应式坐便器。

感应式坐便器是在节水型坐便器的条件下改变控制方式，根据红外线感应控制电磁阀冲水，从而达到自动冲洗的节水效果。其功能与特点如下。

1）节水。便器每次冲洗水量为6L。

2）卫生。一切冲洗动作由机器自动完成，无需人为操作，冲洗彻底，不留异味，并有效避免细菌交叉感染。

3）省电。直流产品使用4节5号碱性电池使用时，每天使用100次，2年内无需更换电池。

4）安装特性。藏墙式安装设计，长方体外形，适合标准墙体的安装。

5）维护方便。内设易清洗过滤装置，非专业人员即可进行维护。

6）可调冲水。机器在水压较低的环境使用时，为使清洗彻底，可按说明书指导，将冲水时间调整为8s，另外可根据需要，调整人离开感应范围后至开始冲水的间隔时间。

7）定时冲洗。当便器长期处于不使用的状态，冲水阀每隔24h自动冲洗一次，以防存水湾中存水干涸，导致臭气回窜。

2. 沟槽式公厕自动冲洗装置

沟槽式公厕由于它的集中使用性和维护管理简便等独特的性能，目前大部分学校、公共场所仍在使用，所以卫生和节水成为主要考核指标。

公共卫生间多采用自动冲洗装置，以克服手拉冲洗阀、冲洗水箱、延时自闭冲洗水箱等只能依靠人工操作而引起的弊端。如频繁使用或乱加操作造成装置损坏与水的大量浪费，或者是疏于操作而造成的卫生问题，医院的交叉感染等。

自动冲洗装置可分为水力自动冲洗装置和感应控制冲洗装置两类。

水力自动冲洗装置由来已久，其最大的缺点是只能单纯实现定时定量冲洗，这样在卫生器具使用的低峰期（如午休、夜间、节假日等）不免造成水的大量浪费。感应控制冲洗装置即是针对这种情况而产生的。

感应控制冲洗装置原理及特点：采用先进的人体红外感应原理及微电脑控制，有人如厕时，定时冲洗；午休、夜间、节假日无人如厕时，自动停止冲洗。

感应式控制冲洗器是用于学校、厂矿、医院等单位沟槽式厕所的节水型冲洗设备。应用此产品组成的冲洗系统，不仅冲洗力大，冲洗效果好，而且解决了旧式虹吸水箱一天24h常流不停，用水严重浪费的问题。每个水箱每天可较旧式虹吸水箱节水16t以上，节水率超过80%。

第三节 城市污水回用

城市污水回用是指城市污水经处理后再用于农业、工业、景观娱乐、补充地表水与地下水，或工业废水经处理后再用于工厂内部，以及工业用水的循序使用等。

一、污水回用的意义

（一）污水回用，可缓解水资源的供需矛盾

将城市污水经处理后回用于水质要求较低的场合，体现了水的“优质优用，低质低用”原则，增加了城市的可用水资源量。

根据中国工程院重大咨询项目《中国可持续发展水资源战略研究》之“中国水资源现状评价和供需发展趋势分析”报告的预测，我国2030年城镇工业和生活的污水排放量将达到（850～1060）$\times 10^8 m^3$。若2030年全国污水综合处理率达到80%，则污水处理量将达到（680～850）$\times 10^8 m^3$，即使经处理的污水只被利用1/3～1/2，其数量也是相当可观的。这将在较大程度上缓解干旱地区城市缺水的窘迫状态，减轻缺水对城市生产和生活造成的影响。

（二）污水回用，可提高城市水资源利用的综合经济效益

(1) 城市污水和工业废水水质相对稳定，不受气候等自然条件的影响，且可就近获得，易于收集，其处理利用成本比海水淡化低，处理技术也较成熟，基建投资比跨流域调水小得多。

(2) 除实行排污收费外，污水回用所收取的水费可以使污水处理获得有力的财政支持，使水污染防治得到可靠的经济保证。

(3) 污水回用减少了污水排放量，减轻了对水体的污染，相应降低取自该水源的水处理费用。

除上述增加可用水量、减少投资和运行费用、回用水水费收入、减少给水处理费用外，污水回用至少还有下列间接效益：

1）因减少污水（废水）排放而节省的排水工程投资和相应的运行管理费用；

2）因改善环境而产生的社会经济和生态效益，如发展旅游业、水产养殖业、农林牧业所增加效益；

3）因改善环境，增进人体健康，减少疾病特别是致癌、致畸、致基因突变危害所产生的种种近远期效益；

4）因回收废水中的“废物”取得的效益；

5）由于增加供水量而避免的经济损失或分摊的各种生产经济效益。

二、污水回用的途径

污水回用可分为间接回用和直接回用两种途径。

间接回用是将适当处理后的污水排入天然水体，经水体缓冲、自然净化、包括较长时间的储存、沉淀、稀释、日光照射、曝气、生物降解、热作用等，再次使用。

间接回用又分为补给地表水和人工补给地下水两种方式。前者是将污水处理后排入地表水体，经过水体的自净作用再进入给水系统。后者是将污水经处理后人工补给地下水，经过净化后再抽取上来送入给水系统。

直接回用是指有计划地将适当处理过的污水直接回用于工农业、生活、市政等方面。

直接回用与间接回用的主要区别在于，间接回用中包括了天然水体的缓冲、净化作用，而直接回用则没有任何天然净化作用。

选择直接回用还是间接回用，取决于技术因素和非技术因素，技术因素包括水质标准、处理技术、可靠性、基建投资和运行费用等；非技术因素包括市场需要、公众的接受程度和法律约束等。

城市杂用水是指用于冲厕、道路清扫、消防、城市绿化、车辆冲洗、建筑施工的非饮用水。其中，冲厕杂用水是公共及住宅卫生间便器冲洗的用水；道路清扫杂用水是道路灰尘抑制、道路打扫的用水；消防杂用水是市政及小区消火栓系统的用水；城市绿化杂用水是除特种树木及特种花卉以外的公园、道边树及道路隔离绿化带、运动场、草坪，以及相似地区的用水；建筑施工杂用水是建筑施工现场的土壤压实、灰尘抑制、混凝土冲洗、混凝土拌和的用水。表5-3为城市杂用水水质标准。将城市污水经适当处理后作为城市杂用水，可大大减小城市生活用水量。

表 5-3 生活杂用水水质标准(GB/T 18920—2002)

序号	项 目	冲厕	道路清扫、消防	城市绿化	车辆冲洗	建筑施工
1	pH 值	6.0~9.0				
2	色度≤	30				
3	嗅	无不快感				
4	浊度 NTU≤	5	10	10	5	20
5	溶解性总固体(mg/L)≤	1500	1500	1000	1000	—
6	五日生化需氧量(BOD_5)(mg/L)≤	10	15	20	10	15
7	氨氮(mg/L)≤	10	10	20	10	20
8	阴离子表面活性剂(mg/L)≤	1.0	1.0	1.0	0.5	1.0
9	铁(mg/L)≤	0.3	—	—	0.3	—
10	锰(mg/L)≤	0.1	—	—	0.1	—
11	溶解氧(mg/L)≥	1.0				
12	总余氯(mg/L)	接触 30min 后≥1.0,管网末端≥0.2				
13	总大肠菌群(个/L)≤	3				

三、回用水系统分类与组成

(一)基本概念

为便于理解,先对回用水系统涉及的若干名词作一说明。

(1)中水:中水是指各种排水经处理后,达到规定的水质标准,可在生活、市政、环境等范围内杂用的非饮用水。

(2)中水原水:中水原水是指选作中水水源而未经处理的水。

(3)杂排水:杂排水是指民用建筑中除厕所排水外的各种排水,如冷却排水、游泳池排水、沐浴排水、盥洗排水、洗衣排水、厨房排水等。

(4)优质杂排水:污染程度较低的杂排水称为优质杂排水。一般将除厨房排水外的其余杂排水视为优质杂排水。

(二)回用水系统分类

根据服务范围大小,回用系统可分为建筑中水系统、小区中水系统和城市污水再生利用系统三类。

1. 建筑中水系统

在一栋或几栋建筑物内建立的中水系统。处理站一般设在裙房或地下室,中水作为冲厕、洗车、道路保洁、绿化等使用。

2. 小区中水系统

在小区内建设的中水系统。小区中水系统可采用的原水类型较多。如附近的污水处理厂出水、工业洁净排水、小区内杂排水、生活污水、雨水等。系统可采取覆盖全区的完全系统、部分系统和简易系统,充分发挥水的综合利用和环境效益。

3. 城市污水再生利用系统

在城市规划区内建立的城市污水回用系统。城市污水回用系统以城市污水、工业洁净排水为原水，经过城市污水处理厂初处理及必要的深度处理后，回用于工业用水、农业用水、城市杂用水、环境用水和补充水源水等。

每种系统各有其特点，处理厂站规模、管线长短、实施难易程度、投资规模和收益大小等各不相同。一般而言，建筑或小区中水系统可就地回收、处理、利用、管线短，投资小，容易实施，作为建筑配套设施建设，不需要政府集中投资，但水量平衡调节要求高、规模效益较低。从水资源的利用和经济角度出发，城市污水再生利用系统较为有利，无论从运行管理、污水处理和经济效益上都有较显著的优势，但需要单独铺设回用水输送管道，整体规划要求高。

（三）回用水系统组成

回用水系统一般由3个部分组成：污水收集系统、再生水处理系统（包括二级处理、深度处理）、再生水配水输送系统及用户管理等。

1. 污水收集系统

（1）城市污水收集系统。

排水管道系统是收集、输送污水的工程设施。回用水水源收集系统又包括生活污水排水管道系统、工业污水排水管道系统和雨水排水管道系统。

1）生活污水排水管道系统。生活污水排水管道系统收集居住区和公共建筑的生活污水，输送至处理厂，主要组成部分如下所述。

a. 室内污水管道系统及设备。室内污水管道系统及设备的作用是收集室内生活污水并将其排至室外污水管道系统。

住宅及公共建筑内，各种用水设备既是人们用水的装置，也是承受污水的容器，是生活污水排水管道系统的起端设备。生活污水从这里经支管、竖管和出户管等室内管道系统流人室外污水管道系统。一般在室内外管道连接点设置检查井，供检查和清通沟道之用。

b. 室外污水管道系统。室外管道系统敷设在室外地面以下并靠重力流输送，可分为居住小区（街坊）污水管道系统和街道污水管道系统。

在居住小区内，管道系统由接户管、小区支管和小区干管组成。接户管布置在建筑物周围，接纳建筑物室内污水管道排出的污水；污水支管布置在小区内道路下，连通接户管；小区污水干管接纳支管的污水并输送到市政道路下的街道污水管道系统。居住小区污水排入城市排水系统时，其水质应符合《污水排入城市下水道水质标准》。居住小区污水排出口的数量和位置，由城市市政部门确定。

敷设在城市街道下、接纳小区污水的管道系统称为街道污水管道系统，其由支管、干管、总干管及其他附属构筑物组成。室外污水管道系统上的附属构筑物由检查井、跌水井、倒虹管及出水口等组成。

c. 污水泵站及压力管道。污水一般以重力流排除，在受到地形等条件的限制而不能实现重力流时，需要设置泵站。泵站分为局部泵站、中途泵站和总泵站等，分别将污水提升至自流管道或处理厂的压力管道系统。

2）工业污水排水管道系统。工业污水排水管道系统将厂区内各车间及其他排水对象所排出的污水收集，输送至处理和回收利用的构筑物。经处理后的水，进行再利用，或排入城市排水系统。对不经处理容许直接排入城市管道的工业污水，则不需要设置处理装置，直接排入厂外的城市污水管道。工业污水排水管道系统主要部分如下。

a．车间内部管道系统和设备。收集各生产设备排出的工业污水，并将其输送至车间外部的厂区管道系统。

b．厂区管道系统。敷设在工厂内，收集、输送各车间排出的工业污水。厂区管道系统，有时要按清浊分流、分质分流的原则设置，可根据具体情况设置若干个独立的管道系统，分别输送给各种工业污水。

c．污水泵站及压力管道。

3）雨水排水管道系统。雨水排水系统收集雨水径流，并将其排入水体或回收利用。雨水排水管道系统，由下列几个主要组成部分。

a. 建筑物雨水管道系统和设备。收集建筑或工厂车间的屋面雨水，将其排入室外是雨水管道系统。

b. 小区和街道雨水管理系统。小区和街道雨水管道系统是上的附属建筑物，除检查井、跌水井、出水口等之外，还有收集地面雨水用的雨水口。

c. 雨水泵站及压力管。雨水径流量较大，尽量不设或少设雨水泵站，但在必要时也是要设置，用以提升部分雨水或全部雨水。

需要指出的是，工业污水的成分非常复杂，有些工业污水还含有特殊的污染物质，有些工业污水所含有的污染物质浓度很高，会对城市污水处理厂的运行管理带来不利影响。为了保证处理厂的正常运行和回用水水质，排入城市排水管网的工业污水必须满足以下条件：①不得含有能够破坏城市排水管道的成分，如呈酸性及含有可燃或可爆物质的污水不得排入。②所含的污染物质应大部分能为微生物所降解，污水中还不得含有对微生物代谢活动产生抑制作用的物质。③不得含有在数量上能够影响污泥肥料价值的物质，如重金属等，因金属不能为微生物所降解，而且在达到一定浓度后，还能够抑制微生物的代谢活动。④污染物质的浓度必须适宜，不至于过多增加污水处理厂的负荷。⑤不得含有可能堵塞管道的物质。⑥不得含有可能伤害养护工作人员的物质。⑦水温不得高于40℃。⑧对可能含有病原菌的医院、疗养院污水必须进行严格的消毒处理。不符合上述各项条件的工业污水和其他污水，必须进行局部处理，达到上述要求后，方可排入城市排水系统。

在回用水源收集系统中，对水质特殊的接入口应设置水质监测点和控制闸门，防止水质不符合接入标准的工业污水排入。

（2）建筑物或小区中水集水系统。

中水集水系统由收集、输送中水原水到中水处理设施的管道系统和一些附属构筑物组成。按原水的来源，居住小区中水集水系统分为合流制集水系统和分流制集水系统两类。合流制集水系统以生活排水为中水水源，集取容易，室内和室外不需要设废水、污水分流排水管道系统，无论是新建工程还是改建工程都比较容易实施。我国的中水试点工程是以生活杂排水作为中水水源的，经过不断实践、综合分析比较后，认为宜用污、废水分流制，以杂排水和优质杂排水为中水水源。具体采用何种系统主要取决于城市当地的外界环境条件和环境保护要求；同时，也与居住小区是新区建设还是旧区改造以及建筑内部排水体制有关。居住小区内设置中水系统时，为简化中水处理工艺，节省投资和日常运行费用，还应将生活污水和生活杂排水分流。当居住小区设置化粪池时，为减小化粪池容积也应将污水和杂排水分流，污染程度低的杂排水直接排入城市排水管网或中水处理站。

2. 再生水处理系统

再生水处理系统由各种回用水处理构筑物组成，其作用是将收集到的原水经多道净化处理后达到回用水的水质要求。回用水处理方法与流程将在稍后作专门介绍。

3. 再生水配水输送系统

再生水的输配水系统应建成独立系统。再生水输配水管道宜采用非金属管道；当使用金属管道时，应进行防腐蚀处理。再生水用户的配水系统宜由用户自行设置，当水压不足时用户可自行增建泵站。城市污水回用系统管网的布置，可遵循城市给水管网的规划设计原则，但由于回用水的增设，使管道系统增多，在管理上应予重视。

建筑再生水供给量不足时，由自来水补给。宜配置非常电源，使水泵电动机能得到紧急电源的供电，防止停电时断水。

除了确保再生水在卫生学方面的安全外，回用水系统的供水可能产生供水中断、管道腐蚀以及自来水误接误用等关系到供水的安全性问题，应采取必要的安全措施，其内容如下。

(1) 再生水管道布置简洁，严禁与饮用水管道有任何形式的直接连接。

(2) 再生水管道应有防渗防漏措施，埋地时应设置带状标志，明装时应涂上有关标准规定的标志颜色和“再生水”字样，闸门井井盖应铸上“再生水”字样，再生水管道上严禁安装饮水器和饮水龙头。

(3) 再生水管道与给水管道、排水管道平行埋设时，其水平净距不得小于0.5m；交叉埋设时，再生水管道应位于给水管道的下面、排水管道的上面，其净距不得小于0.5m。

(4) 不在室内设置可供直接使用的水龙头，以防误用。

(5) 为保证不间断向各回用水供水点供水，应设有应急供应自来水的技术措施，以确保再生水处理装置发生故障或检修时不至于中断向用户供水。

四、回用水处理方法与流程

回用水处理方法概要与第二章第四节类似，这里不再赘述。下面重点介绍城市污水回用的水处理流程和生活杂用水处理流程。

(一) 城市污水回用的水处理流程

城市污水回用是以污水进行一、二级处理为基础的。当污水的一、二级出水水质不符合某种回用水水质标准要求时，应按实际情况采取相应的附加处理措施。这种以污水回收、再用为目的，在常规处理之外所增加的处理工艺流程称为污水深度处理。所以接下来首先介绍污水一级处理与二级处理，然后在此基础上，列举部分污水深度处理的工艺流程。

1. 一级处理

主要应用格栅、沉砂池和一级沉淀池，分离截留较大的悬浮物。污水经一级处理后，悬浮固体的去除率为70%～80%，而BOD_5只去除30%左右，一般达不到排放标准，还必须进行二级处理。被分离截留的污泥应进行污泥消化或其他处置。

2. 二级处理（生物处理）

在一级处理的基础上，应用生物曝气池（或其他生物处理装置）和二次沉淀池去除废水、污水中呈胶体和溶解状态的有机污染物，去除率可达 90%以上，水中的 BOD_5 含量可降至 20～30mg/L，其出水水质一般已具备排放水体的标准。二级处理通常采用生物法作为主体工艺。

在进行二级处理前，一级处理经常是必要的，故一级处理又叫预处理。一级和二级处理法，是城市污水经常采用的处理方法，所以又叫常规处理法。

3. 深度处理

污水深度处理的目的是除去常规二级处理过程中未被去除和去除不够的污染物，以使出水在排放时符合受纳水体的水质标准，而在再用时符合具体用途的水质标准。深度处理要达到的处理程度和出水水质，取决于出水的具体用途。其处理流程可根据不同的用水对象和地方条件在下列流程中选用。

（1）混凝、澄清、过滤法（图 5－8）。

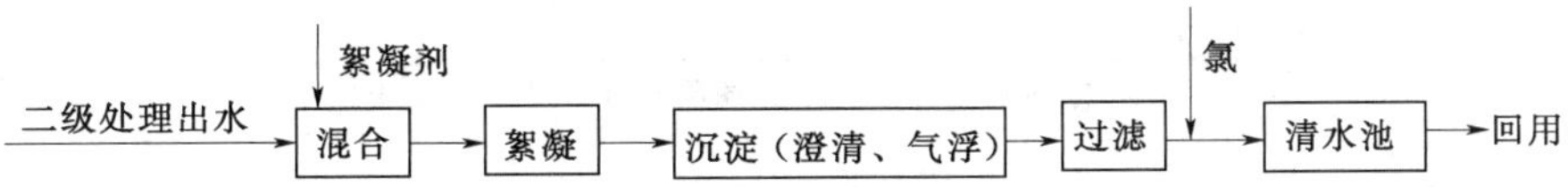

图 5－8　混凝、澄清、过滤法

（2）直接过滤法（图 5－9）。

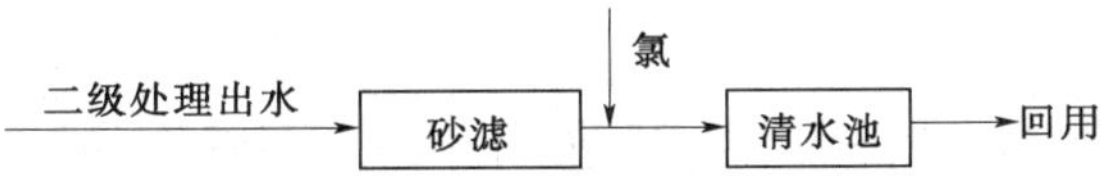

图 5－9　直接过滤法

（3）微絮凝过滤法（图 5－10）。

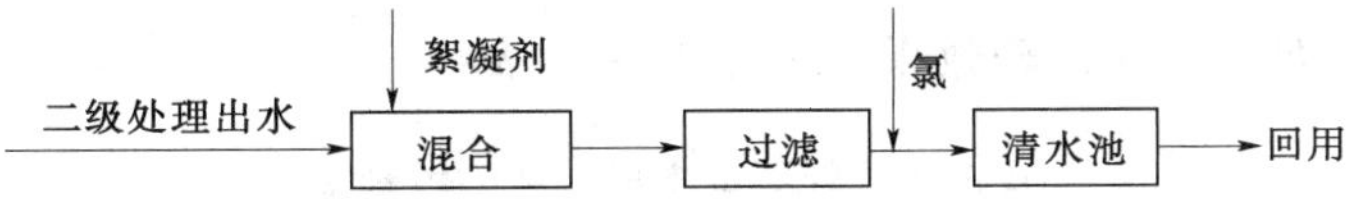

图 5－10　微絮凝过滤法

（4）接触氧化法（图 5－11）。

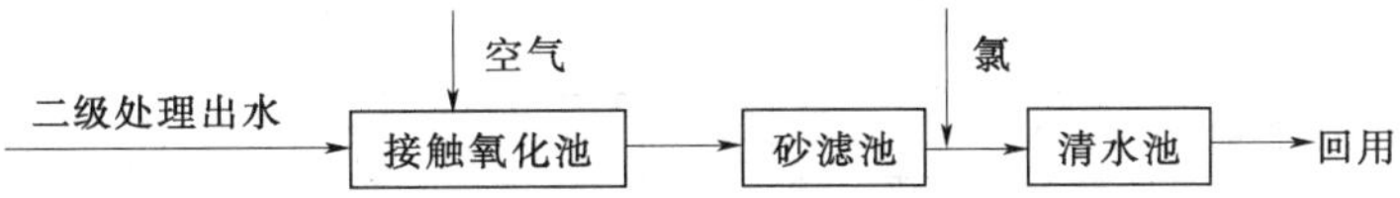

图 5－11　接触氧化法

（5）生物快滤池法（图 5－12）。

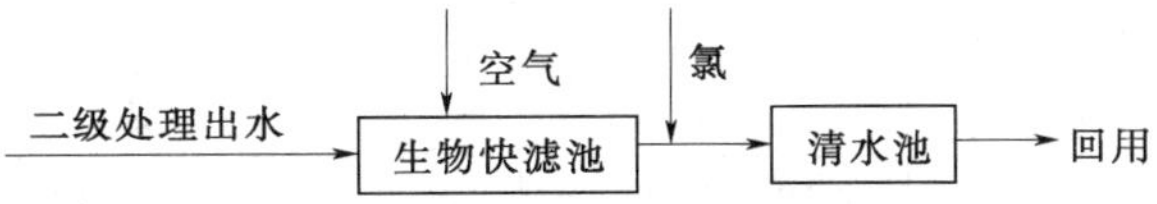

图 5－12　生物快滤池法

（6）流动床生物氧化硝化法（图 5－13）。

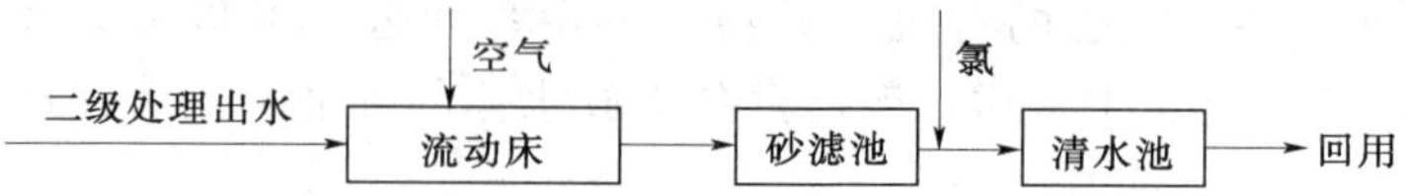

图 5-13　流动床生物氧化硝化法

（7）活性炭吸附法（图 5-14）。

图 5-14　活性炭吸附法

（8）超滤膜法（图 5-15）。

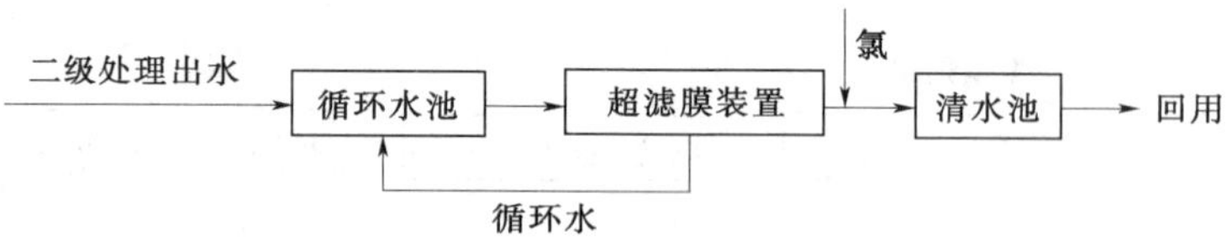

图 5-15　超滤膜法

（9）半透膜法（图 5-16）。

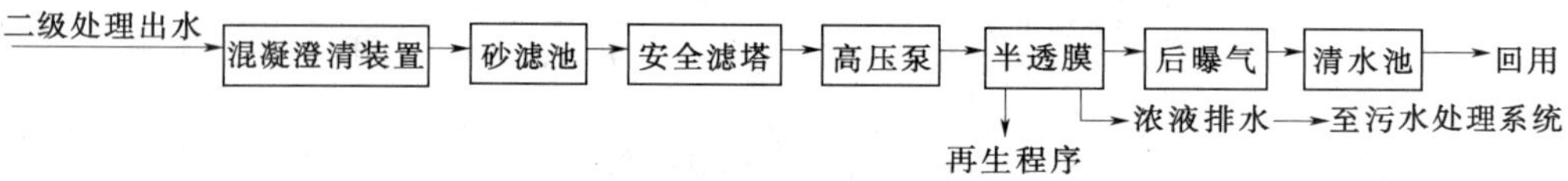

图 5-16　半透膜法

上述各深度处理流程的处理效果及适用对象见表 5-4。

表 5-4　　各种深度处理技术可去除的污染物

流程编号	污染物 / 处理流程	SS	浊度	BOD_5	COD	TN	TP	色度	嗅味	细菌	适用对象
1	混凝、澄清、过滤法	√	√	√	√		√	√		√	工业冷却与市政杂用
2	直接过滤法	√	√	√							
3	微絮凝过滤法		√	√			√	√			
4	接触氧化法	√	√	√		硝化					
5	生物快滤池法	√	√	√	√			√	√		
6	流动床生物氧化硝化法	√	√	√		硝化					适于要求高质量的再生水者
7	活性炭吸附法			√	√			√	√		
8	超滤膜法			√							
9	半透膜法			√	√	√		√	√	√	

（二）生活杂用水处理流程

生活杂用水的处理流程与水量、水质有关。我国《建筑中水设计规范》（CEC 30—

91）推荐的处理流程如下。

对沐浴、盥洗、洗涤污水，可采用下列水处理流程（图 5 - 17）。

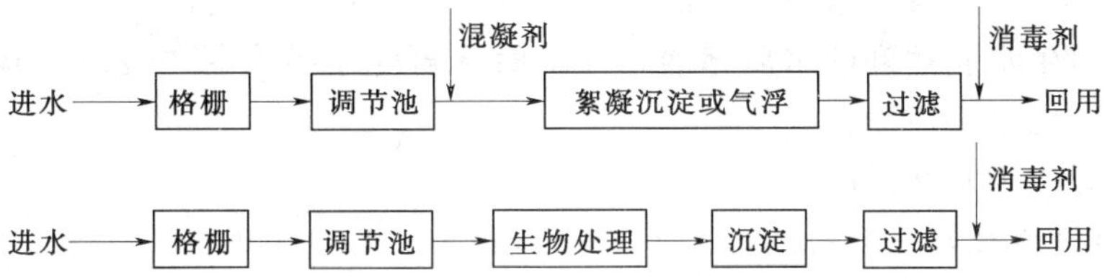

图 5 - 17　生活杂用水处理流程（一）

对包含厕所排水在内的生活污水，可采用以下水处理流程（图 5 - 18）。

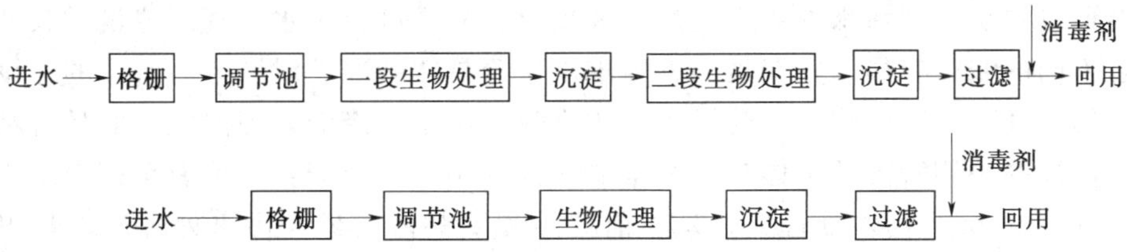

图 5 - 18　生活杂用水处理流程（二）

当利用污水二级处理出水时，可考虑以下流程（图 5 - 19）。

图 5 - 19　生活杂用水处理流程（三）

五、阻碍城市污水回用的因素

城市污水量稳定集中，不受季节和干旱的影响，经过处理后再生回用既能减少水环境污染，又可以缓解水资源紧缺矛盾，是贯彻可持续发展战略的重要实施。但是目前污水在普通范围上的应用还是不容乐观的，除了污水灌溉外，在城市回用方面还未广泛应用。其原因主要有以下几个方面。

（一）再生水系统未列入城市总体规划

城市污水处理后作为工业冷却、农田灌溉和河湖景观、绿化、冲厕等用水在水处理技术上已不成问题，但是由于可使用再生污水的用户比较分散，用水量都不大，处理的再生水输送管道系统是当前需重点解决的问题。没有输送再生水的管道，任何再生水回用的研究、规划都无法真正落实。为了保证将处理后的再生水能输送到各用户，必须尽快编制再生水专业规划，确定污水深度处理规模、位置、再生水管道系统的布局，以指导再生水处理厂和再生水管道的建设和管理。

（二）缺乏必要的法规条令强制进行污水处理与回用

目前城市供水价格普遍较低，使用处理后的再生水比使用自来水特别是工业自备井水在经济上没有多大的效益。如某城市污水处理厂规模 16 万 t/d，污水主要来自附近几家大型国有企业，这些企业生活杂用水和循环冷却水均采用地下自备水源井供水，造成水资源的极大浪费，利用污水资源应该说是非常适合的。但是由于没有必要的法规强制推行，而且污水再生回用处理费用又略高于自备井水资源费，导致多次协商均告失败，污水资源白白的浪费。因此，推行污水再生回用必须配套强制性法规来保证。

（三）再生水价格不明确

目前，由于污水再生水价不明确，导致污水再生水生产者不能保证经济效益，污水再生水受纳者对再生水水质要求得不到满足，形成一对矛盾。因此，确定一个合理的污水回用价格，明确再生水应达到的水质标准，保证污水再生水生产者与受纳者的责、权、利，是促进污水回用的重要前提。

六、推进城市污水回用的对策

（一）城市污水处理统一规划，为城市污水资源化提供前提

世界各大中城市保护水资源环境的近百年经验归结一点，就是建设系统的污水收集系统和成规模的污水处理厂。

城市污水处理厂的建设必须合理规划，国内外对城市污水是集中处理还是分散处理的问题已经形成共识，即污水的集中处理（大型化）应是城市污水处理厂建设的长期规划目标。结合不同的城市布局、发展规划、地理水文等具体情况，对城市污水厂的建设进行合理规划、集中处理，不仅能保证建设资金的有效使用率、降低处理能耗，而且有利于区域和流域水污染的协调管理及水体自净容量的充分利用。如位于英国伦敦东部泰晤士河北岸的贝克顿（Beckton）污水处理厂，是当前英国和欧共体的最大污水处理厂，其规模在当今世界上也是屈指可数的。它主要承担泰晤士河北岸 300km^2 范围内的工业废水和伦敦市 240 万人口的生活污水处理，日处理能力达 240 万 t。俄罗斯莫斯科市每天的 620 万 t 污水也主要是由 3 座污水处理厂进行处理，它们是库里扬诺夫污水处理厂、留别列兹污水处理厂和留不列兹污水处理厂。

城市生活污水、工业废水要统一规划，工厂废水要进入城市污水处理厂统一处理。因为各工厂工业废水的水质水量差别大，技术水平参差不齐，千百家工厂都自建污水处理厂会造成巨大的人力、物力、财力的浪费。统一规划和处理，做到专业管理，可以免除各大小厂家管理上的麻烦，保障处理程度，各工厂只要交纳水费就可以了。政府环保部门的任务是制定水体的排放标准并对污水处理企业进行监督。

城市污水处理系统是容纳生活污水与城市区域内绝大多数工业废水的大系统（特殊水质如放射性废水除外）。但各企业排入城市下水道的废水应满足排放标准，不符合标准的个别企业和车间须经局部除害处理后方能排入下水道。局部除害废水的水量有限，技术上也很成熟，只要管理跟上是没有问题的。这样才能保证污水处理统一规划和实施，使之有序健康地发展，并走上产业化、专业化的道路。

（二）尽快出台污水再生回用的强制性政策，以确保水资源可持续利用

城市污水经深度处理后可回用于工业作为间接冷却水、景观河道补充水以及居住区的生活杂用水。

对于集中的居民居住小区和具备使用再生水条件的单位，采取强制措施，要求必须建设并使用中水和再生水。对于按照规定应该建设中水或污水处理装置的单位，如果因特殊原因不能建设的，必须交纳一定的费用和建设相应的管道设施，保证使用城市污水处理厂的再生水。

对于可以使用再生水而不使用的，要按其用水量核减新水指标，超计划用水加价。对使用再生水的单位，其新水量的使用权在一定程度上予以保留，鼓励其发展生产不增加

新水。

对于积极建设工业废水和生活杂用水处理回用设施并进行回用的，要酌情减、免征收污水排放费。

（三）多方面利用资金，加快污水处理和再生回用工程建设

城市污水处理厂普遍采用由政府出资建设（或由政府出面借贷或贷款），隶属于政府的事业性单位负责运行的模式。这种模式具有以下缺点：财政负担过重，筹资困难，建设周期长，不利于环境保护等。如果将污水处理厂的建设与运行委托给具有相应资金和技术实力的环保市政企业，由企业独立或与业主合作筹资建设与运行，企业通过运行收费回收投资。通过这种模式，市政污水处理和回用率有望在今后几年得到大幅度的提高。政府投资、企业贷款，完善排污收费的制度，逐步实现污水处理厂和再生水厂企业化生产。

（四）城市自来水厂与污水处理厂统一经营，建立给排水公司

世界现代经济发展的200多年历程和我国50年经济发展的教训表明，偏废污水处理，就要伤害自然水的大循环，危害子循环、断了人类用水可持续发展之路。给水排水发展到当今，建立给水排水统筹管理的水工业体系，按工业企业来运行是必由之路。

既然由给水排水公司从水体中取水供给城市，就应将城市排水处理到水体自净能力可接纳的程度后排入水体，全面完成人类向大自然“借用”和“归还”可再生水的循环过程。使其构成良性循环，保证良好水环境和水资源的可持续利用。

（五）调整水价体系，制定再生水的价格

长期以来执行的低水价政策，提供了错误的用水导向，节水投资大大超过水费，严重影响了节水积极性。因此，在制定水价时，除合理调整自来水、自备井的水价外，还应制定再生水或工业水道的水价，逐步做到取消政府补贴，利用水价这一经济杠杆，促进再生水的有效利用。

第六章　节水综合管理

第一节　节水管理的特点和内涵

一、节水管理的特点

本书在绪论部分即已阐明“节约用水”不只是单纯的“节省用水”而已，其直接含义乃“最大限度地发挥水资源的使用效益”。由于用水涉及经济社会各个领域，又与供水、耗水、排水之间存在无法割裂的联系，决定了节水管理具有整体性、综合性和层次性。

（一）节水管理的整体性

从“最大限度地发挥水资源的使用效益”出发，节约用水工作不应该只着眼于用水环节，而应该将供水—用水—耗水—排水几个环节作为一个整体进行管理。从这个意义上说，不只提高用水效率、减少用水过程中无效损耗属于节约用水的范畴，开拓非常规水资源减少清洁淡水资源用量、调整产业结构主动减少生产用水需求量、控制污水排放保护水环境等也都属于节约用水的范畴。

（二）节水管理的综合性

从“最大限度地发挥水资源的使用效益”出发，节约用水工作不应该只停留于诸如研发节水型设备或器具，推广节水灌溉技术，提高污水、雨水、海水处理技术水平等技术层面的内容，还应该动用包括法律、行政、经济、宣传教育等一系列手段，进行涉及水行政管理者、用水者及水经营者三大群体的综合系统性管理。节水管理的主要手段如下。

（1）法律法规。是指运用国家权力，制定相应水管理法规，依法管水。

（2）行政手段。是指运用政府的行政权力，以命令、规定、指示、条例等形式发挥行政组织在节水管理中的作用。

（3）经济手段。是指利用市场调控机制，促使用水者主动改变消费行为和用水方式，引导水资源向高效率和高效益方向流动，实现节水目的。

（4）技术手段。是指利用现代先进技术，提高用水效率。

（5）宣传教育。重点是提高全民的水资源危机意识，使公众自觉参与节约用水。

（三）节水管理的层次性

随着实践经验的不断积累，节水管理层次逐渐提升，已初步覆盖生活、生产、生态等各个领域。从节水的发展历程和未来的发展趋势来看，节水管理可大致分为三个层次，即：技术性节水管理、结构性节水管理和社会资源节水管理。

1. 技术性节水管理

在这一层次，水行政管理者采取各种措施促使水经营者对供水设施进行工程改造，减少输配水时的水量损失；鼓励用水者使用节水器具和设备，提高用水者的用水效率。其特点是通过运用节水技术，投入足够的财力改善供用水设施，提高输配水效率，减少无效用水。

2. 结构性节水管理

这一层次，是在对区域水资源承载能力进行评价的基础上，合理调整产业结构，特别在水资源承载能力薄弱地区，必须淘汰或转移高耗水产业、优先发展对经济增长有重大带动作用的低耗水产业，形成与水资源承载能力相适应的经济发展模式。其特点是以水资源承载能力为主要约束条件，调整区域内部社会结构，将用水量减至水资源承载能力范围内。

3. 社会资源节水管理

该层次强调以水资源的社会属性为主线，充分利用各种社会资源（包括政府行政、市场经济、社会激励、软环境制度等）来引导和保障节约用水。政府行政是节水的主要推动力量，市场经济与社会激励是促使用水者主动选择节水行为的外部驱动，软环境制度则为形成用水者的内生节水动力创造外部条件。

二、节水管理的内涵

以上从多角度分析了节水管理的特点，表明节水管理是一项范围广、难度大的系统工程。节水管理的内涵一般可理解为：以实现水资源水环境和人类经济社会的可持续发展为目标，在水资源承载力的约束条件下，综合运用法律法规、技术、经济、宣传教育等有效措施，引导用水者优化用水方式，规范用水者的用水行为，提高终端用水效率，优化资源配置，改善和保护水环境等一系列用水管理活动的总称。

本章主要探讨除技术管理之外的其他节水管理手段，包括我国水管理法规体系、节水管理的组织体制、水权管理、水价管理以及节水项目经济评价等内容。

第二节　我国的水法规体系

一、水法

1988年1月，第六届全国人民代表大会常务委员会第二十四次会议通过了《中华人民共和国水法》，于1988年7月1日起施行，标志着我国步入依法治水、依法管水的轨道。随着经济社会的快速发展和水资源开发、利用、保护、管理形势对依法治水、依法管水提出的新要求，2002年8月29日，第九届全国人民代表大会常务委员会第二十九次会议通过了修订后的《中华人民共和国水法》（以下简称《水法》），自2002年10月1日起施行。

新《水法》用法律形式协调和规范水资源综合开发利用和保护、江河治理、防治水害等各项活动，是调整与水有关的各项社会经济活动和关系的基本法。它包含总则，水资源规划，水资源开发利用，水资源、水域和水工程的保护，水资源配置和节约使用，水事纠纷处理与执法监督检查，法律责任，附则等共八章八十二条。新《水法》中与节约用水有关的主要条款包括以下内容。

第七条　国家对水资源依法实行取水许可制度和有偿使用制度。但是，农村集体经济组织及其成员使用本集体经济组织的水塘、水库中的水的除外。国务院水行政主管部门负责全国取水许可制度和水资源有偿使用制度的组织实施。

第八条 国家厉行节约用水，大力推行节约用水措施，推广节约用水新技术、新工艺，发展节水型工业、农业和服务业，建立节水型社会。各级人民政府应当采取措施，加强对节约用水的管理，建立节约用水技术开发推广体系，培育和发展节约用水产业。单位和个人有节约用水的义务。

第二十三条 地方各级人民政府应当结合本地区水资源的实际情况，按照地表水与地下水统一调度开发、开源与节流相结合、节流优先和污水处理再利用的原则，合理组织开发、综合利用水资源。

第二十四条 在水资源短缺的地区，国家鼓励对雨水和微咸水的收集、开发、利用和对海水的利用、淡化。

第四十七条 国家对用水实行总量控制和定额管理相结合的制度。省、自治区、直辖市人民政府有关行业主管部门应当制订本行政区域内行业用水定额，报同级水行政主管部门和质量监督检验行政主管部门审核同意后，由省、自治区、直辖市人民政府公布，并报国务院水行政主管部门和国务院质量监督检验行政主管部门备案。县级以上地方人民政府发展计划主管部门会同同级水行政主管部门，根据用水定额、经济技术条件以及水量分配方案确定的可供本行政区域使用的水量，制定年度用水计划，对本行政区域内的年度用水实行总量控制。

第四十八条 直接从江河、湖泊或者地下取用水资源的单位和个人，应当按照国家取水许可制度和水资源有偿使用制度的规定，向水行政主管部门或者流域管理机构申请领取取水许可证，并缴纳水资源费，取得取水权。但是，家庭生活和零星散养、圈养畜禽饮用等少量取水的除外。

第四十九条 用水应当计量，并按照批准的用水计划用水。用水实行计量收费和超定额累进加价制度。

第五十条 各级人民政府应当推行节水灌溉方式和节水技术，对农业蓄水、输水工程采取必要的防渗漏措施，提高农业用水效率。

第五十一条 工业用水应当采用先进技术、工艺和设备，增加循环用水次数，提高水的重复利用率。国家逐步淘汰落后的、耗水量高的工艺、设备和产品，具体名录由国务院经济综合主管部门会同国务院水行政主管部门和有关部门制定并公布。生产者、销售者或者生产经营中的使用者应当在规定的时间内停止生产、销售或者使用列入名录的工艺、设备和产品。

第五十二条 城市人民政府应当因地制宜采取有效措施，推广节水型生活用水器具，降低城市供水管网漏失率，提高生活用水效率；加强城市污水集中处理，鼓励使用再生水，提高污水再生利用率。

第五十三条 新建、扩建、改建建设项目，应当制订节水措施方案，配套建设节水设施。节水设施应当与主体工程同时设计、同时施工、同时投产。供水企业和自建供水设施的单位应当加强供水设施的维护管理，减少水的漏失。

二、水法规体系

《水法》内容简明扼要，覆盖面广，但其条款是较为原则性的。实际上水作为一种重要的自然资源和环境要素，是一切生命的源泉，是人类生产和生活不可或缺的，涉及到各行各业、关系到千家万户。加上我国幅员辽阔，各地自然和社会经济情况差异很大。因此，除了《水法》外，还应根据需要制定相关的行政法规、部门规章和规范性文件，各地方也需结合当地的具体情况，制定相应的地方性法规、规章和规范性文件。水法规体系就是指以水法为核心而形成的法律、行政法规和地方性法规、自治条例和单行条例、地方政府规章和部门规章等一系列已经出台或准备制定的规范性文件构成的系统。

1988年《水法》颁布后，水利部制定了第一部《水法规体系总体规划》，并采取多项措施加以落实，立法进程大大加快。《中华人民共和国水土保持法》、《中华人民共和国水污染防治法》、《中华人民共和国防洪法》等相继颁布施行。与此同时，《取水许可制度实施办法》、《河道管理范围内建设项目管理的有关规定》等一批行政法规和规章颁布施行。地方水法规建设也取得全面进展，1988～2001年的14年间，颁布的地方性水法规、政府规章和省级规范性文件达700多件。

2002年，新《水法》施行后，为落实新《水法》，水利部确定了新《水法》配套法规建设重点，修订了“水法规体系总体规划”，突出了水资源配置、节约、管理和保护的制度建设。水法规体系纵向分为4个层次，横向分为7个方面。纵向4个层次是：①法律，由全国人大及其常委会制定；②法规，包括行政法规（国务院制定）和地方性法规（由省、自治区、直辖市人民代表大会及其常委会制定）；③规章，包括部门规章（由水利部和有关部门制定）和地方政府规章（由省级人民政府制定）；④规范性文件。横向7个方面包括：①水资源开发利用和保护；②水土保持；③防洪、抗旱；④工程管理和保护；⑤经营管理；⑥执法监督管理；⑦其他。2002～2008年的7年间，我国水利立法取得丰硕成果，先后颁布了《防汛条例》（修订）、《取水许可和水资源费征收管理条例》、《黄河水量调度条例》、《水文条例》和《抗旱条例》等行政法规，水利部出台了《水量分配暂行办法》等20余件规章，各地也制定或修订了一批特色鲜明的地方性法规和政府规章。目前，我国的水法规体系和制度框架已基本建立，为实现用水管理的法制化提供了基础。

第三节　我国的节水管理体制

节水管理体制是指为实现节约用水，以国家法规、政策和经济、技术要求等为依据，而建立的拥有相应管理权力和职能的节水管理机构。由于节约用水是水资源管理的工作内容之一，所以我国没有专门设置节水管理机构，而是将节水管理作为水资源管理和监督部门的一项管理职能。也就是说，水资源管理部门行使节水管理的职责。

根据《水法》，“国务院水行政主管部门负责全国水资源的统一管理和监督工作。国务院水行政主管部门在国家确定的重要江河、湖泊设立的流域管理机构，在所管辖的范围内行使法律、行政法规规定的和国务院水行政主管部门授予的水资源管理和监督职责。县级以上地方人民政府水行政主管部门按照规定的权限，负责本行政区域内水资源的统一管理和监督工作。国务院有关部门按照职责分工，负责水资源开发、利用、节约和保护的有关工作。县级以上地方人民政府有关部门按照职责分工，负责本行政区域内水资源开发、利用、节约和保护的有关工作。”

现阶段，水利部是我国水行政主管部门，而地方各级水利行政机构分为省（自治区、直辖市）、地（自治州、盟）、县（市、旗、区）三级。一般省级设厅（局）、地级设局（处）、县级设局（科），县以下的区（乡）级设水利管理站或专（兼）职的水利管理员，其隶属关系有的是县级水利行政机构派出的事业单位，有的是区（乡）政府的事业单位。目前，全国已有长江、黄河、珠江、松辽、淮河、海河、太湖等七大流域管理机构，作为水利部在各流域的派出机构，行使各自流域的水行政职责。地方省级所辖的河湖流域也有设立专门机构的，例如福建省的闽江流域管理委员会，河北省的大清河、子牙河河务局，辽宁省的辽河河务局，山东省的南四湖管理局等，均属于各省水利厅（局）。我国七大流域管理机构是其所在流域的水行政主管部门，代表中央政府负责水资源和河道的统一管理与保护。各级地方人民政府水行政主管部门在流域统一规划和管理下，负责本地区水资源和河道的统一管理和保护。

水利部水资源司（也称全国节约用水办公室）专门负责全国水资源统一管理和监督工作，其职责如下。

(1) 负责水资源（含空中水、地表水、地下水）的统一规划、管理和保护工作。组织拟定水资源管理和保护、节约用水等方面的政策法规并监督实施。

(2) 指导有关国民经济总体规划及重大建设项目的水资源论证工作；负责组织管理水资源调查评价工作。

(3) 组织指导全国地下水（含矿泉水、地热水）管理和保护工作，地下水开发利用规划、城市供水水源规划的编制并监督实施。

(4) 组织拟定并监督实施全国和跨省（自治区、直辖市）水量分配方案。

(5) 指导全国计划用水、节约用水工作，组织拟定并监督实施全国节约用水规划，制定有关标准；组织指导全国节约用水宣传工作。

(6) 指导各行业水平衡测试工作，组织拟定区域与行业用水定额并监督管理。

(7) 组织并监督实施取水许可制度。

(8) 组织并监督实施水资源费的征收和使用。

(9) 组织指导全国水资源专业规划。

(10) 组织拟定并监督实施水资源保护规划，组织水功能区的划分和向饮水区等水域排污的控制；监督管理省界水量、水质状况；组织审定江河湖库纳污能力；组织指导入河排污口设置的管理工作，提出限制排污总量的意见并监督实施；组织编制全国水环境状况通报。

(11) 指导全国供水水源地保护工作，管理水利建设项目环境影响评价工作。

(12) 组织管理全国用水统计工作，组织编制国家水资源公报。

水利部水资源司内设5个处：水资源规划处、水资源管理处、水资源保护处、节水处和城市水务处。其中节水处的职责包括以下内容：

(1) 组织、指导、监督全国节约用水工作，承担全国节约用水办公室的日常工作。

(2) 组织编制全国节约用水规划并监督实施，组织拟订节约用水的政策、法规、标准、负责节约用水宣传工作。

(3) 组织指导全国节水型社会建设工作。

(4) 指导区域与行业节约用水规划、计划及用水定额的编制工作，指导区域用水总量控制和定额管理工作，指导各行业水平衡测试工作，指导节水技术、产品推广工作。

省（自治区、直辖市）、地（自治州、盟）、县（市、旗、区）三级地方水利行政机构也设有相应的职能部门，在水利部水资源司的统一领导下，负责地方的水资源管理和监督工作。如一般省水利厅都设有水资源处，其工作职责是：负责全省水资源统一管理、保护和监督工作；负责全省计划用水、节约用水工作；组织实施取水许可制度和水资源费征收制度；组织拟定水资源保护规划、节约用水规划和城市供水水源规划，并会同有关部门拟定全省水中长期供求计划和水量分配方案；组织水功能区的划分和向饮水区等水域排污的控制；组织监测江河湖库的水量、水质，审定水域纳污能力，提出限制排污总量的意见；按照文件规定，与有关部门共同做好在水利工程管理范围内设置排污口的审核审批工作；发布全省水资源公报和水质监测简报；根据有关规定，指导城市水务一体化工作。

第四节 水 权 管 理

一、水权的概念与内涵

水权，也称水资源产权，是水资源所有权和各种用水权利与义务的行为准则或规则。具体而言，是调节个人之间、地区之间、部门之间以及个人、集体和国家之间使用水资源行为的一套规范规则。按水权的内涵，水权包括水资源的所有权、使用权、处置权、收益权、经营权和排污权等。

1. 所有权

水资源所有权是水资源最根本、最全面、最直接的权利，是对水资源占有、使用、收益和处置的权利。水资源所有权是其他权利的起点和基础，我国水资源所有权归国家。水资源作为一种稀缺资源，在本质上是一种公共资源，在世界各国水资源一般归国家所有或有归国家所有的趋势。

2. 使用权

水资源使用权是仅次于水资源所有权的一项权利。水资源使用权是在法律、合同规定范围内对水资源的使用、处置和收益的权利。水资源使用权是受让人通过权利转让和特许方式从水资源所有者中获取的，水资源使用权是受限制的权利，其范围的大小根据法律、合同的规定发生变化。

3. 处置权

水资源处置权按不同主体可分为国家处置权、用水户处置权和经营者处置权。从国家的角度来说，水资源的处置权是指在一级市场对水资源的初始分配、二级市场对水资源的拍卖和其他一些公益性质的利用；从用水户的角度来说，水资源的处置权分为对水资源事实上的处置和法律上的处置；从水资源经营者的角度来说，水资源的处置是指对水资源加工、运输、排污和治污等。

4. 收益权

水资源收益权与处置权相对应，有国家对水资源处置而获得的收益、用水户对水资源处置而获得的收益，以及经营者对水资源处置而获得的收益。

5. 经营权

水资源必须采用一定的工程措施经适当的加工和处理，才能够在某一地点为满足某种用途而被利用。经营权是国家作为水资源所有者赋予水务机构的一种特许权利。我国《水法》第五十五条规定使用水工程供应的水，应当按照国家规定向供水单位缴纳水费。供水价格应当按照补偿成本、合理收益、优质优价、公平负担的原则确定。农村集体经济组织或者其成员依法在本集体经济组织所有的集体土地或者承包土地上投资兴建水工程设施的，按照谁投资谁受益的原则，对水工程设施及其蓄水进行管理和合理使用。从该条规定可看出，就供水而言，水经营机构享有收回成本并获取一定利润的权利。

6. 排污权

排污是用水的必然结果，用水户购买了排污权就拥有了环境水权，排污权与环境水权是一致的。1968 年，经济学家戴尔斯（Dales）在《污染、财富和价格》一书中正式提出了“污染权”这一概念。戴尔斯指出，为了实现对污染物排放的科学控制，政府可以作为社会的代表和环境的所有者，出售一定的污染权，用水户可以从政府那里购买这种权利，也可从某种利益出发，在持有污染权的用水户之间彼此交换。这样，通过购买和转卖“排污权”，既可最大限度地实现对环境污染的总量控制，又可最大限度地实现对“排污权”的优化配置，提高全体排污者的总体经济效益。目前，我国用水户有两种获得排污权的渠道，一种针对向城市集中排污处排污的用水户，需缴纳排污处理费；另一种针对将污染物直接排到水体的用水户或虽向集中排污处排污但超标排放的用水户，需缴纳超标排污费。

二、国外水权制度简介

（一）沿岸所有权理论

沿岸所有权是指土地所有人根据与其土地相毗邻的河岸自然地享有水权。目前，沿岸所有权仍是英国、法国、加拿大以及美国东部等水资源丰富的国家和地区水法规和水管理政策的基础。

由于沿岸所有权理论是在水资源丰富的地区（主要是英国）形成的，而且主要是各国在 19 世纪中叶根据不同的水权纠纷案例判决逐步发展的，因此在解释上有一些区别甚至争论。尽管如此，各国在沿岸所有权理论的两个基本原则上仍然保持一致。①持续水流理论。即凡是拥有持续不断的水流穿过或沿一边经过的土地所有者自然拥有了沿岸所有水权，只要水权所有者对水资源的使用不会影响下游的持续水流，那么对水量的使用就没有限制。②合理用水理论。根据持续水流理论，对水权所有者使用水的限制主要取决于是否影响下游的持续水流，而合理用水理论在持续水流理论的基础上更强调用水的合理性，即所有水权拥有者的用水权利是平等的，任何人对水资源的使用不能损害其他水权所有者的用水权利。

实践证明沿岸所有权制度仅仅适用于水资源丰富的地区和国家，对于水资源短缺的干旱和半干旱地区，沿岸所有权制度存在着种种问题。即使在水资源丰富的地区，传统的沿岸所有权制度已经不能适应新的情况。例如，由于沿岸所有权的限制，使与河流不相邻的工业和城市的用水受到了限制。于是，伴随着美国对干旱的西部地区的开发，产生了第二种基本的水权理论——优先占用权理论。

（二）优先占用权理论

优先占用权理论源于 19 世纪中期美国西部地区开发中的用水实践。美国西部干旱少雨、水资源缺乏，为了在干旱少雨的地区维持生产的顺利进行，不拥有与河流相邻土地所有权的采矿者和农场主必须在联邦政府所有的土地上开渠引水。实践中产生的问题使法院无法按照沿岸所有水权的理论行事，久而久之，在司法实践中法院开始采用“谁先开渠引水谁就拥有水权”的方法来解决水事纠纷，并通过大量的案例判决逐步形成了“优先占用权理论”。该理论认为，河流中的水资源处于公共领域，没有所有者，谁先开渠引水并对水资源进行有益使用，谁就占有了水资源的优先使用权。美国西部各州均宣称水资源归本州所有，但公众享有对水资源的“引取和有益使用权”。在美国西部各州，对水资源“有益使用”权主要包括家庭用水权、灌溉用水权、蓄水权、工业用水权、水力用水权、市政用水权、娱乐用水权等。

（三）公共水权理论

公共水权理论源于前苏联的水管理理论和实践，我国目前实行的水权属管理办法亦属于公共水权制度的范畴。一般认为，公共水权理论包括3个基本原则：①所有权与使用权分离，即水资源属国家所有，但个人和单位可以拥有水资源的使用权；②水资源的开发和利用必须服从国家的经济计划和发展规划；③水资源配置和水量的分配一般是通过行政手段进行的。

水资源的国家所有制决定了水资源管理和保护的主体是国家，对所有权各项权能的行使决定了中央政府可以主导流域内地区间水的分配，可以实施跨流域和跨地区之间的调水工程，可以采取行政的、经济的等各种手段来保护、管理水资源。国家可以通过行使使用收益权，通过建立水资源有偿使用机制，而将使用权转让给市场主体，并可以允许市场主体依法进行使用权的有偿流转。

（四）可交易水权理论

1960年科斯发表了《论社会成本》一文，其中关于市场效率的思想后来被概括成“科斯定理”，即如果交易成本为零，只要初始产权的界定是清楚的，即使这种界定在经济上是低效率的，通过市场的产权交易可以校正这种低效率并达到资源的有效配置。将“科斯定理”应用到水资源的管理中，就形成了可交易水权制度，即通过市场的水权交易提高水资源的利用效率和配置效率。

从世界范围来看，由于经济的发展、城市化的进程和人口的压力，水资源愈来愈成为一种稀缺的资源。为了促进水资源的高效利用，智利、澳大利亚、美国西部等国家和地区引入了可交易的水权制度。

三、我国初始水权配置

水权转换可以引导水资源向高效率和高效益方向流动，实现以节水、高效为目标的优化配置，为经济社会发展提供水保障。现阶段我国的水市场只是一种政府行政调控与市场调控相结合的“准市场”。在这种“准市场”的框架下，大致可分三步实现水权转换。首先，根据相关水法规的规定、流域规划和水中长期供求规划，以流域为单元制定水量分配方案；其次，通过发放取水许可证的形式进行初始水权的分配，即在区域内对水资源使用权进行进一步的排他性界定，其权利主体细化为企业法人、事业单位、自然人等；再次，对于竞争性经济用水，允许许可证持有人在不损害第三方合法权益和危害水环境状况的基础上，通过市场机制，进行水权转化，依法转让取水权。可见，取水许可制度既是我国进行初始水权分配的重要手段，也是开展水权交易的前提基础。

我国《水法》规定“水资源属于国家所有。水资源的所有权由国务院代表国家行使”。并规定“国家对水资源依法实行取水许可制度和有偿使用制度”。为加强水资源管理和保护，促进水资源的节约与合理开发利用，2006 年 1 月 24 日，国务院第 460 号令发布了《取水许可和水资源费征收管理条例》（以下简称《条例》），自 2006 年 4 月 15 日起施行。《条例》规定：凡利用取水工程或设施直接从江河、湖泊或者地下取用水资源的单位或者个人，除了《条例》规定的农村集体经济组织及其成员使用本集体经济组织的水塘、水库中的水，为家庭生活、圈养畜禽饮用等少量取水，为保障矿井等地下工程施工安全和生产安全必须临时应急取（排）水，为消除对公共安全或者公共利益的危害临时应急取水，为农业抗旱和维护生态与环境必须临时应急取水等情形之外，都应当申请取水许可证，并缴纳水资源费，取得用水权。

《条例》对取水的申请和受理、取水许可的审查和决定、水资源费的征收和使用管理、监督管理、法律责任等作了明确规定。为加强取水许可管理，规范取水的申请、审批和监督管理，根据《中华人民共和国水法》和《条例》，国务院水行政主管部门于 2008 年 4 月 9 日发布了《取水许可管理办法》（水利部第 34 号令），对《条例》中关于“取水许可管理”的条款作了更详细、更便于操作的规定，其内容包括：取水的申请和受理、取水许可的审查和决定、取水许可证的发放和公告、监督管理、罚则等。以下结合《条例》和《取水许可管理办法》介绍我国取水许可管理的主要内容。对单位和个人而言，申请取水许可并得到批准就意味着取得了水资源的使用权，只有在此基础上，才有可能进行水权转让。

（一）取水的申请和受理

1. 取水申请的受理机构

申请人应当向具有审批权限的审批机关提出申请。我国对取水许可审批权限的规定如下：长江、黄河、淮河、海河、滦河、珠江、松花江、辽河、金沙江、汉江的干流和太湖以及其他跨省（自治区、直辖市）河流、湖泊的指定河段限额以上的取水，国际跨界河流的指定河段和国际边界河流限额以上的取水，省际边界河流、湖泊限额以上的取水，跨省（自治区、直辖市）行政区域的取水，由国务院或者国务院投资主管部门审批、核准的大型建设项目的取水，流域管理机构直接管理的河道（河段）、湖泊内的取水，由流域管理机构审批；其他地表取水由县级以上地方人民政府水行政主管部门按照省（自治区、直辖市）人民政府规定的审批权限审批；取用地下水限制开采区地下水的，由取水口所在地的省（自治区、直辖市）人民政府水行政主管部门负责审批；由国务院或者国务院投资主管部门审批、核准的大型建设项目取用地下水限制开采区地下水的，由流域管理机构负责审批。

值得说明两点：①申请利用多种水源，且各种水源的取水许可审批机关不同的，应当向其中最高一级审批机关提出申请；②取水许可权限属于流域管理机构的，应当向取水口所在地的省（自治区、直辖市）人民政府水行政主管部门提出申请。由省（自治区、直辖市）人民政府水行政主管部门提出意见后，连同全部申请材料转报流域管理机构。

2. 取水申请的提交时间

实行政府审批制的建设项目，申请人应当在报送建设项目（预）可行性研究报告前，提出取水申请。纳入政府核准项目目录的建设项目，申请人应当在报送项目申请报告前，提出取水申请。纳入政府备案项目目录的建设项目以及其他不列入国家基本建设管理程序的建设项目，申请人应当在取水工程开工前，提出取水申请。

申请取水并需要设置入河排污口的，申请人在提出取水申请的同时，应当按照《入河排污口监督管理办法》的有关规定一并提出入河排污口设置申请。

3. 取水申请应提交的材料

需要申请取水的建设项目，申请人应当委托具备相应资质的单位编制建设项目水资源论证报告书。对于水利部规定的不需要编制建设项目水资源论证报告书的建设项目，申请人可只填写建设项目水资源论证表。县级以上人民政府水行政主管部门或者流域管理机构应当组织有关专家对建设项目水资源论证报告书进行审查，并提出书面审查意见，作为审批取水申请的技术依据。申请取水应当提交下列材料。

（1）申请书。

1）申请人的名称（姓名）、地址；

2）申请理由；

3）取水的起始时间及期限；

4）取水目的、取水量、年内各月的用水量；

5）水源及取水地点；

6）取水方式、计量方式和节水措施；

7）退水地点和退水中所含主要污染物以及污水处理措施。

（2）与第三者利害关系的相关说明。

（3）属于备案项目的，提供有关备案材料。

（4）国务院水行政主管部门规定的其他材料。

1）取水单位或者个人的法定身份证明文件；

2）有利害关系第三者的承诺书或者其他文件；

3）建设项目水资源论证报告书的审查意见；

4）不需要编制建设项目水资源论证报告书的，应当提交建设项目水资源论证表；

5）利用已批准的入河排污口退水的，应当出具具有管辖权的县级以上地方人民政府水行政主管部门或者流域管理机构的同意文件。

（二）取水许可的审查和决定

1. 取水许可的审查时限

对于审批权限在流域管理机构的申请，省（自治区、直辖市）人民政府水行政主管部门应当自收到申请之日起20个工作日内提出初审意见，并连同全部申请材料转报流域管理机构；流域管理机构收到后，应当自收到取水申请之日起5个工作日内对申请材料进行审查，并根据下列不同情形分别作出处理：①申请材料齐全、符合法定形式、属于本机关受理范围的，予以受理；②提交的材料不完备或者申请书内容填注不明的，通知申请人补正；③不属于本机关受理范围的，告知申请人向有受理权限的机关提出申请。

对于审批权限在流域管理机构的申请，县级以上地方人民政府水行政主管部门应当自收到取水申请之日起5个工作日内对申请材料进行审查，同样分前述3种情况作出处理决定。

2. 取水许可的审批原则

我国《水法》第四十七条规定“国家对用水实行总量控制和定额管理相结合的制度”。

各流域或行政区域的取水许可总量根据批准的水量分配方案或者签订的协议来确定。跨省（自治区、直辖市）的江河、湖泊，尚未制定水量分配方案或者尚未签订协议的，有关省（自治区、直辖市）的取水许可总量控制指标，由流域管理机构根据流域水资源条件，依据水资源综合规划、流域综合规划和水中长期供求规划，结合各省（自治区、直辖市）取水现状及供需情况，商有关省（自治区、直辖市）人民政府水行政主管部门后提出，报国务院水行政主管部门批准；设区的市、县（市）行政区域的取水许可总量控制指标，由省（自治区、直辖市）人民政府水行政主管部门依据本省（自治区、直辖市）取水许可总量控制指标，结合各地取水现状及供需情况制定，并报流域管理机构备案。

由于长期以来缺乏对行政区域用水总量的明晰和监控，导致一些行政区域之间对水资源进行竞争性开发利用，并由此造成了一些水事矛盾。为此，水利部制定了《水量分配暂行办法》，并于2008年2月1日起施行。水量分配方案确定后，要实现总量控制，只有在取水许可审批时加以约束。因此，取水许可审批机构在审批时必须坚持以下原则。

（1）取水审批机关审批的取水总量，不得超过本流域或者本行政区域的取水许可总量控制指标。在审批的取水总量已经达到取水许可总量控制指标的流域和行政区域，不得再审批新增取水。

（2）取水审批机关应当根据本流域或者本行政区域的取水许可总量控制指标，按照统筹协调、综合平衡、留有余地的原则核定申请人的取水量。所核定的取水量不得超过按照行业用水定额核定的取水量。省（自治区、直辖市）人民政府水行政主管部门和质量监督检验管理部门负责指导并组织实施本行政区域行业用水定额的制定。尚未制定本行政区域行业用水定额的，可以参照国务院有关行业主管部门制定的行业用水定额执行。可见，用水定额是取水许可审批的重要依据。

（3）有下列情形之一的，审批机关不予批准：①在地下水禁采区取用地下水的；②可能对水功能区水域使用功能造成重大损害的；③取水、退水布局不合理的；④城市公共供水管网能够满足用水需要时，建设项目自备取水设施取用地下水的；⑤可能对第三者或者社会公共利益产生重大损害的；⑥属于备案项目，未报送备案的。

（4）审批的取水量不得超过取水工程或者设施设计的取水量。

取水审批机关决定不批准取水申请的，应书面告知申请人不批准的理由和依据。

3. 取水申请批准文件

取水审批机关决定批准取水申请的，应当签发取水申请批准文件。取水申请批准文件应当包括下列内容。

（1）水源地水量水质状况，取水用途，取水量及其对应的保证率。

（2）退水地点、退水量和退水水质要求。

（3）用水定额及有关节水要求。

（4）计量设施的要求。

（5）特殊情况下的取水限制措施。

(6) 蓄水工程或者水力发电工程的水量调度和合理下泄流量的要求。

(7) 申请核发取水许可证的事项。

(8) 其他注意事项。

申请利用多种水源，且各种水源的取水审批机关为不同流域管理机构的，有关流域管理机构应当联合签发取水申请批准文件。

未取得取水许可申请批准文件的，申请人不得兴建取水工程或者设施；需由国家审批、核准的建设项目，项目主管部门不得审批、核准该建设项目。取水申请批准后3年内，取水工程或者设施未开工建设，或者需由国家审批、核准的建设项目未取得国家审批、核准的，取水申请批准文件自行失效。

(三) 取水许可的发放和公告

1. 取水许可证申请

取水工程或者设施建成并试运行满30日的，申请人应当向取水审批机关报送以下材料，申请核发取水许可证。

(1) 建设项目的批准或者核准文件。

(2) 取水申请批准文件。

(3) 取水工程或者设施的建设和试运行情况。

(4) 取水计量设施的计量认证情况。

(5) 节水设施的建设和试运行情况。

(6) 污水处理措施落实情况。

(7) 试运行期间的取水、退水监测结果。

拦河闸坝等蓄水工程，还应当提交经地方人民政府水行政主管部门或者流域管理机构批准的蓄水调度运行方案。地下水取水工程，还应当提交包括成井抽水试验综合成果图、水质分析报告等内容的施工报告。取水申请批准文件由不同流域管理机构联合签发的，申请人可以向其中任何一个流域管理机构报送材料。

2. 取水许可证核发

取水审批机关应当自收到取水许可证申请材料后20日内，对取水工程或者设施进行现场核验，出具验收意见；对验收合格的，应当核发取水许可证。

取水申请批准文件由不同流域管理机构联合签发的，有关流域管理机构应当联合核验取水工程或者设施；对验收合格的，应当联合核发取水许可证。同一申请人申请取用多种水源的，经统一审批后，取水审批机关应当区分不同的水源，分别核发取水许可证。

取水审批机关在核发取水许可证时，应当同时明确取水许可监督管理机关，并书面通知取水单位或者个人取水许可监督管理和水资源费征收管理的有关事项。

3. 取水许可证的内容

取水许可证应当包括下列内容：①取水单位或者个人的名称（姓名）；②取水期限；③取水量和取水用途（取水量是在江河、湖泊、地下水多年平均水量情况下允许的取水单位或者个人的最大取水量）；④水源类型；⑤取水、退水地点及退水方式、退水量。

4. 取水许可证的有效期限

取水许可证有效期限一般为5年，最长不超过10年。有效期届满，需要延续的，取水单位或者个人应当在有效期届满45日前向原审批机关提出申请，原审批机关应当在有效期届满前，作出是否延续的决定。

取水单位或者个人向原取水审批机关提出延续取水申请时应当提交：①延续取水申请书；②原取水申请批准文件和取水许可证。

取水审批机关应当对原批准的取水量、实际取水量、节水水平和退水水质状况以及取水单位或者个人所在行业的平均用水水平、当地水资源供需状况等进行全面评估，在取水许可证届满前决定是否批准延续。批准延续的，应当核发新的取水许可证；不批准延续的，应当书面说明理由。

连续停止取水满2年的，由原取水审批机关注销取水许可证。由于不可抗力或者进行重大技术改造等原因造成停止取水满2年且取水许可证有效期尚未届满的，经原取水审批机关同意，可以保留取水许可证。

5. 取水许可证的公告

取水审批机关应当于每年的1月31日前向社会公告其上一年度新发放取水许可证以及注销和吊销取水许可证的情况。

（四）监督管理

取水单位或者个人应当安装符合国家法律法规或者技术标准要求的计量设施，对取水量和退水量进行计量，并定期进行检定或者核准，保证计量设施正常使用和量值的准确、可靠。

利用闸坝等水工建筑物系数或者泵站开机时间、电表度数计算水量的，应当由具有相应资质的单位进行率定。

对于存在下列情况之一的用水单位或个人，可以按照取水设施日最大取水能力计算取（退）水量：①未安装取（退）水计量设施；②取（退）水计量设施不合格或者不能正常运行的；③取水单位或者个人拒不提供或者伪造取（退）水数据资料的。

取水许可监督管理机关应当按月或者按季抄录取水单位或者个人的实际取水量、退水量或者实际发电量，一式两份，双方签字认可，取水许可监督管理机关和取水单位或者个人各持一份。取水单位或者个人拒绝签字的，取水许可监督管理机关应当派两名以上工作人员到现场查验，记录存档，并当场留置一份给取水单位或者个人。

取水单位或者个人应当根据国家技术标准对用水情况进行水平衡测试，改进用水工艺或者方法，提高水的重复利用率和再生水利用率。

省（自治区、直辖市）人民政府水行政主管部门应当按照流域管理机构的要求，定期报送由其负责监督管理的取水单位或者个人的取用水情况；流域管理机构应当定期将由其所属管理机构负责监督管理的取水单位或者个人的取用水情况抄送省（自治区、直辖市）人民政府水行政主管部门。省（自治区、直辖市）人民政府水行政主管部门应当于每年的2月25日前向流域管理机构报送本行政区域相关水系上一年度保有的、新发放的和吊销的取水许可证数量以及审批的取水总量等取水审批的情况。

流域管理机构应当按流域水系分区建立取水许可登记簿，于每年的4月15日前向水利部报送本流域水系分区取水审批情况和取水许可证发放情况。

《取水许可和水资源费征收管理条例》、《取水许可管理办法》、《水量分配暂行办法》

等法规、规章的颁布实施，标志着我国初始水权分配制度已经基本建立。初始水权一旦明确，就为进一步研究不同地区之间的水资源使用权转让（即水权转让）奠定了基础。水权转换可以引导水资源向高效率、高效益方向流动，实现以节水、高效为目标的优化配置。

四、水权转让

我国1993年颁布的《取水许可制度实施办法》中明确规定："取水许可证不得转让。取水期满，取水许可证自行失效。""转让许可证的，由水行政主管部门或者授权发放取水许可证的部门吊销取水许可证、没收非法所得。"这就极大地限制了水市场的发育。2002年10月1日修订实施的《水法》较之原《水法》的水权规定有了很大的进步，最为突出的是随着水权转让的实践及水市场的发育成熟，允许水资源使用权依法有偿转让。2006年国务院发布的《取水许可和水资源费征收管理条例》规定："依法获得取水权的单位或者个人，通过调整产品和产业结构、改革工艺、节水等措施节约水资源的，在取水许可的有效期和取水限额内，经原审批机关批准，可以依法有偿转让其节约的水资源，并到原审批机关办理取水权变更手续。"水权转让主要有以下几种形式。

一是取水权转让。取水权转让是直接从地下、江河或者湖泊取水的取水权转让的形式。《水法》和《取水许可和水资源费征收管理条例》规定，国家对直接从江河、湖泊或者地下取水，实行取水许可制度，须申请取水许可证，并依照规定取水。依法拥有取水权者，可以依法有偿转让取水权的全部或部分。

二是开发利用权转让。开发利用权转让即水资源开发利用权转让。包括3个方面：首先是开发性水权转让，指已经取得直接从地下或江河、湖泊取水权，但是没有兴建水工程的，这时转让的取水权，或称为水资源使用权。这实际上是一种水资源开发利用权，主要指兴建水电站、供水等工程，这种水资源使用权的转让可以采取招标、拍卖、议价等形式。其次是工程性水权转让，包括已建水工程或正在建设的水工程的取水权的转让。再者是水商品使用权转让，可选择取用水工程控制水域内的水使用者作为转让对象。这种形式的转让，是指从水工程控制的水域取水的，将自己全部或部分的取用商品水的权利转让给另一方的行为，实质上是水商品的销售行为。

三是各行政区域的水量转让。水资源是一种动态的资源。要顺利实现水权转让，首先要调查评价各区域、流域的水资源量，然后由国家根据不同水平年的水资源量，对各省、自治区、直辖市进行水量分配，这是一种省际水权初始分配。在此基础上，再依次决定下一层次的水量分配，具有富余水资源的行政区域，可以将富余水权转让给其他行政区域。

第五节 水 价 管 理

水价在用水管理中的作用，就是应用市场经济的价格杠杆作用，通过价格手段调节水资源的供求关系，促使用户主动改变消费行为和用水方式，引导用户合理用水和节约用水。制度经济学认为，当价格反映资源的完全成本时，能够给人们提供正确的生产和消费信号，自动地调节供需平衡，可以实现社会福利最大化。价格过低，就会产生过量消费、浪费严重的现象；价格过高，又会产生消费过少和一部分人没有能力消费的情况。构建合理的水价体制是采用经济手段节约用水的核心。

一、水资源费

水资源本身具有价值的观点，已普遍被人们所接受，成为人类的共识。其基本理论依据来自以下三方面：首先，水资源作为一种自然资源，由于其有用性和稀缺性，与其他自然资源一样具有价值，其价格确定应符合资源定价的理论与方法。其次，自然资源变为人类可直接利用的资源，往往需要追加一定的社会劳动，从而形成各种费用，如水资源的勘探、开发、保护费用等。第三，为了保护水源地所在区域的生态环境，以保障水源地水资源的再生和使用价值，所在区域的社会生产模式将只能在一定的范围选择，从而限制了当地社会经济发展和居民生活水平的提高，其他地区水的使用者应给水源地所在区域以一定程度的补偿。

（一）水资源价值与价格

如何确定水资源价格，目前尚无成熟的方法，下面介绍一些计算自然资源价格的有一定代表性的方法。

1. 市场定价法

用自然资源产品的市场价格减去自然资源产品的单位成本，包括前期成本、生产经营管理成本、价格化的外部成本等。计算公式为

$$P_r = P - C \tag{6-1}$$

式中 P_r——资源的价格；

P——资源产品的市场价格；

C——自然资源产品的单位成本。

式（6-1）适用于资源产品完全市场化的条件。由于水是一种特殊商品，其价格并未完全进入市场，从而市场价格法很难使用。

2. 影子价格法

通过自然资源对生产带来收益的边际贡献率来确定自然资源的价格。公式为

$$P_r = \frac{\partial V}{\partial W} \tag{6-2}$$

式中 V——产出的收益；

W——自然资源供给量。

3. 替代价格法

当水资源供给不足，严重影响社会经济发展时，可采取诸如节水、污水处理回用、海水淡化等技术，减少原水利用量。这些措施的边际费用可作为水资源价格的间接估算值。

（二）水资源前期费

水资源前期费是水资源前期基础工作费用的简称，包括水资源的勘测、规划、评价，水量水质监测等费用。把为某区域水资源系统建设以前投入的基础工作费用统一计算到现状水平，则

$$C = \sum_{t=1}^{T_0} (1+i)^{T_0-t+1} C_t \tag{6-3}$$

式中 T_0——连续进行基础工作的累计年数；

C_t——第 t 年投入的前期基础工作费用；

i——社会折现率。

设水资源系统的投资回收年限为 T，多年平均可供水量为 W，则单位水资源量每年分摊的前期基础工作费用为

$$P_1 = \frac{i(i+1)^T}{(1+i)^T - 1}\frac{C}{W} \tag{6-4}$$

为了该系统的运行，设目前平均每年投入的前期基础工作费用为 C_T，则单位水资源量的费用为

$$P_2 = \frac{C_T}{W} \tag{6-5}$$

综合以上两个部分，单位水资源量需要分摊的前期基础工作费用为

$$P_q = P_1 + P_2 \tag{6-6}$$

（三）水资源补偿费

为保护供水工程的水源地，在水源地区域的建设发展过程中，其社会经济发展模式往往受到一定的限制，从而使当地居民失去了某些投资开发的机会。即水源地区域人民为了其他地区的用水是作出了牺牲的。所以供水受益区应对水源区给以适当的经济补偿。

补偿计算可选择“横向比较法”或“纵向比较法”。所谓“横向比较法”，是选取与水源地区域自然条件相近的地区为参照对象，分析计算两者之间的经济差异，近似地将其作为涵养和保护水源而限制水源地区域经济发展的经济补偿值。所谓“纵向比较法”，是分析计算水源地区域与供水受益区之间在历史上的经济差异，依此作为现在可能的差异，然后计算经济补偿值。

假设计算得出的水源地区域经济补偿值为 C_b，与此有关的工程供水量为 W，则供给用水户的单位水资源量的补偿值为

$$P_b = \frac{C_b}{W} \tag{6-7}$$

综上所述，水资源费体现了水资源国家所有的有偿使用原则，主要用于抵偿国家在水资源开发利用与管理中投入的附加费用，即水资源开发利用的前期费用补偿和用后费用补偿。

2006年国务院发布的《取水许可和水资源费征收管理条例》对水资源费征收管理作如下规定。

取水单位或者个人应当缴纳水资源费。取水单位或者个人应当按照经批准的年度取水计划取水。超计划或者超定额取水的，对超计划或者超定额部分累进收取水资源费。

水资源费征收标准由省（自治区、直辖市）人民政府价格主管部门会同同级财政部门、水行政主管部门制定，报本级人民政府批准，并报国务院价格主管部门、财政部门和水行政主管部门备案。其中，由流域管理机构审批取水的中央直属和跨省（自治区、直辖市）水利工程的水资源费征收标准，由国务院价格主管部门会同国务院财政部门、水行政主管部门制定。

征收的水资源费应当按照国务院财政部门的规定分别解缴中央和地方国库。因筹集水利工程基金，国务院对水资源费的提取、解缴另有规定的，从其规定。征收的水资源费应当全额纳入财政预算，由财政部门按照批准的部门财政预算统筹安排，主要用于水资源的

节约、保护和管理，也可以用于水资源的合理开发。任何单位和个人不得截留、侵占或者挪用水资源费。

二、水价

水价是指水利工程供水的价格，商品经济离不开市场，市场离不开价格。这是商品经济乃至市场经济社会的普遍特征。水价应体现价格的本质特征，它应当包括商品水的全部机会成本。从理论上讲，水价由3个部分组成：资源水价、工程水价和环境水价。

（一）资源水价

资源水价即水资源费。与绝大多数商品相比，商品水市场具有显著的垄断性。它不是由众多的水生产者参与市场竞争，并由此形成商品水的市场价格。因此，被广泛使用的资源价格计算方法——市场价格逆算法，很难用来进行水资源价格的核算。以下介绍的支付意愿法是计算资源价格的一种经验方法。供水工程供水给用户，其价格没有市场价格可循，但可以通过一定途径获取供水市场价格的近似估算值。如用消费者愿意支付的价格作为市场价格的一种近似估计，然后计算供水系统的边际费用，用两者的差值作为资源水价的估值。

根据国际经验，对工业用户，通常以边际销售收入，即单位供水量可增加的销售收入的2.5%～3.5%作为消费者支付意愿。对居民的生活用水，一般以家庭收入的1%～2%作为生活用水的支付意愿。

在此，供水系统的边际费用应包括水利供水工程系统、输水工程系统、城市自来水净配水系统和排水系统（不包括雨水排水部分）。设系统的总投资量为K，年运行费为U，年总供水量为W，社会折现率为i，供水系统的经济寿命为n，则边际费用可表示为

$$C=\left[K\frac{(1+i)^n i}{(1+i)^n-1}+U\right]/W \tag{6-8}$$

如果投资有一个过程，则K需考虑资金的时间价值而计算其终值。

有了消费者愿付价格和供水系统的边际费用C，则资源水价可由式（6-9）求出。

$$P_r=P_c-C \tag{6-9}$$

式中 P_c——消费者愿付价格。

P_r不仅包括水资源价格，而且包括水资源前期基础工作费用等。

（二）工程水价

所谓“工程水价”，是指在正常供水过程中发生的固定资产折旧、大修费、运行费以其他按规定应计入的费用。

1. 固定资产折旧

工程投资是指完成达到设计能力的固定资产的全部建设费用，包括扩建、续建、除险、加固等二次投资。具有多目标开发的综合利用水利工程，同时兼有防洪、灌溉、发电、城市供水、航运等多种效益。为了准确计算供水成本，必须将水利工程投资在各效益项之间进行合理分摊。如同时承担防洪与供水任务的水库建设投资，可采用库容比例法进行分配。

$$\alpha_f=\frac{V_f}{V} \tag{6-10}$$

$$\alpha_w = \frac{V_w}{V} \tag{6-11}$$

式中 V_f——防洪库容；

V_w——兴利库容；

V——总库容；

α_f——防洪服务分摊比例；

α_w——供水兴利服务分摊比例。

固定资产折旧，是将固定资产的取得成本（扣除净残值）如何合理地按受益项目和使用期限进行分配。通常，固定资产折旧的计算方法有直线折旧法和加速折旧法。直线折旧法假设固定资产的价值在使用年限中均匀地转移到产品中去，即固定资产账面价值随着时间直线下降。计算公式为

$$C_k = \frac{K - K_s}{n} \tag{6-12}$$

式中 C_k——固定资产折旧费；

K_s——固定资产残值；

n——使用年限。

2. 供水工程大修理费用

水利工程运行一段时间后，当损坏修理工程量较大，难以通过岁修解决时，应对建筑物或设备进行大修理，以恢复其生产功能。大修所需的费用称为大修理费，是为保证固定资产在使用年限中正常运行的补偿费用，是产品成本的组成部分。水利工程固定资产的大修理每隔若干年进行一次，整个使用年限中一般只进行几次。通常情况下，大修理费和折旧费一样，逐年从产品销售中提取，建立大修费用专用基金，以便在固定资产大修时使用。每年提取的大修理费，按照固定资产原值的一定比例提取，计算公式为

$$C_r = K\delta \tag{6-13}$$

式中 C_r——年大修理费；

δ——大修理费率；

K——固定资产值。

3. 供水工程年运行费

供水工程年运行费包括供水生产过程、经营过程及管理过程发生的工资及工资附加费，燃料、动力费，观测、试验费，维修养护费，职工福利费和各种管理费，如办公费、差旅费、水电费、修缮费、劳保费、工会经费以及无形资产摊销等。

4. 供水的利润与税金

供水的利润是指供水单位从事正常供水生产经营获得的合法收益，按净资产利润率核定。根据《水利工程供水价格管理办法》，供水价格的净资产利润率按国内商业银行长期贷款利率增加2～3个百分点。根据不同供水对象用水性质的利润率分类取值。其中，粮食作物用水价格按补偿供水成本的原则核定，不计利润和税金；经济作物及水产养殖用户价格的净资产利润率为8%～12%；工业消耗水资金利润率为10%～12%；水力发电不结合其他用水的资金利润率为8%～12%；向居民生活供水的资金利润率取9%～11%；向

自来水厂供水的资金利润率为8%～10%。供水的税金是指供水单位按国家税法规定应该缴纳的税金。

（三）环境水价

水资源既是生产资料和生活必需品，又是一种重要的环境要素，水资源开发利用活动往往会给生态环境造成影响，进而影响人类自身。如人类过量取用河水引起河道水量锐减、河道功能退化、甚至造成河道断流和湖泊干涸；过量开采地下水造成地下水位下降、地面沉降；污水排放造成水体水质恶化等。

水资源开发往往会影响当地天然的生态系统，造成局地水文、小气候、生物多样性等状况发生变化。这种影响是长期性的。目前，人类对这一类影响的机制还不十分清楚，但潜在的危险确实存在。另外，在用水过程中，由于废污水的排放，造成河流、湖泊和水库受到不同程度的污染，不仅影响了水资源的质量，而且影响了当地发展的环境。这些影响，通常称为水资源开发利用的外部性影响。这种外部性因为是一种损失，所以也称为外部成本。如何考虑这种外部性，是保护生态环境、实施可持续发展的关键。某种程度上讲，这些损失应由造成这一损失的用水户给予补偿。

1. 水资源开发的外部成本

水资源开发利用造成的外部损失，有直接估算法和间接估算法两种。直接估算法是对开发利用后产生的不利后果从价值上进行的量化。但水资源开发造成的损失，如地下水超采、河道断流或湖泊干涸所造成的危害或损失，往往难以直接估算。因此，不得不采用间接法。例如对地下水超采所造成的经济损失，可以回灌同量地下水的投资费用作为其间接估算值；或者采用替代措施法，如以边际节水费用、边际调水费用等为依据进行间接估算，其出发点是如每节约1m^{3}水或增加1m^{3}供水，从水资源供需平衡来看，就可相应地减少本地区已超采的地下水的开采量。

举例来说，若某地区供水水源地基本是地下水，合理的年开采量为W_0，平均年超采量为ΔW，则实际年平均开采量为$W_0+\Delta W$。该地区与回灌量相应的边际节水费用为C_w，则此时单位水资源用后补偿费用的间接估算值C为

$$C=\frac{C_w\Delta W}{W_0+\Delta W} \tag{6-14}$$

式中，$C_w\Delta W$可视为年超采回灌费用的间接估算值，这些费用由使用了$W_0+\Delta W$水量的用水户给以补偿。

2. 污水排放的外部成本

供水工程的环境成本是一种典型的外部成本。例如，某企业排放的污染物进入河流，对河水造成污染，但企业却没有承担，因此是外部成本。所谓外部成本内部，就是使外部费用也由使用者承担。

在生产领域，由于企业的排污行为具有量大、集中、浓度高、危害大、易于监测的特点，政府往往通过排污收费、总量控制、环境税收等办法来实现外部成本的内部化。居民生活消费过程中的排污行为却不同，与工厂排污相比，其排污者较分散，污水量较少。尽管一个人或一个家庭用水对环境造成的影响微不足道，但汇集起来却可能造成巨大的损害，这种由公众行为造成的外部性称为公共外部性。由于居民人数众多，难以采用对待工

业企业一样的办法，通常采用在水价中附加排污费的办法。

污水排放的外部成本可用市场价值法进行估算。首先测算出环境影响导致的产出水平的变化，然后用产出水平的变化量乘以市场价格，作为污水排放活动的外部成本。如水体污染导致作物减产，就可以用减少的作物产量乘以该作物产品的价格来作为水体污染的外部成本。

3. 净水工程成本

水利工程供水的对象，对水质一般都有相应的要求。但由于某些水利工程取水的水质或在输配水工程中受到污染使供水水质达不到要求，则需要建立相应的水质达标处理工程。这些污水治理工程的生产成本应纳入环境水价。

水利工程供水的环境成本对于不同的供水工程所包含的内容会有较大差别，这就需要针对具体的供水工程进行具体分析，找出主要影响因素并分析计算这些主要影响因素的内部或外部成本，最后再综合分析计算出该供水工程的环境成本。

（四）市场条件下水价与水资源供求关系

1. 产品供求对产品价格的影响

在市场上，产品的实际供给量和需求量，都会直接影响产品的价格。在产品需求量不变的情况下，产品的实际供给量越多，产品价格就可能越低；产品的实际供给量越少，产品的价格就可能越高。在产品供给量一定的情况下，对产品的实际需求量越大，产品的价格就可能越高；对产品的实际需求量越小，产品的价格就可能越低。

2. 产品价格对产品供求的影响

不仅产品的供给量和需求量会直接影响产品的价格，产品的价格也会直接影响产品的供给量和需求量。

一般而言，在生产成本不变的条件下，当产品的价格定得较高时，产品供给者可以获得较多的利润。其结果不仅会刺激原有产品生产者扩大生产量，企图用增加供给量来取得更多的利润；同时也会吸引更多的产品生产者参与产品生产。相反，当产品价格定的较低时，产品供给者的利润收入就会减少、甚至亏本，因此他们就会缩小生产规模和供给量，甚至停产、转产。产品价格与产品供给之间的这种关系可用价格—供给曲线表示，如图6-1所示。

然而，产品价格对产品需求却起着相反的作用。当产品价格定得较高时，使用者就会尽量压缩对该项产品的需求量，或者寻找替代品，以便尽量压低成本。因此，对该产品的总需求将减少。相反，当产品价格定得较低时，不仅会刺激原有使用者增加需求量，而且会刺激新的需求者加入购买行列，增加对产品的需求量。产品价格与产品需求量之间的这种关系，可用其价格—供求曲线来表示，如图6-1所示。

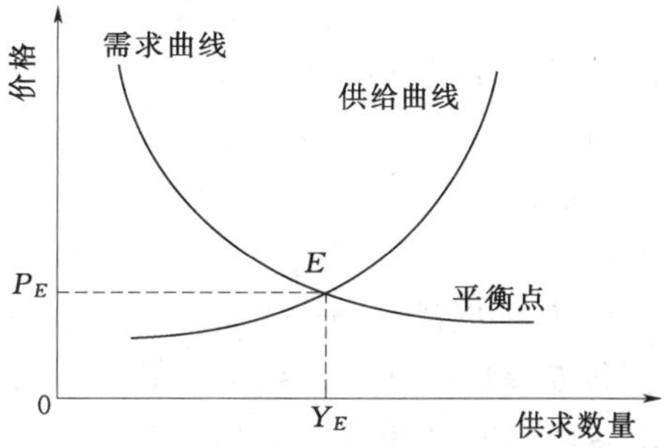

图6-1 价格—供求曲线图

由于价格对供与求的影响具有反向趋势，故供给曲线和需求曲线必然是交叉的，如图6-1所示。图6-1中两曲线的交叉点E为供求平衡点，表示在P_E价格下，供求平衡，买卖可以达成。但在现实生活中，不平衡是常见的和绝对的，买卖双方总要经过几番讨价还价。如果卖方要价过高，或买方还价过低，买卖就作不成。只有当供给者的卖出价格逐步下降，需求者的买价逐步提高，最后使价格一致买卖才能做成。

3. 水价与用水量关系

水作为一种特殊的产品有其特殊的一面，但在市场经济条件下，从总体上也服从市场经济规律。水价与用水量关系可用价格需求弹性系数表示，计算公式为

$$E=-\frac{\frac{\Delta W}{W}}{\frac{\Delta P}{P}}=-\frac{\Delta W}{W}\frac{P}{\Delta P} \tag{6-15}$$

式中 E——需求弹性系数；
ΔW——需求的变动量；
W——原来的需求量；
ΔP——价格的变动量；
P——原来的价格。

价格需求弹性系数反映的是需求量对价格变化的灵敏程度。代表价格提升 1 个百分点，用水量会减少的百分点。

根据商品经济的价格规律，供水水价与用水水量在一定范围内成反比关系，即水价调整后，用水量与原用水量的比值等于原水价与新水价比值的 E 次方。

$$\frac{W}{W_0}=\left(\frac{P_0}{P}\right)^E \tag{6-16}$$

式中 W、W_0——新用水量、原用水量；
P、P_0——新水价、原水价；
E——价格弹性系数。

三、我国水价制度的发展历程及今后的方向

（一）我国水价制度的发展历程

1949 年新中国成立以来，在各级政府和有关部门的大力支持下，水利部门在水价制度的建立、健全和改革方面取得了明显成效，先后经历了从公益性无偿供水到政策性低价供水，从低价供水到按供水成本核算计收水费，从按成本收取水费到明确可以有合理利润等重要阶段。

建国初期，以公益性供水为主，基本不收取水费，无水价可言。1964 年，原水利电力部提出《水费征收和管理的试行办法》，开始改变无偿供水的状况。1965 年 10 月 13 日，国务院以（65）国水电字 350 号文批转水利电力部制订的《水利工程水费征收使用和管理办法》，这是我国第一个有关水价制度的重要文件，它确立了按成本核定水费的基本模式。

1966 年以后，由于受到“文化大革命”的影响，社会经济发展进入动荡时期，大多数水利工程均不计收水费，水费征收没能步入正轨。直到党的十一届三中全会以后，社会经济发展进入了改革开放的历程，水利的改革与发展也随之发生了深刻的变化。

1980 年，我国财政体制改革，国务院提出“所有水利工程的管理单位，凡有条件的

要逐步实行企业管理，按制度收取水费，做到独立核算，自负盈亏”。各省对水利工程管理单位开始实行“自收自支，自负盈亏”的管理方式，水价制度改革工作开始起步。当年，水利部组织了大型水利工程供水成本调查，在调查研究中首次提出了“水的商品属性”概念，为有偿供水奠定了理论基础。

1985年，国务院颁布《水利工程水费核定、计收和管理办法》（以下简称《水费办法》），规定“水费标准应从核算供水成本的基础上，根据国家经济政策和当地水资源状况，对各类用水分别核定”。应该说，《水费办法》的颁布和实施是我国水价制度改革进程中一个重要的里程碑，它进一步从理论上确定了水利工程供水属于商品的概念，供水作为一种有偿服务行为，水费定位为行政事业性收费，成为中央和地方各级有关政府部门规范管理水利工程有偿供水行为的主要法规依据。

1988年颁布的《中华人民共和国水法》规定：“使用供水工程供应的水，应当按照规定向供水单位缴纳水费。”这是我国最高立法机关对水利工程供水实行有偿收费的重要法律规定，是依法制定水利工程供水水价制度的法律基础。

1997年，国务院发布了《水利产业政策》，其中规定：“新建水利工程的供水价格，按照满足运行成本和费用，缴纳税金、归还货款和获得合理利润的原则制定。原有工程的供水价格，要根据国家的水价政策和成本补偿、合理收益的原则，区别不同用途，在三年内逐步调整到位，以后再根据供水成本变化情况适时调整。”以及“根据工程管理的权限，由县级以上人民政府物价主管部门会同水行政主管部门制定和调整水价”。至此，实行有偿供水已被社会普遍接受，其商品属性得到各方面的认可，水价水平得到不同程度的提高，水费收取办法也逐步完善，我国的水价制度改革步入了快速发展的新时期。

2002年10月，新颁布的《中华人民共和国水法》规定：“使用水工程供应的水，应当按照国家规定向供水单位缴纳水费。供水价格应当按照补偿成本、合理收益、优质优价、公平负担的原则确定。”

2004年1月，根据《中华人民共和国价格法》和《水法》，国家发改委与水利部联合发布了《水利工程供水价格管理办法》，其中规定：“水利工程供水价格，是指供水经营者通过拦、蓄、引、提等水利工程设施销售给用户的天然水价格。水利工程供水价格由供水生产成本、费用、利润和税金构成。供水生产成本是指正常供水生产过程中发生的直接工资、直接材料费、其他直接支出以及固定资产折旧费、修理费、水资源费等制造费用。供水生产费用是指为组织和管理供水生产经营而发生的合理销售费用、管理费用和财务费用。利润是指供水经营者从事正常供水生产经营获得的合理收益，按净资产利润率核定。税金是指供水经营者按国家税法规定应该缴纳，并可计入水价的税金。”这标志着我国水价征收上了一个崭新的台阶，成本回收并加收合理利润的定价模式已成为我国水价征收的主流方向。

中央直属和跨省（自治区、直辖市）水利工程的供水价格，由国务院价格主管部门商水行政主管部门审批。地方水利工程供水价格的管理权限和申报审批程序，由各省（自治区、直辖市）人民政府价格主管部门商水行政主管部门规定。

（二）我国水价制度的发展方向

我国的水价经历了从计划经济到市场经济，从无偿使用到逐步条理规范收费的变迁过程。经过多年的努力，水价改革已经取得可喜的成绩，但是水价问题仍然存在，需进一步深化改革。第一，价格形成机制的改革成效有待提高，目前还存在重调（价）轻改（革）甚至以调代改的现象。具体表现为水资源费征收不到位，供水成本不合理的问题仍未解决。第二，水价总体上仍然偏低，工程供水价格低于供水成本。第三，水价体系不合理。一方面，原水与成品水差价不合理；另一方面，季节差价不明显。第四，计量收费方式没有得到普及。截止到2004年6月，全国只有14个省（自治区、直辖市）的50多个城市对居民用水实施了阶梯式水价，两部制水价只在极少数灌区农业供水中试行。加快水价改革，构建多类型水价体系，促进节约用水和水资源可持续利用已经成为一项紧迫任务。

1. 实行高峰负荷定价

由于用水需求存在季节性波动，为了保证高峰用水，所有供水企业都要在日均供水量的基础上再加上一定的备用能力，而备用设备在非高峰时间是基本闲置的。所以，高峰季节供水的边际成本较高，因为所有的设备都投入紧张的运行；而非高峰季节的边际成本较低，因为只有最高效的设备在运转。负荷高峰的额外供水费用（主要是折旧等固定成本）应集中在高峰用水期的三四个月内，这样就形成了季节差价。季节性水价的使用使水资源的价格和水商品的价值更加接近。在高峰时段提高水价，而在低谷时段降低水价，通过价格杠杆引导用户转移需求，使需求曲线平稳。

2. 论质水价

不同质量的商品有不同的价格，对一般商品而言，这是人人皆知的规律。水作为一种商品，应按质论价，实行优质优价、劣质低价。在现实生活中，各类用水需求对水质的要求不同，农业灌溉用水、工业用水和居民生活用水对水质的要求依次变高，而现实存在着原水、上水（即自来水）、中水（经处理过的废水）和下水（即污水），它们各有用途，并存在一定的替代性。上水、中水、下水三者的用途依次变少，三者的价格弹性也依次变小，如果不同水质的水价构成合理，拉开档次，市场条件成熟，目前以用上水为主的情况必然会有所改变，水资源供求矛盾也会缓解。

3. 阶梯式计量水价

阶梯式计量水价是根据某一标准，如在城镇按家庭人口，在农村按耕地面积，在工业企业按万元产值等核定基本用水量，在基本用量内实行基本水价，以保证用户最起码的生存和基本发展用水的需要，又不使其负担过重。当实际用水超过定额后，对超过定额用水部分加价，并使水价随着用水量的变化而分级加价。

在阶梯式水价下，如果用户消耗水量超过一定的数量，就必须支付高额的边际成本，这属于意愿支付的范围，是消费者选择的结果。如果用户不愿意支付高价，就必将节约用水，杜绝浪费。采用这种分段定价结构，将在一定程度上遏制水资源浪费及水资源低效利用现象，有利于水资源的充分利用和保护，同时还可促进节水技术的开发和应用，从而实现高效用水的目标。

4. 两部制水价

两部制水价，即把水价分为容量水价和计量水价两部分。其中，容量水价是指用水户无论用水与否都要交纳的水费，以保障供水工程所需人工费用和维修养护费用，实现供水生产的连续性。计量水价是指按实际用水水量计算的收费，以促进用水户节约用水。

第六节　节水项目经济评价

一、概述

（一）经济评价的概念

经济评价是节水项目可行性研究的重要内容，是在项目决策之前的可行性研究过程中，运用定量分析与定性分析相结合、动态分析与静态分析相结合、宏观效益分析与微观效益分析相结合的方法，对拟建项目计算期（包括建设期和生产期）内投入产出的各种经济因素进行调查、预测、研究、计算和论证，比选推荐最佳方案，为项目的科学决策提供依据。

在项目建议书阶段，重点是围绕立项建设的必要性和可能性，分析论证项目的经济条件和经济状况，采用的评价指标和经济参数可适当简化。在可行性研究报告阶段，必须按照《建设项目经济评价方法和参数》的要求，对项目建设的可能性和必要性做出全面、详细和完整的经济评价。

（二）经济评价的层次

经济评价分为财务评价和国民经济评价两个层次。

1. 财务评价

财务评价是根据现行的财税制度，从财务角度来分析计算项目的费用、效益、盈利状况及借款偿还能力。财务评价只计算项目本身的直接费用和直接效益，即项目的内部效果，以考察项目本身的财务可行性。

2. 国民经济评价

国民经济评价是从国民经济整体的角度来分析计算项目需要国家付出的代价及对国家的贡献。国民经济评价除了计算项目本身的直接费用和直接效益外，还应计算其间接费用和间接效益，即项目的全部效果，以考察投资行为的经济合理性。

节水项目经济评价应以国民经济评价为主。当财务评价与国民经济评价的结论相矛盾时，项目方案的取舍一般应取决于国民经济评价的结果。当国民经济评价认为可行而财务评价认为不可行时，也可向国家主管部门提出采取相应的经济优惠措施的建议，使项目具有财务上的生存能力。

（三）经济评价的方法

按是否考虑资金的时间价值，经济评价方法可分为静态评价方法和动态评价方法。

1. 静态评价方法

静态评价方法主要是在不考虑资金时间价值的前提下，对项目方案进行评价。静态评价方法比较简单，易于计算，但它没有考虑资金时间价值，不能全面反映项目方案在其有效期内的经济效果。因此，其应用具有很大的局限性，主要用于技术经济数据不完备和不精确的项目初选阶段。

2. 动态评价方法

动态评价方法则与静态评价方法相反，是在考虑资金时间价值的基础上，对方案在计算期内的收支情况进行分析、计算和评价的方法。动态评价方法将计算期内不同时间的现金流量换算成同一时点的价值进行分析比较，而且考察了项目在整个计算期内收入和支出的全部经济数据，比静态评价方法更全面、更科学，多用于项目最后决策前的可行性研究阶段。

二、资金的时间价值

（一）资金时间价值的概念

任何工程项目的建设与运行，任何技术方案的实施，都有一个时间上的延续过程。换言之，资金的投入与收益的获取往往构成一个时间上有先有后的现金流量序列。例如，今天用来投资的一笔资金，比将来可获得的同样数额资金更有价值。因为当前可用的资金能够立即用来投资并带来收益，而将来才取得的资金则无法用作当前的投资，也无法获取相应的收益。所以，要客观地评价项目或技术方案的经济效果，不仅要考虑资金流出与流入的数额，还必须考虑这笔资金发生的时间。通常把不同时间发生的等额资金在价值上的差别称为资金的时间价值。

（二）资金等值的概念

在资金时间价值计算中，资金等值是一个十分重要的概念，它是由于存在利息而产生的。其含意为：不同时间的不同资金在一定利率条件下可以具有相等的价值。例如现在的1000元与一年后的1100元，数量上并不相等，但在年利率为10%的条件下，两者是等值的。同样，两年后的1210元，在年利率10%的条件下，等值于一年后的1100元，也等值于现在的1000元。

资金额大小、资金发生的时间、利率构成资金等值必不可缺少的三要素。换言之，任何一个要素的欠缺，都无法构成等值过程。

（三）计算资金时间价值的尺度

考虑资金的时间价值时，资金在不同时点上具有不同的价值。计算资金时间价值的尺度，就是指不同时间资金价值的换算率。在项目的经济评价中，一般是将未来的资金价值，通过换算率——折现率，折算到现在或某一特定时点上。

折现率的取值是一个非常重要的问题。因为折现率的高低直接影响到项目成本和效益的现值，从而影响到经济评价的结论。按我国现行规定，建设项目的国民经济评价以国家统一制定的社会折现率 i_s（10%）为评价依据；财务评价则以各部门或行业制定的基准收益率 i_c 为评价依据，当未制定部门或行业的基准收益率时，也可按设定的折现率计算。

（四）计算资金时间价值的基本参数

1. 利率（i）

利率是指在一个计息周期（计算利息的周期）内所获得的利息额与借贷出的资金额（本金）之比。换言之，利率是单位本金经过一个计息周期后的增值额，一般以百分比表示。在我国，利率是在某一时期由银行规定的一个定值。按照计息周期的长短划分，利率可分为年利率、季利率、月利率、周利率和日利率。在不加特别说明的情况下，一般是指年利率。

2. 期数（n）

期数是指在某一时期内计算利息的次数，一般指年数。当 n 为某值时，可泛指时间的某一时段，如经济寿命期、服务年限等。

3. 现值（P）

现值是指未来某一特定金额的现在价值。所谓“现在”是相对未来而言的，因此有时现值也可以是相对于未来某一时点之前某时刻的价值，并不一定是真正意义上的现在价值。

4. 终值（F）

终值是指在一定的利率条件下，经过几次计息以后，现值所产生的新的货币价值。终值还常称为未来值、到期值或本利和（即本金加上利息之和）。

5. 年值（A）

年值是指在一定的利率条件下，逐年等额收入或支出的货币额。

（五）现金流量与现金流量图

1. 现金流量

现金流量是一定时期内建设项目（或投资活动）实际发生的现金流出与流入所构成的资金运动。现金流出是指所有的资金支出，包括项目投资、运行管理费；现金流入是指所有的资金收入，包括净利润、利息和折旧费等，即总产值减去运行管理费用和税金。现金流入与现金流出之差即为净现金流量。

2. 现金流量图

用图示的方法表明一个投资项目或方案在各期所发生的现金流入和流出情况，即称为现金流量图（图 6-2）。

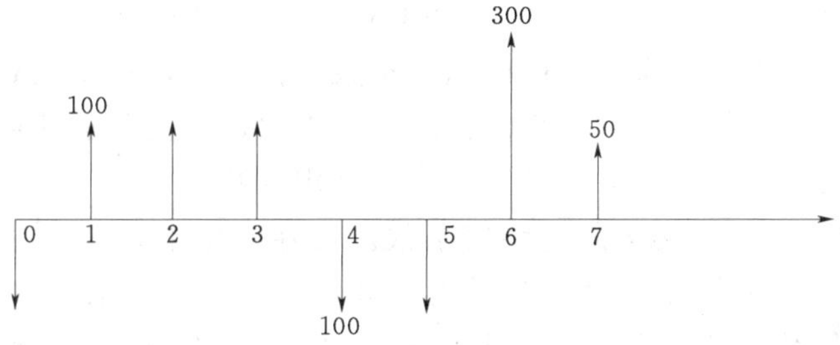

图 6-2 现金流量示意图

（1）在现金流量图上，横坐标轴表示时间轴，单位通常是年。现金流量是个矢量，具有方向性，通常用与横坐标轴垂直的箭头表示，箭头向上表示正现金流量（现金流入），向下表示负现金流量（现金流出）。现金流量大小有两种表示方法：一种是用箭头线的长短表示其相对大小；另一种是用具体数字表示，而与箭头线的长度无关。

（2）在现金流量图上，时间轴被分成若干相等的时间间隔，从左向右推移。“时间 0”代表项目方案开始的时间，即表示计息期开始。计息期数的标记，一般可标记在时间间隔分界点上，除两个端点以外，每一期的终点和下一期的起点相重合，如第 1 年末就是第 2 年初。

（3）在现金流量图上，在各期分界点上发生的现金流入或流出，都应当看做是每个时期的累计值，而不一定是刚好在这个时点上所发生的现金数额。

（六）资金时间价值的计算方法

资金时间价值的计算方法有单利法和复利法两种。

1. 单利法

单利法只计算本金应得的利息，而不计算利息积累下来应得的利息。如以 P 表示本金，i 表示年利率，n 表示计息期数，则终值（或本利和）F 的计算公式为

$$F = P + Pin = P(1 + in) \tag{6-17}$$

若 n 年后的终值为 F，年利率为 i，则折算成现值 P 的计算公式为

$$P = F/(1 + in) \tag{6-18}$$

从式（6－18）可以看出，单利计息贷款与资金占用的时间为线性变化关系，利息额与时间按等差级数增值。

2. 复利法

复利法是指不仅本金要计算利息，前期的利息到期不付也要付息，即俗称的“利滚利”。根据支付方式不同，按复利法计算资金时间价值的基本公式又可分为一次支付和多次支付两大类。

（1）一次支付类型。

一次支付是指所分析系统的现金流量无论流入还是流出，均在一个时点上发生。

在一次支付的情况下，i、n、P 及 F 四个参数中，i 和 n 一般为已知，P 与 F 中有一个已知，另一个未知，可以已知 P 求 F，也可以已知 F 求 P。

1）复利终值公式。

已知：现值 P、利率 i、计息期数 n，求终值（或称本利和）F。其计算公式为

$$F = P(1 + i)^n \tag{6-19}$$

可见，复利计息贷款与资金占用的时间为指数变化关系，利息额对时间按等比级数增值。利率越高，计息周期越长，利息额增值越大。因此，以复利法计算资金的时间价值更具有经济意义和动态性。经济效果的动态分析，常用复利法。

式（6－19）中 $(1+i)^n$ 称为复利终值系数。实际应用中，常用一种规格化代号来代表各种复利计算系数，这种代号的一般形式为（x/y，i，n）。括号中第一项的第一个字母 x 代表所求之未知数，第二个字母 y 代表已知数；i 为年利率；n 为计息期数。故复利终值系数 $(1+i)^n$ 的代号为（P/F，i，n）。因此，式（6－19）可改写为如下形式

$$F = P(F/P, i, n) \tag{6-20}$$

2）复利现值公式。

已知：终值 F、利率 i、计息期数 n，求现值 P。其计算公式为

$$P = F/(1 + i)^n = F(1 + i)^{-n} \tag{6-21}$$

式（6－21）中 $(1+i)^{-n}$称为复利现值系数，也称为折现系数（在该式中 i 称为折现率）。复利现值系数的代号为（F/P，i，n）。因此，式（6－21）可改写为如下形式

$$P = F(P/F, i, n) \tag{6-22}$$

（2）多次支付类型。

多次支付是指现金流入和流出在多个时点上发生，而非集中到某个时点上。

在多次支付的情况下，公式中除 i、n、P 或 F 三个参数外，还包含年值 A。若是等额年值，又称等额多次支付公式。

1）年金终值公式。

已知：年值 A，利率 i，计息期数 n，求终值 F。其计算公式为

$$F = A\left[\frac{(1 + i)^n - 1}{i}\right] \Rightarrow F = A(F/A, i, n) \tag{6-23}$$

式（6-23）中（F/A，i，n）称为年金终值系数。"年金终值"可以理解为：逐年年末投资一个等量的货币额 A，年利率为 i，求 n 年后累计一次所得的本利和 F。

2）偿还（或累积）基金公式。

已知：终值 F，利率 i，计息期数 n，求等额年值 A。其计算公式为

$$A = F\left[\frac{i}{(1+i)^n - 1}\right] \Rightarrow A = F(A/F, i, n) \tag{6-24}$$

式（6-24）中（A/F，i，n）称为偿还（或累积）基金系数。"偿还基金"可以理解为：为了支付 n 年后到期的一笔债务 F，在年利率 i 的条件下，每年末应存入的金额。也可以理解为：欲在 n 年后累积起一定的资金 F，利率为 i，每年末应存入的年金。

3）资金回收公式。

已知：现值 P，利率 i，计息期数 n，求等额年值 A。其计算公式为

$$A = P\left[\frac{i(1+i)^n}{(1+i)^n - 1}\right] \Rightarrow A = P(A/P, i, n) \tag{6-25}$$

式（6-25）中（A/P，i，n）称为资金回收系数。"资金回收"可以理解为：按预期的投资收益率 i，在获得收益的计息期数 n 内，依等值原则计算出每期末至少应回收的金额。如果每期末实际回收额小于这个值，则投资就不能在计息期数内全部收回。

4）年金现值公式。

已知：等额年值 A，利率 i，计息期 n，求现值 P。其计算公式为

$$P = A\left[\frac{(1+i)^n - 1}{i(1+i)^n}\right] \Rightarrow P = A(P/A, i, n) \tag{6-26}$$

式（6-26）中（P/A，i，n）称为年金现值系数。"年金现值"可以理解为：在 n 年内每年末收入（或支付）相等的金额 A，当年利率为 i 时，折算为现值的收入（或支付的金额）。

上述6个基本公式中各复利系数间的关系归纳见表6-1。

表6-1　常用的资金换算式

类别		已知	求解	计算式	系数名称及符号
一次支付	复利终值公式	现值 P	终值 F	$F=P(1+i)^n$	一次支付终值系数（F/P，i，n）
	复利现值公式	终值 F	现值 P	$P=F/(1+i)^n$	一次支付现值系数（P/F，i，n）
等额分次支付	年金终值公式	年金 A	终值 F	$F=A\left[\frac{(1+i)^n-1}{i}\right]$	等额分付终值系数（F/A，i，n）
	偿还基金公式	终值 F	年金 A	$A=F\left[\frac{i}{(1+i)^n-1}\right]$	等额分付偿债基金系数（A/F，i，n）
	年金现值公式	年金 A	现值 P	$A=P\left[\frac{i(1+i)^n}{(1+i)^n-1}\right]$	等额分付现值系数（P/A，i，n）
	资金回收公式	现值 P	年金 A	$P=A\left[\frac{(1+i)^n-1}{i(1+i)^n}\right]$	等额分付资金回收系数（A/P，i，n）

三、节水项目财务评价

（一）财务评价的意义

1. 财务评价的概念

财务评价有时又称企业经济评价，是根据国家现行财税制度和价格体系，分析、计算项目直接发生的财务费用和效益，编制各种财务报表，计算评价指标，考察项目的盈利能力、清偿能力和外汇平衡等财务状况，据此判断项目的财务可行性。

财务评价是节水项目经济评价的第一层次评价，它是从企业角度出发，研究水资源利用的局部优化问题，考察节水项目本身的净财务效果。节水项目财务评价是国民经济评价的前提和基础。同时也是判断该项目是否值得投资的重要依据。一般来说，节水项目应首先进行财务评价。在此基础上如果需要，再对项目的费用、效益、价格以及其他经济参数进行调整之后，进行国民经济评价。

2. 财务评价的作用

（1）可以使投资主体了解在现行财税制度和价格体系下，项目能给其带来的微观效益大小。节水项目投资目的一方面是为了满足社会经济可持续发展的需求，另一方面也是为了获得较高的利润，只有当节水的财务收益对投资主体有足够的吸引力时，投资主体才会有投资的积极性。

（2）可以使投资主体了解节水项目在整个寿命周期内现金的流动情况，从而有利于企业的资金规划，即资金筹措、资金运用和还款计划的制定、合理的投资规模以及投资时限的选择。

（3）可以成为主管部门制定水资源价格和排污收费标准、税收和利率等经济政策的重要参考。国家可以从大局出发，对于那些财务评价结果表明其财务生存能力不强，但国民经济评价认为宏观效益很好的节水项目提供优惠政策，运用价格、税收和利率等经济杠杆作用，改善该项目的财务生存能力。

（4）可以预测、论证项目对贷款的偿还能力，从而成为金融机构和投资主体上级主管部门进行科学决策的重要依据。

（二）财务评价的费用与效益

节水项目进行财务评价，主要是通过各种财务报表计算各项财务评价指标，进行各项财务分析和评价。而要编制财务报表，首先应对项目的费用和效益进行正确的划分。

财务评价中费用和效益的识别与划分是以项目的实际收支状况为标准进行的。不考虑项目的外部效益。对于那些虽由项目实施而引起的但不为企业所支付或获取的费用和效益，不算在内。

1. 财务评价的费用

凡是由于项目的实施使投资者（企业）财务发生的实际支出，均视为节水项目的费用。项目费用主要由节水项目的总投资和经营成本组成。

（1）总投资。

项目总投资是为获取预期收益而预先垫付资金的经济活动，其组成如图 6－3 所示。

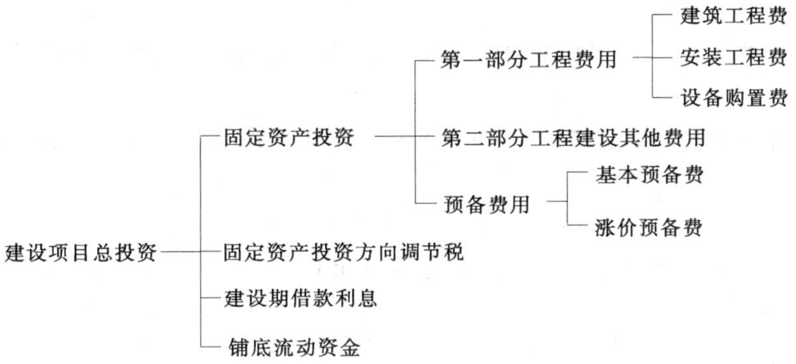

图 6-3 建设项目总投资的组成

项目总投资形成的资产按其使用性质与表现形式，分为固定资产、无形资产、递延资产和流动资产。

(2) 经营成本。

经营成本是节水项目在生产、经营过程中的支出，经营成本的组成及计算方法见表6-2。

表 6-2　　经营成本的组成及计算方法

序　号	经营成本要素	计算方法
1	大修理费	固定资产原值×大修理费率
2	日常检修维护费	固定资产原值×日常检修维护费率
3	能源消耗费	主要指电费，按实际电耗或按设计、运行参数计算
4	药剂费	Σ（药剂用量×药剂费单价）
5	工资福利费	职工定员×职工每年的平均工资福利费
6	管理费用及其他费用	见表下说明

说明：

(1) 节水项目中大修理费率和日常检修维护费率可分别按2.4%和1%确定。

(2) 能源消耗费主要指节水设施运行所消耗的电费，有时还包括自用水费、蒸汽和煤等能源消耗。

(3) 药剂费指节水设施运行所需的各种药剂投加量与该药剂单价的乘积之和，按年计算。

(4) 管理费用及其他费用的计算式如下。

管理费用及其他费用＝(折旧费＋无形资产和递延资产摊销费
＋大修理费＋日常检修维护费＋能源消耗费
＋药剂费＋工资福利费）×综合费率

其中，折旧费＝固定资产原值×年折旧率；无形资产和递延资产摊销费＝无形资产和递延资产值×年摊销率，年摊销率可按10%计算；综合费率一般可取10%。

2. 财务评价的效益

节水项目的财务效益是指由于项目的实施给投资者（企业）带来的实际收益，项目收益主要包括以下 4 个方面。

（1）节约新水收入。是项目或企业获得收益的主要途径，它由节约新水量和新水水费两个因素决定。

（2）减少排污费收入。是指节水项目实施后由于排水量的减少而少向环保部门缴的排污费。

（3）固定资产残值。节水项目终了时，固定资产残值应视为节水项目的收入。

（4）补贴。国家或地方为了鼓励和扶持节水项目而给予的补贴应视为节水项目的收入。

3. 其他有关问题

（1）项目计算期。

项目计算期包括建设期和经营期，其确定对项目经济评价有重要影响。其中建设期可根据项目实际需要而确定；经营期可按项目主要工艺设备的经济寿命而定；或按项目主要工艺的替代周期来定等。实际应用时，一般以 10～15 年为宜，个别行业最长也不宜超过 20 年，因为 20 年后项目的生产经营情况较难预测；同时按动态现值法计算，20 年后的折现值（效益或费用）一般已微不足道，对评价结果影响不大。计算期的年序，以建设开始年为第一年。

（2）财务价格。

由于财务评价是考核项目的财务盈利水平，因而其对项目的效益、费用估算所采用的价格应以财务价格，即现行价格或实际交易价格为准。

项目计算期内各年价格，理论上应按预测计算期内可能变化的市场价格为依据。实际应用时，为计算方便，各年均使用同一价格，即现行价格。

（三）财务评价指标

财务评价一般包括财务盈利能力分析和财务清偿能力分析。

1. 财务盈利能力分析指标

（1）财务内部收益率（$FIRR$）。

财务内部收益率是指项目方案在整个计算期内所有现金流入的现值之和等于现金流出的现值之和时的收益率，即净现值为零时的折现率。其表达式为

$$\sum_{t=1}^{n}(C_I - C_O)_t(1 + FIRR)^{-t} = 0 \qquad (6-27)$$

式中　C_I——现金流入量；

C_O——现金流出量；

$(C_I - C_O)_t$——第 t 年的净现金流量；

n——计算期。

财务内部收益率可通过财务现金流量表现值计算，用线性差值法试算求得，即分别取 i_1 和 i_2 试算，使算出的 $FNPV_1$ 和 $FNPV_2$ 分别为接近于零的正、负数值，并且 i_1 与 i_2 之差不超过 2%，然后再根据式（6－28）计算得到 $FIRR$。

$$FIRR = i_1 + (i_2 - i_1)\frac{FNPV_1}{FNPV_1 + |FNPV_2|} \qquad (6-28)$$

式中　i_1——略低的折现率；

i_2——略高的折现率；

$FNPV_1$——相对于 i_1 的财务净现值；

$FNPV_2$——相对于 i_2 的财务净现值。

在财务评价中将求出的全部投资或自有资金（投资者的实际出资）的财务内部收益率（$FIRR$）与行业的基准收益率或设定的折现率（i_c）比较，若 $FIRR \geqslant i_c$，即认为项目盈利能力已满足最低要求，在财务上可以考虑接受；若 $FIRR < i_c$，则项目在财务上应予以拒绝。

（2）全部投资回收期。

全部投资回收期包括静态和动态投资回收期。

1）静态投资回收期（P_t）是指以项目的净收益抵偿全部投资所需要的时间，通常以“年”为单位。从投资开始年算起，可根据财务现金流量表（全部投资）中累计净现金流量计算求得，计算公式为

$$P_t = m_t - 1 + \frac{\left|\sum_{i=1}^{m_t - 1}(C_I - C_O)_i\right|}{(C_I - C_O)_{m_t}} \tag{6-29}$$

式中 m_t——从投资开始年算起，累计净现金流量开始出现正值的年份相应的序号；

$(C_I - C_O)_i$——从投资开始年算起，第 i 年的净现金流量（$i=1,2,\cdots,m_t$）。

在财务评价中，求出的静态投资回收期（P_t）与行业的基准投资回收期（P_c）比较，当 $P_t \leqslant P_c$ 时，表明项目投资能在规定的时间内收回，因而项目可以考虑接受；若 $P_t > P_c$，表明项目未满足行业项目投资盈利性和风险性要求，因而项目应予以拒绝。

2）动态投资回收期（P_T）是在考虑资金时间价值的前提下，以项目的净收益回收全部投资所需的时间。可根据财务现金流量表（全部投资）中累计净现值计算求得，计算公式为

$$P_T = m_T - 1 + \frac{\left|\sum_{i=1}^{m_T - 1}(C_I - C_O)'_i\right|}{(C_I - C_O)'_{m_T}} \tag{6-30}$$

式中 m_T——从投资开始年算起，累计净现值开始出现正值的年份相应的序号；

$(C_I - C_O)'_i$——从投资开始年算起，第 i 年的净现值（$i=1,2,\cdots,m_T$）。

动态投资回收期指标克服了静态投资回收期未考虑资金时间价值的缺陷，能真正反映资金回收的时间。缺点是要进行现值计算，比较麻烦。在投资回收期不长或折现率不大的情况下，两种投资回收期的差别可能不大，但在静态投资回收期较长的情况下，两种投资回收期的差别可能较大。

【例】 某节水项目的现金流量如表 6-3 所列，试分别求出该节水项目的静态投资回收期和动态投资回收期，比较两者的差别。

表 6-3　某节水项目的现金流量表

自投资开始年算起的年份数	现金流量（万元）				折现系数（折现率取 10%）	现金流量现值（万元）			
	收益		投资及经营费			收益		投资及经营费	
	当年	累计	当年	累计		当年	累计	当年	累计
1	0	0	837	837	0.909	0	0	761	761
2	0	0	4621	5458	0.826	0	0	3819	4580

续表

自投资开始年算起的年份数	现金流量（万元）				折现系数（折现率取 10%）	现金流量现值（万元）			
	收益		投资及经营费			收益		投资及经营费	
	当年	累计	当年	累计		当年	累计	当年	累计
3	0	0	2890	8348	0.751	0	0	2171	6751
4	765	765	1576	9924	0.683	523	523	1076	7828
5	1433	2198	355	10279	0.621	890	1412	220	8048
6	1987	4185	355	10634	0.564	1122	2534	200	8249
7	2222	6407	355	10989	0.513	1140	3674	182	8431
8	2700	9107	355	11344	0.467	1260	4934	166	8596
9	2700	11807	355	11699	0.424	1145	6079	151	8747
10	2700	14507	355	12054	0.386	1041	7120	137	8884
11	2700	17207	355	12409	0.350	946	8066	124	9008
12	2700	19907	355	12764	0.319	860	8926	113	9121
13	2700	22607	355	13119	0.290	782	9708	103	9224
14	2700	25307	355	13474	0.263	711	10419	93	9318
15	2700	28007	355	13829	0.239	646	11066	85	9403

从表 6-3 中可看出，在不考虑资金时间价值的情况下，第 8 年累计收益 9107 万元小于累计投资及经营费 11344 万元；而第 9 年累计收益 11807 万元大于累计投资及经营费 11699 万元。所以，静态投资回收期必定在 8～9 年之间，具体计算如下。

$$P_t = 9 - 1 + \frac{|9107 - 11344|}{2700 - 355} = 8.95\text{（年）}$$

从表 6-3 中还可以看出，在考虑资金时间价值的情况下，第 12 年累计收益 8926 万元小于累计投资及经营费 9121 万元；而第 13 年累计收益 9708 万元大于累计投资及经营费 9224 万元。所以，动态投资回收期必定在 12～13 年之间，具体计算如下。

$$P_T = 13 - 1 + \frac{|8926 - 9121|}{782 - 103} = 12.29\text{（年）}$$

可见，由于节水项目的投资主要发生在计算期初，而稳定的收益发生在主体投资结束后，在考虑资金的时间价值后，后期 Y 万元现金折算后的现值不如前期 Y 万元现金的现值大，所以求出的投资回收期变长。考虑资金时间价值的动态投资回收期更符合实际。

投资回收期指标的优点在于：概念清晰、计算简单、使用方便，并且兼顾反映项目的经济性和风险性。因此，在项目评价中被广泛采用。

投资回收期指标的缺点在于：它舍弃了回收期以后的收支数据，故不能全面反映项目在计算期内的真实经济效果，难以对不同方案的比较选择作出正确判断，所以在实际应用中只能作为辅助性指标，必须结合其他评价方法才能使用。

(3) 财务净现值（$FNPV$）。

财务净现值是指按行业的基准收益率或设定的折现率 i_c，将项目计算期内的各年净现金流量全部折算到建设期初的现值之和。其表达式为

$$FNPV = \sum_{t=0}^{n}(C_I - C_O)_t(1+i_c)^{-t} \tag{6-31}$$

若 $FNPV \geqslant 0$，说明项目的获利能力达到或超过了基准收益率或设定折现率的盈利水平，因而在财务上是可以考虑接受的。

(4) 投资利润率。

投资利润率是指项目达到设计生产能力后的一个正常生产年份的年利润总额与项目总投资的比率。对于生产期内各年的利润总额变化幅度较大的项目，应计算生产期内年平均利润总额与项目总投资的比率。其计算公式为

$$投资利润率 = 年利润总额或年平均利润总额 / 项目总投资 \times 100\% \tag{6-32}$$

在财务评价中，将投资利润率与行业平均投资利润率对比，以判别项目单位投资盈利能力是否达到本行业的平均水平。

(5) 投资利税率。

投资利税率是指项目达到设计生产能力后的一个正常生产年份的年利税总额与项目总投资的比率。对于生产期内各年的利税总额变化幅度较大的项目，应计算生产期内年平均利税总额与项目总投资的比率。其计算公式为

$$投资利税率 = 年利税总额或年平均利税总额 / 项目总投资 \times 100\% \tag{6-33}$$

在财务评价中，将投资利税率与行业平均投资利税率对比，以判别项目单位投资对国家积累的贡献水平是否达到本行业的平均水平。

2. 财务清偿能力分析指标

(1) 固定资产投资国内借款偿还期 (P_d)。

固定资产投资国内借款偿还期是指在国家财政规定及项目具体财务条件下，以项目投产后可用于还款的资金偿还固定资产投资国内借款本金和建设期利息（不包括已用自有资金支付的建设期利息）所需要的时间。记固定资产投资国内借款本金和建设期利息之和为 I_d，固定资产投资国内借款偿还期（从借款开始年计算）为 P_d，第 t 年可用于还款的资金为 R_t，则三者之间应满足式 (6-34)。

$$I_d = \sum_{t=1}^{P_d} R_t \tag{6-34}$$

P_d 的直接推算公式如下

$$P_d = Y_1 - Y_0 + \frac{C_h}{C_z} \tag{6-35}$$

式中　Y_1——借款偿还后开始出现盈余年份；

Y_0——开始借款年份；

C_h——当年偿还借款额；

C_z——当年可用于还款的资金额。

涉及外资的项目，其国外借款部分的还本付息，应按已经明确的或预计可能的借款偿还条件（包括偿还方式及偿还期限）计算借款偿还期。当国内借款偿还期满足贷款机构的要求期限时，则认为项目是有清偿能力的。

(2) 资产负债率。

资产负债率是反映项目各年所面临的财务风险程度及偿债能力的指标。其计算式如下

$$资产负债率 = 负债合计 / 资产合计 \times 100\% \tag{6-36}$$

四、节水项目国民经济评价

（一）国民经济评价的概念

节水项目国民经济评价是按照资源合理配置的原则，从国家整体角度考察项目的效益和费用，用影子价格、影子工资、影子汇率和社会折现率等经济参数分析、计算项目对国民经济的净贡献，评价项目的经济合理性。

（二）节水项目国民经济评价的意义

国民经济评价是从国家宏观角度对节水项目进行分析，考察项目的经济合理性。在我国现行经济状态下，城市供水实行福利水价政策，水价不能正确、真实地反映价值，也不能反映供求关系。因此，财务评价中按现行水价计算出来的项目的投入和产出，不能准确地反映节水项目的建设给国民经济所带来的费用与效益。所以，必须运用能反映水资源真实价格的影子价格，借以计算节水项目的费用与效益，以便正确得出该投资项目是否对国民经济总目标有利的结论。

（三）国民经济评价中的费用与效益

国民经济评价所追求的净效益目标是指对整个国民经济或社会的净贡献，因而所涉及的费用、效益就不仅局限于项目或企业，而同时将扩及到除项目、企业外的国民经济或社会其他部门。因此，正确识别和分清节水项目的费用和效益，是保证国民经济评价正确性的基础和重要条件。

1. 费用与效益的识别原则

由于国民经济评价的角度和目标与财务评价均不同，因此，国民经济评价中的费用与效益的划分也与财务评价有所差别。费用与效益的识别应该是与国民经济评价的目标和范围紧密联系的，应遵循统一的划分原则。

（1）宏观性原则。

国民经济评价中的费用是指国民经济为建设项目所付出的代价，效益是指建设项目对国民经济和社会所做出的净贡献。从国民经济角度来看，投资项目的经济目标是国民收入的增加，因此，一般来说，凡是增加国民收入的就是经济效益；反之，减少国民收入的就是费用。而国民收入增长是以全社会最终产品和服务总和的增长为依据的，所以，能使社会最终产品和服务增加的都是国民经济评价中的效益部分，而导致社会最终产品和服务减少的都是国民经济评价中的费用。

（2）全面性原则。

建设项目运行中，不仅产生直接费用、直接效益，而且还产生间接费用和间接效益。在进行投资项目的国民经济评价时，考察的费用与效益应该是全面的。

2. 费用与效益的分类

项目的费用分为直接费用和间接费用。直接费用是指实施该项目而发生的费用，具体指建设项目和运作该项目所必须投入的资金用影子价格计算的经济价值。间接费用是指国民经济为项目付出代价，而项目本身并不支付的费用。如工业项目产生的废水引起的环境污染及对生态平衡的破坏，项目并不支付任何费用，而国民经济却付出了代价。

项目的效益分为直接效益和间接效益。直接效益是指由项目直接提供并用影子价格在项目范围内计算的经济效益。间接效益是指由项目对社会做出了贡献，而项目本身并未得益的那部分效益。如节水项目实施后由于减少排水量而节省的相应排水系统和其他市政设施的投资与运行管理费用，项目本身并未从中得益，但却对国民经济做出了贡献。

项目的间接费用和间接效益又统称为外部效果。外部效果通常较难计量，可以通过扩大项目范围和调整价格两种方法将外部效果内部化，即将间接费用和效益转化为直接费用和效益。对于确实难以计量的外部效果应作定性描述。外部效果要在项目之外的整个社会内考察，对它的识别和度量要防止重复计算或漏算。

税金、借款利息和补贴在财务评价中都是实际现金收支，但从国民经济的角度看，由于并不发生实际资源的增加和耗用，而只是国民经济内部的“转移支付”，因此不计为项目的费用和效益。

（四）国民经济评价的步骤

国民经济评价可以在财务评价的基础上进行，也可以直接进行。

1. 在财务评价基础上进行评价的步骤

（1）费用和效益范围的调整。

1）剔除已计入财务费用和效益中的转移支付。

2）识别项目的间接费用和间接效益，对能定量的应进行定量计算，不能定量的应作定性描述。

（2）费用和效益数值的调整。

1）固定资产投资的调整。

a. 调整引进设备价值。剔除属于国民经济内部转移支付的引进设备、材料的关税和增值税，并用影子汇率、影子运费和贸易费用对引进设备价值进行调整。

b. 调整国内设备价值。用其影子价格、影子运费和贸易费用进行调整。

c. 调整建筑费用。一般可只调三材（钢材、木材和水泥）费用。按三材耗用数量，采用影子价格调整建筑费用，或通过建筑工程影子价格换算系数直接调整建筑费用。

d. 调整安装费用。安装费用所占投资比例相对较小，一般可不考虑调整。

e. 土地费用以土地的影子价格代替占用土地的实际费用。

f. 剔除涨价预备费。

g. 调整其他费用。如用影子汇率对其他工程费用中的外币进行调整。

2）流动资金的调整。调整由于流动资金估算基础的变动引起的流动资金占用量的变动。

3）经营成本的调整。可以先用影子价格、影子工资等参数调整费用要素，然后再汇总求得经营成本。

4）节水效益的调整。先确定出水资源的影子价格，然后重新计算节水效益。

（3）编制项目的国民经济效益费用流量表。

（4）通过国民经济效益费用流量表计算各项国民经济评价指标。

（5）提出国民经济评价结论。

2. 直接进行评价的步骤

（1）识别和计算项目的直接效益、间接效益、直接费用和间接费用。

（2）用影子价格、影子工资、影子汇率和土地影子费用等计算项目固定资产投资、流动资金、经营成本、节水效益，并在此基础上计算项目的国民经济评价指标。

（3）编制项目的国民经济效益费用流量表。

（4）通过国民经济效益费用流量表计算各项国民经济评价指标。

（5）提出国民经济评价结论。

（五）国民经济评价指标

国民经济评价，主要是通过对国民经济盈利能力进行分析来实现的。国民经济评价以经济内部收益率为主要评价指标。根据项目特点和实际需要，也可计算经济净现值、经济效益费用比等指标。此外，对难以量化的外部效果可进行定性分析。

1. 经济内部收益率（EIRR）

经济内部收益率是指项目在计算期内各年经济净效益流量的现值累计等于零时的折现率。它是反映项目对国民经济净贡献的相对指标。其计算公式为

$$\sum_{t=1}^{n}(B-C)_t(1+EIRR)^{-t}=0 \tag{6-37}$$

式中 B——效益流入量；

C——费用流出量；

$(B-C)_t$——第 t 年的净效益流量；

n——计算期。

计算出来的经济内部收益率，要与国家规定的社会折现率进行比较。当它大于或等于社会折现率时，表明项目对国民经济的净贡献超过或达到了要求的水平，项目是可以考虑被接受的。反之，则说明达不到所要求的水平，因而不应通过项目审查。

2. 经济净现值（ENPV）

经济净现值是指按照指定的社会折现率，将项目计算期内各年的净效益流量折算到建设起点（建设期初）的现值之和。它是反映项目对国民经济净贡献的绝对指标。其计算公式为

$$ENPV=\sum_{t=1}^{n}(B-C)_t(1+i_s)^{-t} \tag{6-38}$$

式中 i_s——社会折现率。

经济净现值大于或等于零时，表示国家为拟建项目付出代价后，可以得到符合社会折现率的社会效益，或除得到符合社会折现率的社会效益外，还可以得到以现值计算的超额社会效益，此时应认为项目是可以考虑接受的。

3. 经济效益费用比（BE/CE）

经济效益费用比是用社会折现率将项目计算期内各年的效益和费用分别折算到建设起点（建设期初）的累计效益现值与累计费用现值的比率。它反映项目对国民经济贡献的相对指标。其计算公式为

$$\frac{BE}{CE}=\frac{\sum_{t=1}^{n}B_t(1+i_s)^{-t}}{\sum_{t=1}^{n}C_t(1+i_s)^{-t}} \tag{6-39}$$

式中　i_s——社会折现率。

一般情况下，经济效益费用比大于或等于1的项目，应认为是可以考虑接受的。

由此可见，财务评价与国民经济评价的基本分析方法和有关主要指标的计算方法类似，但由于两者的着眼点不同，评价角度和目的不同，所以在项目的“费用”和“效益”划分上存在差别，在评价范围和评价参数选用上不同，从而决定了评价结果的差异。

第七章 非常规水源利用

第一节 雨 水 利 用

对天然降水进行收集、存蓄并加以利用，称为雨水利用。广义的雨水利用还包括对大气水分的利用，如人工增雨、露水利用。雨水利用的常见方式：一是直接设置收集雨水的集流面，把集流面上的雨水通过集水槽、管收入蓄水器（置于地上或地下的罐或窖）中进行储存以备利用；二是采取措施促进雨水的渗透，回灌、补充地下水，调节地下水的采补平衡。雨水利用包含的内容广泛，涉及多个学科领域。如：利用雨水养育农作物是农业栽培的内容；考虑降水量的农田灌溉属于农田水利的范畴；城市雨洪利用涉及给排水工程、水利工程等领域；人工增雨与大气水分的凝聚则主要与大气科学技术有关。由于城市地区与农村地区相比，无论是下垫面条件，还是雨水的用途都有较大差别，故以下分城市雨水利用和农业雨水利用两方面分别进行阐述。

一、城市雨水利用

（一）城市雨水利用的作用

1. 有利于增加可供水量

将雨水作为中水或中水补充水、城市消防用水、浇洒绿化用水等方面，可有效地减少对城市清洁水资源的用量，缓解用水与供水的矛盾。

2. 有利于控制城市雨洪

城市暴雨径流主要因城区大部分土地被建筑物、广场、道路和停车场所覆盖，地面渗透性差所造成。城市建设迅速发展，硬覆盖面积迅速增长，综合径流系数也不断增大。如果不采取措施而单纯考虑将雨水径流快速排出，不仅所需雨水管道、雨水泵站等设施的容量、输送能力随之增大，增加了城市河道的行洪压力，而且严重浪费了大量的雨水资源。同时也增加了接纳水体的洪涝危害、河岸侵蚀、污染物冲击负荷，还造成合流制排水系统中污水处理厂运行困难以及部分雨水和污水合流后外溢而污染水体。

3. 有利于控制非点源污染

由于大气沉降物、生活垃圾、汽车漏油等问题，造成了降雨径流的水质污染。降雨径流（特别是初期径流）携带了大量有机污染物和悬浮物，这部分污染物都是通过非点源形式污染城市河道的，目前还缺乏有效手段进行控制。因此大量雨水集蓄以后，若能配套简单的处理设施，就可以大大减少降雨径流产生的非点源污染，改善城市河道水质状况。在德国屋面集雨系统中就充分利用了碎石、树皮、木屑等过滤材料，在庭院地面上种树植草，形成一个小型的雨水处理系统，处理后的雨水又回用于洗刷、冲厕；柏林等城市街道雨水口设有截污格栅，以拦截雨水径流携带的污染物。因此，城市雨水集蓄有利于对雨水进行集中处理，减少了降雨径流造成的面源污染，减轻了城市河道水体污染。

4. 有利于回灌城市地下水

由于大多数城市地下水超采较为严重，导致地下水位下降、地面沉降、海水倒灌现象，已成为严重的环境地质问题。利用雨水回灌技术，不但可补充地下水，阻缓地面沉降，而且可防止污水回灌所带来的地下水污染。雨水回灌的实施不仅能减小常用的合、分流制排水系统中管道的管径，还能减少合流制中的沉淀装置以及其他处理设施的设计流量、雨水初期径流所带来的潜在负荷等，此外还起到对城市暴雨高峰流量的疏导作用。

雨水回灌可分为分散渗透技术和集中回灌技术。分散渗透大致分为渗透检查井、渗透管、绿地渗透、渗透池、渗透沟等方式，多应用于生活小区、公园、道路和企业中，规模大小因地制宜，设施简单，可减轻雨水收集、输送系统的压力、补充地下水，同时也可依靠绿地对水进行净化，但一般渗透速率较慢，当地下水位高、土壤渗透能力差或雨水水质污染严重等条件下应用受到限制。集中回灌大致分为干式和湿式两大类深井回灌，集中回灌技术回灌量大，可直接向地下深层回灌雨水，但对地下水位、雨水水质有较高的要求。

5. 有助于修复天然雨水循环

天然地表具有良好的透水性，雨水降落后，植物截留、蒸发、填洼、下渗、地表径流都按照一定的比例循环运动。城市化后，取代天然地表的是城区大面积的建筑物、路面等，改变了天然雨水的水文循环过程。通过工程设施截留雨水，并入渗地下，可在一定程度上修复被城市化所破坏的城市雨水的天然通道，增加城市地下水补给量。这对维持地下水资源平衡具有十分积极的作用。沿海城市通过增加雨水下渗量，还可有效地防止海水入侵现象发生。

6. 具有生态意义和经济效益

城市雨水利用通过在城市屋顶修建雨水浇灌的“空中花园”拦截雨水，在地面因地制宜种植草坪增加入渗，利用城市各种人工与自然水体蓄存雨水等方式，可起到调节气候、净化空气、增进城市绿化、遏制城市热岛效应等作用，改善城市生态环境。城市雨水利用还具有直接和间接的经济效益，主要体现在3个方面：一是节省巨额市政投资。小区雨水利用工程可以减少需由政府投入的雨水管渠和排洪设施的改扩建资金。二是节省市政、用水单位和居民用水开支。雨水利用运行费用低廉，经济效益突出。如1m^3的自来水费用（含污水处理费）为3.00元，而从运行管理和小区用水费用支出分析可知，收集1m^3雨水的费用不足0.10元，这样就可以大大减少用水单位和个人的水费开支。三是有良好的产业前景，能形成新的经济增长点。

（二）城市雨水利用的必要性和可行性

1. 必要性

随着经济的发展和社会的进步，城市化建设步伐日益加快，截止到2006年，我国设市城市数已达到661座，城市人口增加到5.77亿人，城市化率为43.9%。随着城市的发展，城市生活用水、生态用水和工业用水大幅度增加。近年来，由于城区地下水的集中开采，地下水水量急剧减少，地下水位逐年降低，导致了区域性地下水位下降，形成“漏斗”区。如石家庄市区“漏斗”中心的水位埋深从1984年的28m下降到2000年的42m，城区的水源供应面临着巨大的压力。但另一方面，随着城区道路的拓宽和小区的扩建，地面硬化面积增大，透水性能越来越差，降雨很难直接渗入地下，雨量不大也能形成径流，大大增加了雨洪流量，极易造成洪灾。

因此，城市雨水具有利害双重性，城市雨水利用兼有兴利除害的作用。21 世纪，城市化将是我国经济发展的主要特征之一，从保障城市水安全出发，加强城市雨水利用的理论和实践研究是十分必要的。

2. 可行性

从水量方面看，雨水资源利用有着较大的潜力。城市建筑物屋面、混凝土和沥青路面等的径流系数可达 0.85～0.95，是形成城市暴雨径流的主要产流区，这些径流完全可以采用绿地、透水地面、渗池、渗井等渗入地下以补充地下水，或利用蓄水池等工程进行收集并进行综合利用，以减轻城市排水的压力。

从水质角度看，雨水矿化度低，与污水相比其污染程度也低，尽管降雨初期雨水的 COD 值可能高于 400mg/L，但随着降雨历时的增长会逐渐稳定于 50～100mg/L，因此雨水经简单的水质处理后，即可达到杂用水或环境用水的标准。

从技术上看，根据城市的气象、水文地质和下垫面条件，可以选择屋面雨水利用、下凹式绿地雨水利用、土壤入渗、道路小区和广场雨水利用、雨水收集回用等模式，实践证明以上几种模式都是可行的。在日本、德国、美国、丹麦、澳大利亚等国家，雨水利用技术已较为成熟，雨水利用已经进入标准化和产业化阶段。我国城市雨水利用虽然起步迟，也已经研制开发了透水型地面砖、环保型雨水口、填料式蓄水池、屋顶雨水过滤器等雨洪利用关键设备，并在中德合作“北京城区雨洪控制与利用”项目的示范区中得到应用，取得了良好的效果。

（三）城市雨水利用状况与发展趋势

1. 国外城市雨水利用状况

人类利用雨水已有几千年的历史，最初主要用于农业。自 20 世纪 70 年代以来，美国、前苏联、突尼斯、巴基斯坦、印度、澳大利亚等国对城市雨水利用十分重视，对雨水的集水面进行了大量研究，如美国利用化学材料处理集水面以提高集水效率；美国、墨西哥、索马里在集水面上铺设塑料薄膜、沥青纸、金属板等，以增强集流效果。目前，德国、日本、加拿大等许多发达国大都采用铁皮屋顶集流，将汇集的径流储存在蓄水池中，再通过输水管道满足庭院内花草树木灌溉、洒水、洗车和卫生间用水等。

20 世纪 80 年代初期，由于全球范围内水资源危机的频繁发生，世界各地掀起了雨水利用的高潮，国际雨水集流系统协会（International Rainwater Catchment Systems Association, IRCSA）应运而生。1982～2009 年间，该协会已在世界各地召开了 14 次国际雨水收集大会。

近 20 年来，美国、加拿大、意大利、法国、墨西哥、印度、土耳其、以色列、日本、泰国、苏丹、也门、澳大利亚等 40 多个国家和地区，在城市开展了不同规模的雨水利用研究，以下简要介绍日本、德国、美国、丹麦、澳大利亚的雨水利用情况。

（1）日本。

日本的雨水利用包括楼顶集雨、利用雨水修建空中花园、利用雨水进行绿化和洗澡等。在城市屋顶修建了雨水浇灌的“空中花园”，在减少城市地表径流的同时，增加了城市的绿地面积、净化了城市空气、吸收了城市噪声，还能够降低城市的热岛效应。同时，日本也注重修建蓄积雨水的工程设施，1963 年开始兴建了滞洪和储蓄雨水的蓄洪池，将蓄洪池的雨水用作喷洒路面、灌溉绿地等城市杂用水，既控制了汛期多余的雨洪径流，又减少了排水设施，同时也缓解了城市水资源的供需矛盾。这些设施大多建在地下，而建在地上的也尽可能满足多种用途，如在调洪池内修建运动场，雨季用来蓄洪，平时作为运动场。近年来，各种雨水入渗设施在日本迅速发展，包括渗井、渗沟、渗池等，这些设施规模小、分散、占地面积小，可因地制宜地修建在楼前屋后，其主要功能是可将地面径流就地入渗地下，在控制径流汇集、减小洪峰流量的同时，使地下水得到补给，使遭到破坏的水环境系统得以恢复，同时也起到阻止地面沉降的作用。日本政府于 1992 年颁布了"第二代城市排水总体规划"，正式将雨水渗沟、渗塘及透水地面作为城市总体规划的组成部分，要求新建、改建的大型公共建筑物必须设置雨水下渗设施。

（2）德国。

德国是欧洲开展雨水利用工程最好的国家之一，在 20 世纪初期就已经发布了"对未受污染雨水的分散回灌系统的建设和测量"。德国利用公共雨水管收集雨水并经简单的处理后达到杂用水水质标准，可用于街区公寓的厕所冲洗和庭院浇洒，部分地区利用雨水节约饮用水达 50%。目前，德国在新建小区（无论是工业、商业、居住区）时均要设计雨水利用设施，否则，政府将征收雨洪排放设施费和雨水排放费。

德国的城市雨水利用可分为两大类：一类是家庭房屋屋顶雨水集蓄利用系统；另一类是公共建筑和绿地等集蓄和导渗系统。

1）家庭雨水集蓄利用。

德国住房屋顶雨水集蓄利用系统都利用房屋屋顶作为雨水集流面，将雨水导入设置于房屋外或半地下室的水池或塑料箱中，每个水池容积 $3\sim5m^3$。储存于水池的雨水通过管道和小型水泵输水系统用作家庭杂用水。雨水集蓄池中存水用完时，可自动和原有供水系统连接。当水池已装满时，雨水可自动一流进入户外渗水管，进而排入小区排水系统。这种分散式家庭雨水集蓄利用系统已有定型设计，可根据屋面大小、地区降雨特性进行设计，各户可按定型设计选用，所有设备诸如储水箱、水泵、过滤器、截门、控制系统等，都有定型商业产品（图 7－1）。一户屋顶集水面积为 $100\sim120m^2$ 的二层住房，加底层储蓄室的小楼，雨水集蓄系统总的设备和造价为 5000 马克。政府为鼓励使用雨水集蓄利用系统，对使用雨水利用系统的用户，其用水水价给予一定优惠。

（a）

（b）

图 7－1　德国的家庭雨水收集利用装置及产品

（a）柏林居民的雨水收集装置；（b）品种齐全的雨水利用产品

德国雨水集蓄系统对雨季第一次暴雨仅作冲洗系统之用，其后所收集的雨水用于洗澡和洗衣。由于居民有效使用雨水，使家庭清洁水用量和排水量大大减小（见表 7-1）。

表 7-1 **德国典型家庭雨水利用效果分析** 单位：m^3

正常用水			雨水利用		
自来水	雨水	总排水量	自来水	雨水	总排水量
22	11	33	13	11	24

2）公共建筑集蓄入渗回补系统。

公共建筑集蓄入渗回补系统规模相对较大，将公共建筑或铺装地面的雨水集蓄于地下水池，容积达 $100m^3$ 以上，蓄水池顶部有溢流口，当暴雨时入流超过蓄水容量，可排入城市河道或洼地。德国对雨水集蓄的水质要求比较严格，认为公路路面的雨水水质差，常有油类、酚、重金属、轮胎橡胶等有机物，一般不加以利用。但对小区内交通流量小的铺装地面，常同公共建筑等一起设置雨水集蓄系统，以用于公共场所的杂用水。

有的雨水集蓄系统对雨水不直接使用，而是对小区内铺装地面、公共建筑场所的地面径流导入地下渗水管或地面洼地，以便使径流入渗回补地下水，改善城市局部的生态环境，减少城市暴雨径流，减轻城市防洪负担。

根据德国建筑规划法规，在小区规划建设中，除家庭应有雨水集蓄利用系统外，小区内也应设置公共雨水入渗回补系统。

（3）美国。

美国的雨水利用则以提高天然入渗能力为宗旨。如美国加州富雷斯诺市的“Leaky Areas”地下水回灌系统，在 1971～1980 年的 10 年间，地下水回灌总量为 1.338 亿 m^3，其年回灌量占该市年用水量的 1/5。在芝加哥兴建了地下隧道蓄水系统，以解决城市防洪和雨水利用问题。在其他许多城市还建立了屋顶蓄水和由入渗池、井、草地、透水地面组成的地表回灌系统。除重视工程措施外，美国还制定了相应的法律法规鼓励和敦促雨水利用。如科罗拉多州（1974 年）、佛罗里达州（1974 年）和宾夕法尼亚州（1978 年）分别制定了《雨洪管理条例》，这些条例规定，新开发区的暴雨洪水洪峰流量不能超过开发前的水平，所有新开发区（不包括独户住家）必须实行强制的“就地滞洪蓄水”。滞洪设施的最低容量均应能控制五年一遇的暴雨径流。

（4）丹麦。

丹麦过去供水主要靠地下水，一些地区的含水层已经被过度开采。为此，丹麦开始寻找可替代的水源。在城市地区从屋顶收集雨水，收集后的雨水经过收集管底部的预过滤设备，进入贮水池进行储存。使用时经进水口的浮筒式过滤器过滤后，用于冲洗厕所和洗衣服。每年能从居民屋顶收集 645 万 m^3 雨水，占居民冲洗厕所和洗衣服实际用水量的 68%，占居民用水总量的 22%。

（5）澳大利亚。

在澳大利亚，很多新开发居民点附近的停车场、人行道上铺的是透水砖，并在地下修建蓄水管网。雨水收集后，先被集中到第 1 级人工池里过滤、沉淀；然后在第 2 级池子里进行化学处理，除去一些污染物；最后在第 3 级种有类似芦苇的植物并养鱼的池塘里进行生物处理，也就是让池塘中的动植物除去一些有机物。经过这 3 道工序后，雨水就被送到工厂作为工业用水直接利用。

综上所述，国外发达国家城市雨水利用的主要经验是：制定一系列有关雨水利用的法律法规；建立完善的屋顶蓄水和由入渗池、井、草地、透水地面组成的地表回灌系统；收集到的雨水主要用于冲厕所、洗车、浇庭院、洗衣服和回灌地下水。

2. 我国城市雨水利用状况

我国城市雨水利用虽然具有悠久的历史，但真正意义上的城市雨水利用研究和应用始于 20 世纪 80 年代后期。当时，面对日益紧张的城市供水形势，国内个别城市开始考虑雨水资源的收集利用问题，尝试着在一些建筑物上安装雨水收集系统。但是，由于没有配套的雨水处理和回用系统，实际利用成效不大。20 世纪 90 年代后期，相关的研究和应用进入一个新时期。1998 年，北京市节水办推出了两个研究项目：一是与北京建筑工程学院联合开展的“北京市城区雨水利用技术研究及雨水渗透扩大试验”；二是与中国农业大学合作进行的“北京市城市建设中增加雨水蓄渗措施研究”。这两项研究为北京市的城区雨水利用提供了理论和技术支持。与此同时，其他一些城市也开展了一些类似的研究。

进入 21 世纪以来，我国城市雨水利用的进程明显加快，技术水平也迅速提高。2001 年国务院批准了包含有雨洪利用规划内容的《21 世纪初期首都水资源可持续利用规划》，推动北京市的城市雨水资源化利用走在了全国前列，目前北京市城区已经完成的雨水利用工程共有 22 项，在建的雨水利用工程还有近 20 项。在理论支撑和实践经验都已经具备的情况下，2001 年，河北省邢台市在其下属的八城区全面建立了雨水利用示范工程。河北省水利厅于 2006 年 8 月颁布了《河北省城镇雨水资源利用工程技术暂行规定》，以行政法规的形式确定，项目主体工程竣工后，建设区域内的雨水下渗量不得低于工程建设前原地貌情况下渗量的 75%；径流量和外排水总量不应高于建设前的径流量和外排水总量的 25%。上海、西安、青岛、深圳等城市，也相继开展了城市雨水收集利用的相关工作。2005 年，由中国建筑设计研究院主编的国家标准《建筑与小区雨水利用技术工程规范》完成，使我国的城市雨水资源化利用初步走上了标准化道路。

2008 年，北京奥运会代表性建筑国家体育馆（鸟巢）和国家游泳中心（水立方）雨水回收利用系统的正式启用，标志着我国城市雨水利用在某些方面达到了国际先进水平。据报道，“鸟巢”的雨水收集面积约 22hm^2，一年可回收雨水 6.7 万 m^3，年产净水 5 万 m^3。“鸟巢”的雨水利用采用分散收集、集中处理的方式，该系统利用分布在钢结构屋面和地面草坪等处的近千个雨水收集口（雨水斗），先将雨水收集起来，再汇入地下贮水池，经过滤净化后，回用于卫生间冲洗、停车场冲洗、跑道和道路清洗、绿地和园林浇灌等九大方面。“水立方”的屋顶雨水收集面积约 2.9 万 m^2，平均每年可以回用雨水 1.05 万 m^3。根据雨水季节特点，“水立方”屋顶的雨水通过收集、初期弃流、调蓄、消毒处理后，再回用于水景补水、冷却塔补水等用途。“水立方”一年回用的雨水，相当于 100 户北京市民的用水量。

当然，从总体情况看，我国城市雨水利用的水平还不高，与发达国家的差距还很大，突出表现在总体技术水平低、推广应用面窄、标准化规范化不够、相关的法律法规建设不足、产业化水平不高等方面。

3. 城市雨水利用的发展趋势

（1）雨水利用设施向标准化与产业化发展。

1989年德国就出台了雨水利用设施标准（DIN1989），对住宅、商业和工业领域雨水利用设施的设计、施工和运行进行管理，在过滤、储存、控制与监测四个方面制定了标准。到1992年已出现“第二代”雨水利用技术，至今已发展成“第三代”雨水利用技术。

（2）雨水利用技术向国际化与集成化发展。

自成立以来，国际雨水收集利用协会（IRCSA）不断地促进国际间的交流与合作，两年一度的交流大会使各国之间的雨水利用技术和信息能很快地传播。网络技术的发展也为雨水利用技术的国际化提供了很好的平台。德国“第三代”雨水利用技术的特征就是设备的集成化，从屋面雨水的收集、截污、储存、过滤、渗透、提升、回用到控制都有一系列的定型产品和组装式成套设备。

（3）雨水利用向多目标和综合性技术发展。

与农村雨水收集利用工程不同，城市雨水的利用不是狭义的利用雨水资源和节约用水，还包括减缓城区雨水洪涝和地下水位的下降、控制雨水径流污染、改善城市生态环境等广泛的意义。因此，城市雨水利用是一种多目标的综合性技术。

（四）城市雨水水质及其影响因素

1. 降水的水质特征

雨水中含有多种离子和气体（O_2、CO_2、N_2及惰性气体等），化学组分较为复杂（见表7-2）。

表7-2　雨水的化学成分　单位：μmol/L

化学组分	全球平均（估计）	北欧	北美东北部	前苏联的欧洲地区	我国京津地区	我国重庆和贵阳地区
Na^+	86	13～85	5	39～96	117～175	9～23
K^+	8	4～7	2	10～20	24～59	9～16
Mg^{2+}	11	5～16	2	8～12	—	14～43
Ca^{2+}	2	16～33	4	10～52	124～287	52～192
NH_4^+	—	6～48	12	22～61	76～125	28～99
H^+	2	16～38	74	0.2～79	0.16～0.55	18～94
HCO_3^-	2	21	—	30～79	—	—
Cl^-	11	11～98	7	23～107	178～183	8～19
NO_3^-	—	5～36	12	6～16	15～29	9～21
SO_4^{2-}	6	10～63	30	38～94	131～317	213～345
离子总量（mg/L）	3.7	10.2	4	16.6		

雨水中的离子成分主要来源于：

（1）由海面飞溅的浪花蒸发后形成的盐晶，在大气对流作用下使其上升到很高的高度，并溶于雨水中。

（2）含有盐晶的陆地扬尘矿物微粒的溶解。

(3) 喷发到大气中的含有易溶物质的火山喷发物，包括气体与尘埃。

(4) 人类释放的各类大气污染物质。

2. 城市路面雨水径流的水质及其影响因素

(1) 路面雨水径流的水质特征。

城市路面雨水径流的水质经常受到汽车尾气、轮胎磨损、燃油和润滑油、铁锈及路面磨损的影响而受到污染。表 7-3 为某城市路面雨水径流水质的实测结果，雨水中主要污染物的浓度范围 COD_{Cr} 为 295～1230mg/L，BOD_5 为 50～204mg/L，SS 为 1045～2288mg/L，石油类为 78～161mg/L，Zn 为 0.09～0.2mg/L。其中 BOD/COD 约为 0.17，表明有机污染物的可生化降解性很差。

表 7-3　城市路面雨水径流污染物浓度监测结果

样品编号	径流时间 (min)	pH 值	COD_{Cr} (mg/L)	BOD_5 (mg/L)	BOD/COD	SS (mg/L)	石油类 (mg/L)	Pb (mg/L)	Zn (mg/L)
1	15	7.59	1230	204					
2	45	7.85	1110	181	0.163	2288	161	未检出	0.2
3	60	8.04	588	85	0.145	1375	78	未检出	0.12
4	75	7.94	295	50	0.169	1045	89	未检出	0.16
5	90	7.72	586	116	0.198	1261	—	未检出	0.07
平均	57	7.83	761.8	127.2	0.167	1494.2	109.3		0.13

(2) 影响路面雨水径流水质的因素。

不同时期、不同城市的路面，其径流雨水的水质具有明显的差异。通常取决于以下两个因素：

1) 路面污染物数量因素如汽车交通量、各类车辆构成比、燃料类型、车况、路况商载货状况等。

2) 路面污染物积累的因素包括两场降雨的时间间隔、风速、风向、大气稳定度、降雨强度、降雨历时等。

3. 屋面雨水径流的水质及其影响因素

(1) 屋面雨水径流的水质特征。

初期的屋面雨水径流水质混浊、色度大。主要污染物为 COD 和 SS，而总氮、总磷、重金属和无机盐等污染物浓度则较低。

一般降雨初期形成的径流中污染物浓度较大，随着降雨历时的延长，污染物浓度逐渐下降，色度也随之降低。图 7-2 为北京市 2000 年 5 月 18 日一场短历时暴雨对应的屋

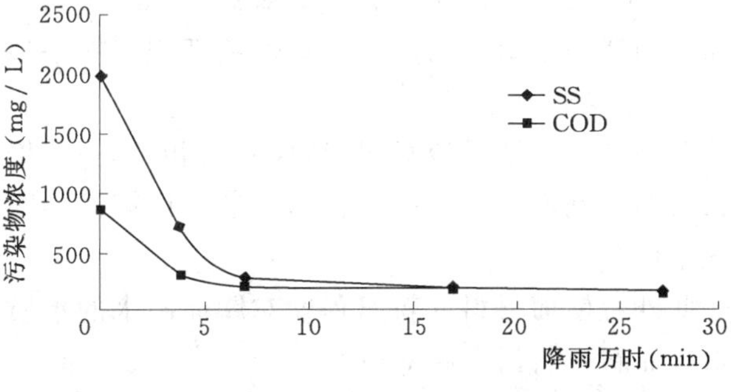

图 7-2　暴雨中屋面雨水 COD (SS) 浓度与降雨历时关系

面径流中 COD、SS 浓度随降雨历时的变化资料。暴雨初期 COD 初始浓度达 800mg/L 以上，SS 初始浓度高达 2000mg/L。但在 10min 之后，污染物浓度就大幅度下降，并很快趋于稳定。

(2) 影响屋面雨水水质的因素。

屋面雨水水质一般与降雨强度、降雨历时、屋面材料及坡度、季节与气温等因素有关，污水收集利用和污染控制时应充分考虑这些因素。

1) 降雨特征。

降雨强度和降雨历时是影响屋面雨水水质的重要因素，因为雨水既是溶解污染物的溶剂，又是冲刷屋面污染物的动力源泉。天然雨水溶质含量较少，因而具有很高的溶解污染物的活性。雨水到达屋面时，形成对屋面的冲刷力，强化了污染物溶入雨水的过程。显然，降雨强度越大，冲刷力就越强，则污染物进入未饱和雨水的量就越大。图 7-2 中暴雨初期雨水中 SS 含量高达 2000mg/L，其主要原因就是暴雨冲刷溶解了屋顶表面的尘土等污染物所致。

屋面雨水中的污染物主要来源于屋面的沉积物和屋面材料的可溶出物质。雨水初期，雨水首先将与屋面结构较为疏松的表面沉积物冲刷带入雨水中，随后再将与屋面材料附着较紧密的沉积物冲刷。随着降雨历时的增加，表面沉积物越来越少，此时雨水对屋面材料产生冲刷，并将其中可溶性物质溶入雨水中。由于屋面材料材质致密，以后的溶解过程较为缓慢，表现为雨水中污染物含量趋于稳定。

2) 屋面材料。

屋面材料中的可溶物质在降雨过程中可进入屋面雨水径流中。对典型的坡顶瓦屋面和平顶沥青油毡屋面雨水径流的比较发现，后者的污染明显严重（如图 7-3所示），其初期径流的 COD 浓度可高达上千，且色度大，有异味，主要为溶解性 COD。

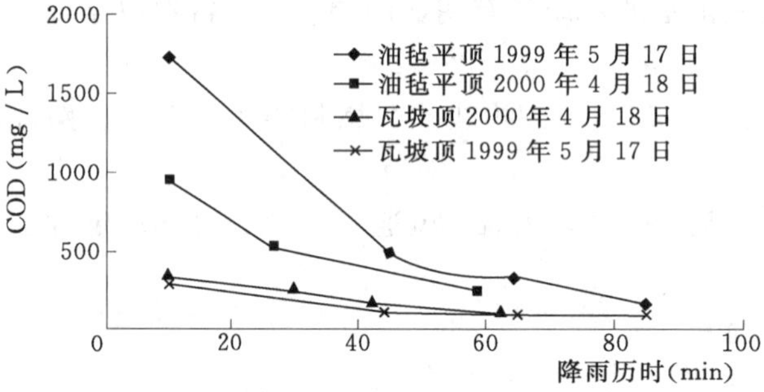

图 7-3 不同屋面材料雨水 COD 浓度与降雨历时关系

坡顶瓦屋面由于易于冲刷，初期径流的 SS 浓度可能较高，取决于降雨条件和降雨的间隔时间，但色度和 COD 浓度一般均明显小于油毡屋面。如遇到暴雨，强烈的冲刷作用把积累在平顶屋面上的颗粒物冲洗下来，则初期雨水中的 SS 也会达到较高浓度。

两种屋面初期径流 COD 浓度一般相差 3～8 倍左右，随着气温升高差距增大。由于沥青为石油的副产品，其成分较为复杂，许多污染物质可能溶入雨水中，而瓦屋面不含溶解性化学成分。

此外，屋面材料的新旧程度对屋面雨水的水质也有很大影响。一般旧材料老化后污染严重，而新材料污染相对较小。

3) 季节与气温。

经研究发现，一年中 4～5 月和夏季的降雨初期径流中 COD 浓度最高。同时测定的天然雨水中COD和SS浓度却一般较低，说明每场雨的初期径流中较高浓度的污染物来自屋面。主要原因是经过漫长的冬春旱季，屋顶积累了大量沉积物和污染物，被降雨冲刷溶解所致。但进入夏季后，气温升高和日照增强，一些宜于受热改性的屋面材料，如黑色的沥青油毡等，极易在太阳的暴晒下吸热变软，且容易老化，分解出有机物质，因而使雨水的水质恶化。一般日照越强烈，气温越高，屋面材料的分解越明显，屋面雨水径流中的COD也越高。

4）大气污染程度。

屋面雨水中的污染物除来源于对屋面材料和屋面沉积物的溶解外，主要还源自降水本身污染物。当大气严重污染后，降水的化学成分将十分复杂。一方面，降水中的污染物增多，使屋面雨水中的污染物起始值增大；另一方面，受污染的雨水（如酸雨）增强了对屋面材料的腐蚀，增大了其中污染物的溶出量。

4. 地面雨水径流的水质

（1）地面雨水径流的形成过程。

地面雨水径流是直接降落到地面的雨水径流和屋面、路面径流的混合水流。径流的形成过程包括降水过程、蓄渗过程、坡地漫流和集流4个基本过程。降雨的大小及其时间和空间上的分布，决定着径流的大小和变化过程。蓄渗阶段降雨全部消耗于植物和屋面截留、土壤下渗、地面填洼以及流域蒸发。当降雨强度逐渐加大而超过下渗强度时，开始形成细小水流，并开始了坡地漫流过程。然后雨水径流集于地形低洼处。

（2）雨水径流水质及影响因素。

在形成径流的过程中，雨水径流将冲刷屋面、路面、草地以及其他裸露的地面等，因此地面径流的水质要受降水水质、屋面水质、植物叶面沉积物、地面污染物等控制。特别是当径流流经地面固体和液体污染物时，其中的污染物被溶解于地面径流中，会使径流水受到污染。

（五）城市雨水资源评价

多年平均情况下，中国的年降水量有6.19亿m^3，其中约有2.71亿m^3转化为河川径流，约有0.83亿m^3由降雨和河川径流补给地下水，其中由河川径流转化为地下水的水量为0.73亿m^3，由降雨直接补给地下水的数量为1300亿m^3。地表水与地下水（扣除已计入河川径流又转化为地下水的重复计算水量0.73亿m^3）在重力作用下汇集，成为水利工程开发的最主要对象。因此，在我国水资源的评价中，仅计入了地表水与地下水，其所谓的全国水资源总量2.8亿m^3是一个不完整的水资源总量概念。实际上，渗入土壤的雨水在农田与绿地中也被作物或植被利用，是水资源的另一重要存在形式（没有土壤水的地球是无法想象的）。从这个意义来看，雨水资源总量才是水资源总量，地表水与地下水由其转化而来，属于雨水派生的资源。

城市的雨水利用具有兴利除害的双重性。一些发达国家如雨量充沛的日本，在城市屋顶修建用雨水浇灌的"空中花园"，在楼房中设置雨水收集贮存与中水道系统，以减少自来水的消耗。城市雨水资源的评价公式为：

$$S = P - R_s \tag{7-1}$$

式中 S——城市绿地和透水地面建筑物的截留量；

P——总降雨量；

R_s——地面径流，是主要的地面流失量。

显然

$$S = P(1 - R_s/P) = P(1 - \alpha_s) \tag{7-2}$$

式中　α_s——城市雨水径流系数。

减少 α_s 可以增加城市的供水，减少城市下游的雨洪灾害，降低城市排水工程的部分造价。

1. 城市设计暴雨过程

城市设计暴雨的推求一般采用暴雨公式。市政部门常用的雨强公式如下

$$i = \frac{s}{(t+b)^n} \tag{7-3}$$

式中　i——时段 t 内的平均暴雨强度，简称雨强，mm/min；

s——t=1h 的平均雨强，也称为雨力，$s=a\ (1+\lg T)$，mm/min；

a，b，n——地区暴雨参数，我国部分城市的暴雨公式参数见表 7-4；

t——暴雨历时；

T——暴雨重现期，年。

因此，时段内的次暴雨总量为

$$H = it = \frac{st}{(t+b)^n} \tag{7-4}$$

则瞬时雨强 i' 随暴雨历时 t 而变，两者的关系如式（7-5），i'—t 为瞬时雨强历时曲线。

$$i' = \frac{\mathrm{d}H}{\mathrm{d}t} = \frac{s[(1-n)t+b]}{(t+b)^{n+1}} \tag{7-5}$$

表 7-4　我国部分城市暴雨公式的参数

城市	a	b	c	n	城市	a	b	c	n
北京	12.00	8.0	0.811	0.711	厦门	5.09	0.0	0.743	0.514
天津	22.95	17.0	0.350	0.850	郑州	18.40	15.1	0.892	0.824
石家庄	10.11	7.0	0.898	0.729	汉口	5.89	4.0	0.650	0.560
太原	5.27	4.6	0.860	0.620	长沙	23.47	17.0	0.680	0.860
包头	0.060	5.4	0.985	0.850	广州	14.52	11.0	0.533	0.686
哈尔滨	17.30	10.0	0.900	0.880	西安	0.036	14.7	1.474	0.704
长春	9.58	5.0	0.800	0.760	银川	1.449	0.0	0.831	0.477
吉林	12.97	7.0	0.680	0.831	兰州	6.826	8.0	0.680	0.800
沈阳	11.88	9.0	0.770	0.770	西宁	1.844	0.0	1.390	0.580
济南	28.14	17.5	0.753	0.898	乌鲁木齐	1.168	7.8	0.820	0.630
南京	17.90	13.3	0.671	0.800	成都	16.80	$12.8T^{0.231}$	0.808	0.768
合肥	21.56	14.0	0.760	0.840	贵阳	11.30	$9.35T^{0.031}$	0.707	0.695
杭州	60.92	25.0	0.844	1.038	昆明	4.19	0.0	0.775	0.496
南昌	8.30	1.4	0.690	0.640					

如果考虑将绿地做成低于周围地面 10cm 左右的洼地，则绿地除了可以滞留其本身的降雨径流外，还可以将屋顶或公共不透水铺装面的径流导入。径流导入绿地的屋顶或公共不透水铺装面的范围可视作绿地的汇水区。汇水区的集流时间较短，为方便计算，假定其总的绿地入流过程为绿地增加的净雨量，设汇水区流入绿地的径流系数为 α，则总雨力为

$$S = s\left(1 + \alpha \frac{F}{f}\right) \tag{7-6}$$

式中 S——绿地和汇水区叠加的总雨力，mm/min；

s——前述设计暴雨雨力，mm/min；

α——汇水区的径流系数，如为铺装路面可取为 0.90；

F——汇水区面积，m^2；

f——绿地面积，m^2。

北京市不同重现期的总雨力计算结果如表 7-5 所列。

表 7-5　不同重现期的总雨力

重现期 T (a) \ F/f	0.0	1.0	2.0
1	12.00	22.80	33.60
2	14.93	28.37	41.80
5	18.80	35.72	52.65
10	21.73	41.29	60.85
20	24.66	46.86	69.05
50	28.53	54.22	79.90
100	31.46	59.78	88.10

2. 绿地设计净雨量

绿地上的降雨以及屋顶、地面等汇水区汇入绿地的径流在绿地内有截留和下渗，初期截留和下渗量较大，后期趋于稳定。为简化计算，采用扣除平均损失强度的方法计算绿地的净雨量（相当于不考虑初损，只考虑后损的产流计算方法）。假定平均损失强度为 μ，主要为绿地下渗，则由平均损失强度 μ，在瞬时雨强历时曲线上查得瞬时雨强 $i'=\mu$ 的点，相应的历时即为产流历时 t_c，因此，t_c 应满足

$$\mu = \frac{s[(1-n)t_c + b]}{(t_c + b)^{n+1}} \tag{7-7}$$

在设计暴雨条件下，截留及平均损失强度为绿地土壤的稳定下渗率，城市绿地土壤以壤土考虑，一般取 μ 为 0.3～0.2mm/min；对重现期为 1 年、2 年的暴雨过程，μ 采用 0.3mm/min；对重现期为 5 年、10 年的暴雨过程，μ 采用 0.25mm/min；对重现期为 20 年、50 年、100 年的暴雨过程，μ 采用 0.2mm/min。

对不同重现期 T 的设计暴雨，其相应的产流历时 t_c 值可由式（7-7）计算，总雨量可由式（7-4）计算，表 7-6 为北京市不同重现期暴雨时的净雨。

表 7-6 不同重现期时的净雨

重现期 T (a)	暴雨特性		净雨量 h_c	
	t_c (min)	H (mm)	F/f=0.0	F/f=1.0
1	42	31.2	18.6	46.7
2	55	43.3	26.7	65.4
5	90	64.9	42.5	100.9
10	108	79.9	53.0	127.8
20	170	105.0	68.3	160.2
50	205	129.0	88.3	204.0
100	232	148.0	102.0	235.4

3. 绿地滞蓄暴雨效果

仍然以北京市为例。如绿地不加滞蓄，径流系数将如表 7-7 中第三栏所列，如绿地比周围地面低 10cm，则绿地本身的径流系数将如表 7-7 中第五栏所列，亦即绿地径流系数将由 0.59～0.68 减至 0，全部径流将滞蓄在下凹绿地内入渗。如果绿地还汇入相同面积屋顶或路面的雨水，径流系数为 0.74～0.80，而当绿地作为滞蓄暴雨径流的场所时，其径流系数将降至 0～0.40。

表 7-7 绿地不同设置时的径流系数

重现期 T (a)	次暴雨量 (mm)	绿地与周围齐平		绿地比地面低 10cm	
		F/f=0.0	F/f=1.0	F/f=0.0	F/f=1.0
(1)	(2)	(3)	(4)	(5)	(6)
1	31.2	0.59	0.74	0	0
2	43.2	0.62	0.76	0	0
5	64.9	0.64	0.77	0	0
10	79.9	0.65	0.77	0	0.12
20	105	0.66	0.77	0	0.22
50	129	0.67	0.78	0	0.33
100	148	0.68	0.80	0.01	0.40

对城市市区暴雨径流管理，一般要求其排水设计标准为 5～10 年一遇。由表 7-7 中五、六两栏可见，其径流系数都降低到 0 或 0.12。可见下凹式绿地对暴雨径流滞蓄的巨大潜力。

当然，以上对径流系数减少的分析，指的是不同频率暴雨次降雨径流系数，一般汛期降雨占全年降雨量的 80%左右，而降雨径流主要产于汛期。如北京市平原区面积 6390km^2，而多年平均径流量为 6 亿～9 亿 m^3，径流系数为 0.19。如考虑径流主要产于汛期，则汛期降雨的径流系数为 0.24。

（六）城市雨水利用技术

1. 雨水渗透利用技术

雨水渗透技术是一种投资少、见效快、能发挥综合效益的节水型排水设施。对必须改造和新建的下水道工程，采用渗透设施能达到节省投资一举多得的目的。雨水渗透设施包括渗水管、渗水沟、渗水地面、渗水洼塘和渗水浅井等。渗透设施的构造、设计参数、施工管理应根据当地具体条件（如雨水水质、地质条件、地下水位等）试验确定，还应考虑大气、地面污染对雨水水质的影响。

（1）渗水管。

渗水管是多孔管材，雨水通过埋设于地下的渗水管向四周土壤层渗透，其主要优点是占地面积少，管材四周填充粒径 20～30mm 的碎石或其他多孔材料，有较好的调蓄能力；缺点是发生堵塞或渗透能力下降时，很难清洗恢复。而且不能利用土壤表层的净化作用，对水质有要求，应不含悬浮固体。在用地紧张的城区，对表层土壤渗透性差而下层土壤渗透性好的土层、旧排水管网改造利用和水质较好的地区适用。

（2）渗水沟。

渗水沟是采用多孔材料制作或是自然的带植物浅沟，底部铺设透水性好的碎石层。屋顶花园加浅草沟雨水处理系统是典型的雨水渗透处理利用系统。屋面雨水先流经屋顶花园进行渗透净化，而后与道路雨水一并进入凹式绿地，流入浅草沟（如图 7－4 所示）。

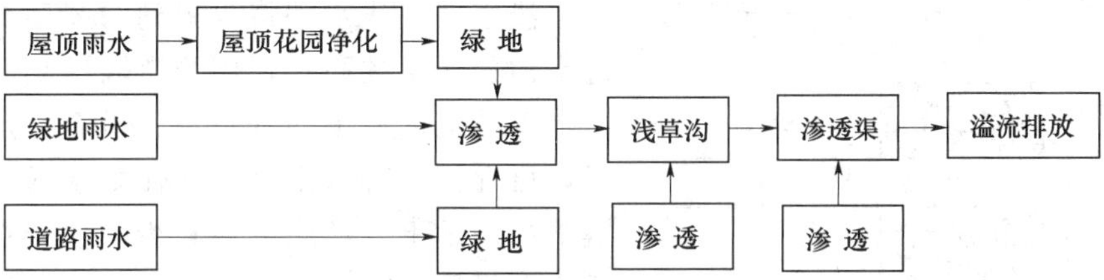

图 7－4　屋顶花园加浅草沟雨水处理系统示意图

浅草沟由上至下可分为两层，上层为种植草类植物的浅水洼，下层为渗透渠（如图 7－5所示）。通常，水洼层铺设活土，深度不超过 0.3m，通过土壤与植物的处理作用净化雨水，同时种植的绿色植被可以很好融入到建筑周围的生态景观当中。下层渗透渠一般填充高渗透性的棱柱状颗粒，如砾石或熔岩颗粒等，可储存大量雨水，并逐渐将雨水释放以补充地下水，超过渗透能力的雨水排入市政管网。

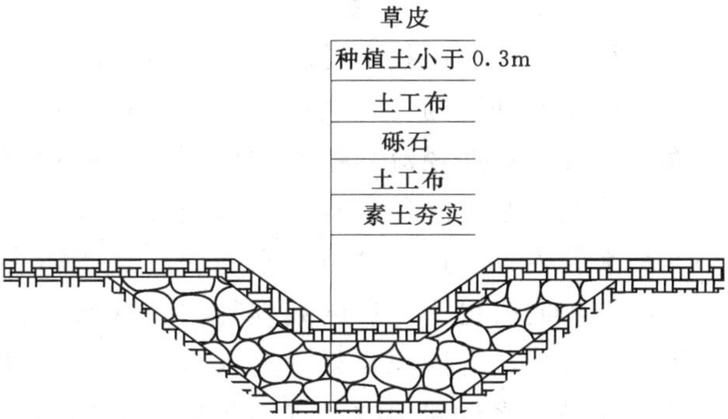

图 7－5　浅草沟示意图

（3）渗水地面。

渗水地面分为天然渗水地面和人工渗水地面。前者以绿地为主，其透水性好，能美化环境并对雨水中的污染物有较强的截留和净化作用，但其渗透流量受土壤性质的限制。人工透水地面是人工铺设的透水性地面，如多孔沥青地面、碎石地面和草坪砖地面等，多铺设在道路两侧的透水人行道、停车场等。其主要优点是利用表层土壤对雨水的净化能力，对预处理要求低，技术简单；缺点是渗透能力受土质所限，需要较大的透水面积。渗水地面在现代城市建设中已得到越来越广泛的应用。

（4）渗水洼塘。

渗水洼塘即利用天然或人工修筑的池塘或洼地进行雨水渗透，补给地下水。种植草坪的洼地对雨水不仅有调蓄作用，还可以去除水中的污染物，同时具有很好的观赏价值。渗水池塘一般是人工修建的比洼地深的雨水滞蓄和入渗设施，其周围一般种植树木，也有较好的景观效果。

（5）渗水浅井。

渗水浅井类似于普通的检查井，但井壁做成透水的，在井底和四周铺设 10～30mm 的碎石，雨水通过井壁、井底向四周渗透。其主要优点是占地面积和所需的空间小，便于集中管理；缺点是净化能力低不能含过多的悬浮固体，需要预处理。适用于拥挤的城区地面和地下可利用空间小、表层土壤渗透性差而下层土壤渗透性好的场合。浅水井的另一作用是雨水地下入渗。地下入渗是在土地有限的情况下，或者表层有较浅的不透水层时，挖穿不透水层，在透水层开挖入渗沟，沟内铺设带孔的透水管，周围填装直径 16～32mm 的砾石，透水管连接浅水井。浅水井将收集到的屋顶或道路等不透水地面产生的雨水，用管道输送到入渗沟内的透水管，沟内充填的砾石和管道有一定的蓄水空间，可存储一部分雨水，并使雨水通过周围的土壤下渗。地下入渗法占地较少，便于在城区及生活小区设置，如图 7－6 所示。对于我国有些地区，由于地下水开采过度而导致地下水水位下降，如能将雨水收集处理后回注地下，既能补充、涵养地下水，还能对暴雨洪水的水量起到调蓄作用，减轻洪涝灾害。

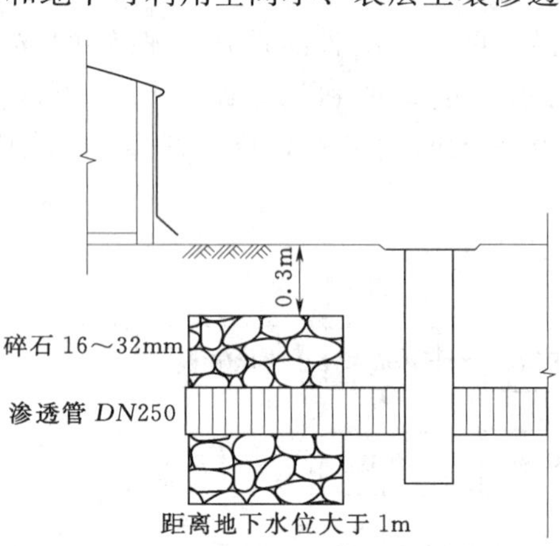

图 7－6 小区雨水地下入渗示意图

2. 雨水径流收集利用技术

雨水径流收集利用技术是对来自屋顶、道路等的降水径流进行收集，稍加处理或不经处理即直接用于冲洗厕所、浇洒绿地等。来自屋顶上和较清洁路面上的降水径流除初期受到轻度污染外，后期径流一般水质良好，收集并经简单处理后即可利用。

对于屋面雨水，一种方式是雨水经过雨水竖管进入初期弃流装置，初期弃流水就近排入小区污水管道，并进入城市污水处理厂处理排放，这样既防止初期雨水中大量污染物对环境的污染，同时也为之后的处理利用创造条件。经初期弃流后的雨水通过储水池收集，然后用泵提升至压力滤池，最后进入清水池。屋面雨水收集利用系统流程如图 7－7 所示。另一种方式是雨水从屋顶收集（不收集地表径流）后通过重力管道过滤或重力式土地过滤，然后雨水通过稳定的进口流入储水池（池中部含浮游式过滤器），处理后的雨水由泵送至各用水点用于冲洗厕所、灌溉绿地或构造水景观等。在该雨水利用系统中，所需考虑的最重要因素就是分散式过滤器中不能存在污染物颗粒，而且过滤器必须有自净能力。这种方式可简化为屋面雨水直接通过雨落管进入雨水过滤器（过滤砂桶），其外观如图 7－8 所示，然后用于冲洗厕所、灌溉绿地或构建水景观等。

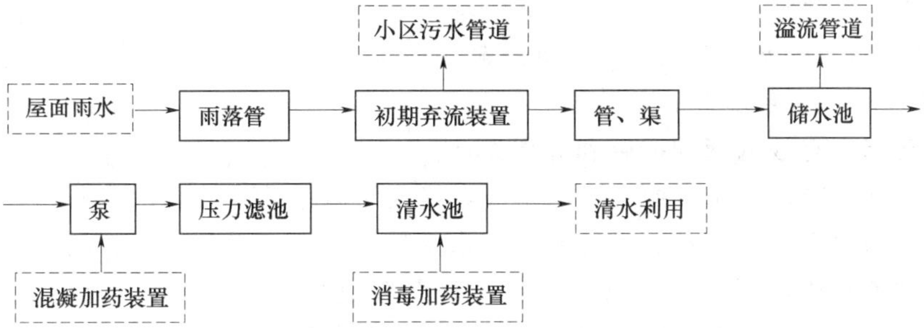

图 7-7 屋面雨水收集系统流程图

图 7-8 屋面雨水过滤外观图

对于较清洁的路面，设置蓄水池、集中式过滤器。它是将来自不同面积上的径流汇集到一起，然后进行集中过滤。这样，一方面减轻了污水处理的压力，又通过利用雨水减少了大量的自来水供应。家庭利用雨水可采用预制混凝土或塑料蓄水池等；社区环境也可利用雨水构造水景观或人工湖及人工湿地等。学校、企业、小区、大型公共场所或道路两侧修建蓄水池，减少地面径流量，把集蓄的雨水加以处理用于冲厕、洗车、消防、浇花、洒路、水面景观等。

3. 雨水含水层储存及回收技术

雨水含水层储存及回收技术的水源主要是城市暴雨径流及经处理的废水，然后将其注入含水层，待日后回收利用。雨水含水层储存及回收技术有直接回灌和入渗回灌两种方式，直接回灌即把雨水直接打到含水层而不通过土壤，这种方法补给地下水的能力高，但有污染地下水的危险；入渗回灌是井底在地下水位之上，雨水先通过下层土壤再到达含水层，这样可减弱污染地下水的可能。雨水含水层储存及回收技术最大的缺点是在入渗过程中改善雨水水质的能力低，因而对回灌水的水质要求较高。因此，雨水回注前可用人工湿地截留处理暴雨径流。对于我国有些地区，由于地下水开采过度而导致地下水水位下降，将雨水收集处理后回注地下，将起到补充、涵养地下水的作用。

雨水含水层储存及回收技术在工程中会遇到许多限制因素，如含水层的储存能力，物理化学作用是否会改变水质以及含水层阻塞等问题。澳大利亚南部已证明雨水含水层储存及回收技术不但可以改进水质，而且可提高水资源的可持续性。目前，雨水含水层储存及回收技术在世界上许多国家得到普遍的推广应用，其主要是作为饮用水水源或接近于饮用水的水源水。

（七）我国城市雨水利用面临的问题及解决途径

1. 城市雨水利用存在的主要问题

（1）缺乏切实有效的管理措施和规划设计。

城市雨水利用既属于水资源开发的范畴，又属于城市建设管理的范畴，具体实施要涉及城市建设、市政管理、节水、道路园林等众多部门。由于受到技术、制度、人为因素等的影响，在城市总体规划、城区改造和建设时没有把节水、贮存雨水放在优先考虑的地位。传统的雨水排放系统都是以尽快汇集与排除地面径流为目标，这就更加速了雨水向各条河道的汇集，使河道洪峰流量迅速形成，对城市下游地区造成更大的防洪压力。因此，除了雨水利用硬件技术的开发研究外，管理机构、非工程措施、法规及政策等软件的研究也必须同步进行。并且把雨水利用作为解决城市水资源短缺问题的有效途径而纳入到水资源管理体系中。

（2）城市雨水利用还没有得到足够的重视。

虽然国内不少城市都在建设雨水利用示范工程，但提到解决城市缺水问题，人们总是只想到修水库、打井等地表水和地下水开发措施，或者从外流域调水，并没有将雨水利用作为切实缓解水资源短缺的手段，轻视其对改善城市生态环境和解决缺水问题的重要作用。没有从战略高度认识雨水资源的重要性，没有确立城市雨水是资源的概念，使得城市雨水白白流失，公众参与意识淡薄。

（3）尚未形成公认的城市雨水利用标准和规范。

目前建设部和部分省（市）已经颁布了雨水利用的相关法律条例，如建设部颁布的“绿色生态住宅小区的建设要点和技术原则”、河北省水利厅颁布的“河北省城镇雨水资源利用工程技术暂行规定”、北京市规划委员会颁布的“关于加强建设工程用地内雨水资源利用的暂行规定”等，对雨水利用和雨水径流污染控制步入法制轨道起到了重要的推动作用。但随着雨水项目的不断增多和建设的进一步深入，新的问题（如过分追求直接经济效益、管理部门多头而且效率低下、时有应付作法等）不断出现，亟待完善相关政策法规，对雨水利用和雨水径流污染控制等工作加以规范。因此，应尽快出台“雨水管理条例”、“雨水径流污染控制规范及其实施细则”等，对雨水管理的目标、任务、使用范围及责、权、利的进一步划分。而全国各地的雨水利用还处于摸索阶段，缺乏充分的科学分析和指导。雨水利用系统的组成、集流面的面积、储水池的防渗材料选用，雨水水质的净化等都尚未形成公认的标准和规范。

（4）城市雨水利用理论和技术滞后。

我国城市雨水利用发展相对较晚，城市雨水利用理论及技术相对滞后。虽然国外雨水资源利用的技术比较先进可以学习借鉴，但由于我国特殊的自然条件不可能完全照搬照套，国内城市雨水利用的理论和技术还处于不断摸索阶段，雨水利用学科体系还没有形成，相关专著较少，在一些方面还有待进一步深入研究，如对城市可利用雨水资源量的计算评价及其合理调配，水力计算及其设计参数的合理确定，城市雨水水质对地表水、地下水的影响等基础理论研究，城市雨水利用区划和适宜利用模式的研究，雨水利用工程对生态环境影响评价体系建立。此外，雨水的经济价值和雨水管理问题，相关管理和政策也应开始研究。

2. 城市雨水利用问题的解决途径

城市雨水利用不仅是水利和城建系统的任务，还牵涉到很多部门。如何有效地进行合理的开发和利用是一个相当复杂又必须处理好的技术和政策问题，需要工程措施与非工程措施的有机结合。

(1) 把雨水利用纳入城市总体规划。

城市雨水综合利用是一项造福子孙后代的系统工程，应纳入城市总体规划。因此应加强宣传，提高认识，转变观念，把城市雨水利用与城市建设、水资源优化配置、生态建设统一考虑，把集水、蓄水、处理、回用、入渗地下、排水等纳入城市建设规划之中。

(2) 在城市防洪思路和措施上应有所创新和改革。

传统的城市洪涝依赖于城市排水系统“排干疏尽”，但是面对城市的不断扩张，城市排水管网总是疲于追赶，结果却事与愿违，不断加快的城市化速度总是领先于城市排水能力的更新，形成“城市扩建—排水管网延伸—强排—再扩建—再延伸—再强排”的怪圈。面对不断增加的排水管网长度和直径，面对人们对排水管网落后的责难，城市防洪的思路亟待转变，必须变“以排为主”为“蓄排结合”，逐步扩大雨水利用途径，提高雨水利用效率和代用自来水的比重。

(3) 尽快制定雨水利用的法规和条例。

借鉴发达国家的经验，为了合理、充分地利用雨水资源，缓解城市供水压力，保证城市防洪安全，充分利用雨水回补地下水资源、改善生态环境，政府应尽快出台雨水利用的有关法规和政策，强制规定在新建居民小区、大型公共建筑和工商业区均要设计雨水利用以及纳雨滞洪设施等内容。

(4) 对原有排水设施进行改造。

结合城市建设，利用已有的排水渠道、管网，采取“长藤结瓜”形式，在有利地形增设水窖、水柜，先蓄后排，蓄排结合，让雨水蓄完后再排走，在今后的排水管网新建和改造中，要做到雨污分流。

(5) 加强雨水利用的科学研究。

尽管雨水利用已经开始起步，但时至今日，雨水利用的科学研究还很落后，还不能满足雨水利用的客观需求，因此必须进一步加强雨水资源利用的科学研究。

(6) 强化管理，制定符合实际的雨水利用规范和标准。

城市雨水利用属于水资源的开发与管理范畴，涉及到气象、地质、水利、城市建设等问题，具体实施时需要水利、城建、市政管理、环境保护等许多部门进行合作。城市雨水利用涉及到城市雨水资源的科学管理、雨水径流的污染控制、雨水的收集系统、雨水的处理回用系统，城市生活小区水系统的合理设计及生态环境建设等方面，具有很强的技术性，应通过对雨水利用的科学研究，借鉴国外的先进技术，结合我国国情制定相应的技术规范和标准。

(7) 设立专项基金，扶持雨水利用产业的发展。

雨水利用作为环保产业和公益事业，政府应给予各种环保优惠政策，通过各种优惠政策和利益机制调动开发商和企事业单位的积极性。政府应加大扶持力度，设立专项基金，将效果明显的雨水利用技术尽快推广应用。

二、农业雨水利用

（一）农业雨水利用的方式

农业雨水利用是指通过自然过程或人类活动过程将雨水用于农业生产以提高作物产量和改善农业生态系统的做法。根据雨水利用方式的不同，可分为雨水自然利用、被动利用和主动利用三类。

1. 雨水的自然利用

雨水的自然利用是指作物对未经人为活动影响的、自然水文循环过程中的雨水利用。

2. 雨水的被动利用

雨水的被动利用是指通过一定的人为措施增加拦蓄入渗（如深耕、深松、水平等高耕作、梯田、等高沟垄耕种法蓄水）或减少蒸发（如覆盖）来利用雨水。

3. 雨水的主动利用

雨水的主动利用是通过修建一定的集流面，将天然径流汇集并储存，使降水变成时间和空间上可调的现实水资源，在作物需水关键期进行补灌。

可见，上述所谓的“雨水被动利用”也是人们主动采取措施才实现的，只不过这种方式下，雨水只能以土壤水的形式蓄在土壤中，为作物所利用。而与被动利用相比，“主动利用”方式下，雨水以地表径流形式被收集储存，可以结合节水灌溉措施，实现从灌溉“土壤”向灌溉“作物”方向的转变，其可控性更强。

本节以下重点阐述通过对自然水文循环进行人工干预的雨水利用方式——雨水集蓄利用，前面提到的被动利用和主动利用均属于农业雨水集蓄利用的范畴。而且，本节中雨水利用的范围不只是农业灌溉，还包括农村居民生活用水及发展林、牧、渔业等的用水。

（二）农业雨水集蓄利用的作用

1. 有利于改善农业生产条件

就农村而言，雨水集蓄利用可以缓解水资源紧缺、解决农村生活用水问题，实施补充灌溉，提高农作物产量，改善群众的生活生产条件，促进农村经济发展。据不完全统计，至2001年，全国共建成水池、水窖、小塘坝等小微型水利工程0.12亿处，蓄水容积160亿 m^3，解决了0.36亿人及0.25亿头牲畜的饮水问题，发展抗旱保苗补水灌溉面积264.67万 hm^2，为0.3亿人创造了较稳定的水利条件，使得干旱缺水地区群众温饱问题的解决有了坚实的物质保障。开展雨水集蓄利用，是干旱、半干旱地区在非常缺水的状况下，解决人畜饮水和发展灌溉的重要途径。

2. 有利于促进农业结构调整

雨水集蓄利用的实施，可使许多缺水地区农民有条件种植蔬菜、瓜果等高效经济作物。不少干旱地区兴建雨水集蓄利用工程后，一些农户办起了养猪场、养鸡场及生产酱油、醋的工厂，使西部干旱缺水山丘地区的农业产业结构从单一的种植业向农、林、牧、副、渔等各业全面发展，取得了良好的经济效益。

3. 有利于改善农村生态环境

雨水集蓄利用工程在基础设施建设、改善生态环境方面都能发挥重要作用。农业产业结构从单一的种植业转变为各业全面发展后，有效地减少了毁林开荒，推进了坡改梯等生态保护措施。雨水集蓄利用工程使农民由广种薄收逐步走向精耕细作，合理开发利用水土资源，有利于在水土流失区实施退耕还林还草，遏制对生态环境的破坏。

（三）农业雨水集蓄利用的发展

1. 国外农业雨水集蓄利用的发展

（1）雨水的初始利用阶段（20世纪50年代以前）。

雨水利用是一项古老的实用技术，远在4000多年前，中东地区就收集雨水用于生活和灌溉。约1500年前，以色列的纳巴特人（Nobateans）就在内格夫（Negev）沙漠创造了径流集水系统，他们把从岗丘汇集的雨水径流由渠道分配到各个田块，或将径流储存到窖里，以供农作物利用，获得了较好的收成；1000多年前墨西哥、秘鲁和南美在安第斯山山坡上就建造了能灌能排的雨养梯田；几百年前印第安人就收集雨水种植玉米、南瓜和甜瓜。然而，雨水的利用追溯其发展史基本都是从洪水灌溉开始的，传统的利用方式有以下几种方式。

1）在漫长的边坡上沿等高线筑堤坝以拦截分散降雨径流，一方面灌溉田地；另一方面通过泥沙淤积，逐渐形成窄条梯田。

2）在山坡的排水沟中修筑拦水设施通过泥沙淤积变成小块田地。

3）修筑引水渠，将山前洪水引进临近的耕作区灌溉。

4）是修筑小的蓄水坝将季节性洪水贮存起来，通过渠道系统浇灌农田或供人畜饮用。

就雨水利用技术的发展而言，在20世纪50年代以前的进展比较缓慢，而且随着第一、二次世界大战和政治的动荡，许多古老的径流农业区被废弃和遗忘。另外，由于机械动力开发河流与地下水技术取得了飞速的发展，人们对于雨水利用的兴趣在此阶段有所下降。

（2）基础性研究与技术大发展阶段（20世纪50～80年代）。

在20世纪50、60年代以后，随着二战的结束和经济的复苏，以及全球旱灾频率的加快和人口的增长，特别是遭受70年代非洲大旱灾后，古代雨水利用技术重新受到人们的重视，在有关国家政府的参与和科技人员的努力下，随即投入了较大规模的理论研究与技术开发。仅在1970～1980年间，就有170篇有关农业雨水集蓄利用的论文被发表。

在此期间以色列进行了较大规模的径流农业系统试验研究。以Evenari、Shanan和Tadmor为代表的科学家在内格夫荒漠区的萨夫塔（Shivta）和阿夫达特（Avdat）两地区重建集水农场进行研究。主要研究目的包括：①通过实验检验古代荒漠径流农业理论是否正确；②收集这个地区典型的水文资料并分析降雨和洪水之间的关系；③研究荒漠径流农业的可行性；④确定水的利用效率，评价径流耕种条件下作物的抗旱能力。十多年的研究取得了丰硕的成果，摸清了内格夫地区在不同集水区面积、坡度和石子覆盖度下降雨量与径流量的关系，以及集水措施对作物和草场产量的影响。

在美国，以Myers、Frasier、Cluff、Fink、Kemper和Mccreary等为代表的科学家主要集中研究了集水面处理方式对径流收集效率与水质的影响。集流面的处理方式包括机械处理（清除杂草、平整土表和夯实），喷洒化学试剂（钠盐、硅酮胶乳、沥青以及蜡状物质），用膜覆盖地表（塑料薄膜、异丁烯橡胶及薄金属片、砂砾覆盖塑料或沥青纸）。

在澳大利亚，Hollick、Frith和Laing等科学家对道路型集流面的降雨—径流过程、集水面的坡度和面积、土壤的冲刷和风险评价、径流的分散和贮存以及蒸发和渗漏的防治做了深入研究。此项技术的推广应用规模较大，在1948年就建造道路型集流面2500个，平均每个集水区面积约为1hm²，为牧畜提供饮水。同时，另外修建总面积约为706hm²的道路型集水面21个，每个集水面面积在12.1～70.8hm²之间，为澳大利亚西部小城镇提供生活用水。其次还有伊朗、加勒比海以及印度等国家在此阶段不同程度地发展了雨水集流技术。这时期的重要著作有美国国家科学院编著的《干旱地区集水保水技术》（1974年），Frasier主编的《集水会议文集》（1974年），Hillel主编的美国农业部科技报告《干旱区径流增加措施》。

（3）系统研究阶段20世纪80年代至今。

20世纪80年代以来，面对地表水匮乏、地下水水位下降、水质恶化、土壤的盐渍化和沙漠化等环境问题，人们对于雨水资源的合理利用有了更深刻的认识。20世纪80年代初，国际雨水集流系统协会（IRCSA）成立以来，各国对于雨水利用进行了系统的研究，如东南亚的尼泊尔、菲律宾、印度和泰国，非洲的肯尼亚、博茨瓦纳、纳米比亚、坦桑尼亚和马里等国。工业发达国家，如日本、澳大利亚、美国、新加坡、法国、瑞典等国也都在开发利用雨水。

以集水系统规模的大小为分类标准，这一阶段雨水集流的研究主要包括以下两个方面。

1）微型集水区集雨系统的定量模拟研究。微型集水区集雨，即从坡长较短的自然坡面收集雨水，坡长一般小于50～500m。雨水存贮区是“土壤库”或贮水设施，整个集水系统面积在0.5～1000m²之间。荷兰、以色列、美国的科学家Boers、Zondrer Van、Ben－Asher、Degraaf、Feddes和Warrick等利用水量平衡原理从理论上对微型集水区集雨进行了系统研究，建立了微型集雨系统模型，提出微型集雨系统适合于在年降雨量为250mm左右，且有黄土分布的荒漠区使用。

2）小流域集雨农业系统研究。小流域集雨农业系统是指利用面积较大的集水区产生径流并贮存于蓄水池或贮水罐中，再通过修筑渠道，管道等输水设施把水分输送到灌溉农田或直接供人畜饮用。在一个农业流域中一般由多个这样的集水、蓄水和输水系统形成全流域的集水农业系统。小流域集水面积一般在几千平方米到几公顷。

以雨水集流系统的使用目的为分类标准，这一阶段雨水集流的研究主要包括以下三个方面。

1）以农业生产为目的降雨径流集水系统研究。20世纪80年代后期，联合国有关组织在对非洲的援助中把发展适合当地的径流农业技术作为一项重要内容，因此许多国家的科技人员在非洲不同地区做了大量的试验，在恢复被遗弃的径流农业系统和开发新的径流农业技术方面取得了卓有成效的收获。Reij和Tabor等科学家在撒哈拉荒漠区使用微型集雨方法种植高粱和小米，获得1901kg/hm²和3102kg/hm²的产量，试验过程中还使用了包括卫星遥感、水文模型模拟等现代手段在内的高新技术获得必要的信息，并改进径流农业系统的规划和设计。

2）以改善生态环境和建立新的农业生态系统为目的雨水集流系统研究。以色列林业部在内格夫荒漠区于1990年开始的“Savannization Project”计划，旨在通过微型集水区集雨技术人为建造一个包括植物、微生物、水、土、营养物质相互作用的良性生态系统，增加生物多样性及生物生产力，促使荒漠生态景观向稀疏草原景观转变，抑制和逆转荒漠化。初步的试验结果证明在微型集水区建立之后，不仅植物的生物产量增加了，而且物种数目也增加了，认为用微型集水区集雨技术可以在干旱环境中产生小规模绿洲。印度目前采用集雨技术和传统的水土保持措施相结合，致力发展干旱地区的农林复合生态系统，以解决干旱地区农业持续发展问题。

3）雨水对地下水的回灌技术研究。日本于1990年开始了“井水保护项目”，利用收集的雨水补给地下水。

2. 国内农业雨水集蓄利用的发展

早在2700年前的春秋时期，我国黄土高原地区已有引洪漫地技术，在600多年前已有了水窖。20世纪60年代，我国科学家在黄土高原进行水土保持研究时就曾涉及到鱼鳞坑和水平沟雨水集流技术，70年代在吕梁山还采用集雨梯田发展雨养农业。但我国雨水集流的系统研究相对较晚，雨水集蓄利用工作从试点示范到规模发展，大致经历了以下4个阶段。

（1）试验研究阶段。

20世纪80年代，为解决干旱区贫困山区人畜饮水问题，甘肃省水利厅和甘肃省农科院等地方科研单位联合高校和中科院有关单位对集雨技术进行了系统研究。论证了雨水集蓄利用工程的可行性和可持续性，提出雨水集蓄利用的理论与方法，取得了一批实用成果，为雨水集蓄利用工作的开展奠定了理论和技术基础。

（2）试点示范阶段。

20世纪90年代，在政府的支持和科技人员的努力下，以集雨技术为依托，在我国半干旱区建立了初具规模的庭院经济集水农业模式。集流面的类型主要为混凝土庭院、屋顶、土路面和柏油路面，收集的雨水贮存在混凝土薄壳水窖及传统的红胶泥旱井中。水窖主要分布在庭院旁或接近路面的田地中，容积为20～30m^3，收集的雨水除人畜饮水外，结合滴灌和微灌措施发展果园、蔬菜及花卉和小规模的大田作物生产。甘肃省于1995年实施“121”雨水集流工程，即在干旱地区每户建立一个100m^2左右的雨水集流场，修两眼贮水30～50m^3的水窖，发展667m^2（一亩）左右的庭院经济。内蒙古自治区1995年在干旱的准格尔旗和清水河县实施“112”集雨节水灌溉工程，即一户建一眼蓄水30～40m^3的旱井或水窖，采用坐水种或滴灌技术发展1334m^2（两亩）抗旱保收田。从实施情况看效益非常明显，滴灌设备投资当年可以收回，加上集流工程的投资2～3年也可收回。

通过该阶段的试点示范工作，使雨水集蓄利用从单项技术发展为农业综合集成技术；从单一的利用模式走向高效综合利用；从理论探讨、技术攻关走向实用阶段，找出了一条干旱山区农业和社会经济发展的新路子。

（3）推广应用阶段。

1997～1998年，财政部、水利部联合组织的雨水集蓄利用试点工作带动了西北、西南、华北地区雨水集蓄利用工作迅速发展，工程建设开始从零散型向集中联片型发展。

（4）蓬勃发展阶段。

2000年，水利部编制了《全国雨水集蓄利用“十五”计划及2010年发展规划》。

2001 年 7 月，中国水利学会雨水专业委员会成立大会暨雨水利用国际学术交流会在兰州市隆重召开。2001 年 9 月，水利部农村水利司在广西百色市召开了全国雨水集蓄利用现场会。雨水集蓄利用工作进入一个崭新的阶段。

截至 2006 年，我国共建设或改造利用各类集流面 304 亿 m^2，建成各种类型蓄水设施 1032 万个，年收集利用雨水 45 亿 m^3，解决了 2194 万人、978 万头大牲畜的饮用水困难，为 289 万 hm^2 的土地提供了补充灌溉的水源。这些雨水集蓄利用工程产生了明显的经济效益、社会效益和生态效益，在全面建设小康社会、建设新农村中起了重要的作用。

（四）农业雨水集蓄利用技术

雨水是旱区农业生产的主要水源，发展集雨灌溉农业是一种主动抗旱的高效用水方式。由于旱区降水年际和年内分配不均，水分供需错位常导致作物受旱；暴雨季节严重的水土流失又引起土壤侵蚀和退化，降水利用率和农田用水效率低下。因此，发展雨水集蓄，在作物需水关键期补灌的潜力巨大，是解决水土流失和提高旱作生产力的一个结合点，也是旱区发展"小水利"和节水农业的一条新途径。雨水集蓄利用工程主要包括集雨系统、输水系统、蓄水系统和用水系统。

1. 集雨系统

集雨系统主要是指收集雨水的集雨场地。首先应考虑选择具有一定产流面积的地方作为集雨场，不具备天然条件的地方，需人工修建集雨场。

（1）年集水量的计算。

在水文学中，大家已熟悉径流系数的概念，它是指流域某一时段内的径流深 R 与相应时段内的降雨量 P 的比值。在雨水集蓄工程中，集雨场的径流系数有一个专门的术语，称为集流效率。根据集流场的集水面积 F、年集流效率 α，以及对应保证率 p 的年降水量 P_p，就可以由式（7－8）计算出相应保证率的可集水量 W_p。

$$W_p = \alpha\beta P_p F/1000 \tag{7-8}$$

式中　α——集流面的全年集流效率，以小数形式表示；

β——全年降雨量与降水量之比值，以小数形式表示；

P_p——对应保证率 p 的年降雨量，mm；

F——集流场集水面积，m^2；

W_p——集流场在保证率为 p 年份的全年可集水量，m^3。

$$P_p = P_0(1 + C_V\Phi_p) \tag{7-9}$$

式中　Φ_p——离均系数，可根据保证频率 p 和偏态系数 C_S 查 P—Ⅲ型分布离均系数表得到；

C_V——年降雨量的离差系数；

P_0——年降雨量的均值，mm。

由于集雨材料的类型、各地的降水量及其保证率的不同，集流效率也不同，要选用当地的实测值，若资料缺乏，可参考类似地区选用。对雨水集蓄来说，p 一般取 50%（平水年）和 75%（中等干旱），某地区全年降雨量占降水量的比例可根据气象资料确定。

（2）集流效率的主要影响因素。

集流效率是一个综合指标，其影响因素十分复杂。主要有水文气象特性、集流面材料、前期土壤含水量、地形地貌特征等。

1）降雨特性对集流效率的影响。

全年降水量的多少及雨强的大小直接影响集流效率。随着降雨量和雨强的增加，集流效率也相应增加。在多年平均降水量较小的地区，全年的集流效率也较低。这是因为降雨量少的干旱地区，每次降雨的雨量小，地皮还没湿透雨就停了，很难形成地面径流，而且由于难得下一场雨，流域前期土壤较干，大部分雨水被土壤吸收，往往只有很少一部分形成径流。

2）集流面材料对集流效率的影响。

雨水集流的防渗材料很多，各地的实验结果表明，以塑料薄膜、混凝土和水泥瓦的集流效率最高，可达70%～80%，因为这些材料透水性差，在较小的雨量和雨强下即能产生径流；而防渗材料差的土料，一般集流效率在30%以下，其中干旱地区天然松散土料集流面得集流效率甚至只有6%～8%，即使把土层夯实后其集流效率也只是提高到20%左右。各种防渗材料集流效率大小依次为塑料薄膜、混凝土、水泥瓦、机瓦、塑膜覆沙（或覆土）、青瓦、三七灰土、原状土夯实（或石质自然山坡）、原状土。同一种防渗材料，由于施工质量高低，其集流效率也有差别。表7-8列出了甘肃和宁夏两省（自治区）在不同降雨特性下各种典型集流面材料的集流效率推荐值，供参考。

表7-8　　不同材料集流场在不同降水量及保证率情况下全年集流效率表

多年平均降水量（mm）	保证率（%）	集流效率（%）								
		混凝土	水泥瓦	水泥土	塑膜覆砂	机瓦	青瓦	黄土夯实	沥青路面	自然土坡
200～300	50	77.8	71.0	47.5	42.3	42.2	34.2	20.1	66.2	6.0
	75	75.1	66.2	41.8	34.2	34.1	29.3	17.0	64.3	5.0
	90	73.5	62.7	35.2	30.1	30.5	25.1	13.4	63.1	4.0
300～400	50	79.6	74.8	52.3	45.8	49.3	41.1	26.1	68.1	8.0
	75	78.0	71.9	45.7	41.1	42.5	35.3	21.5	66.2	7.0
	90	75.8	68.1	40.9	35.3	38.1	30.5	18.4	64.3	5.0
400～500	50	80.0	75.3	53.5	46.1	50.0	41.3	25.0	68.2	8.0
	75	78.8	74.0	50.8	44.9	47.9	38.2	23.1	66.9	7.0
	90	76.4	71.0	43.2	41.1	39.6	32.4	20.2	65.5	6.0
500～600	50	80.6	75.0	55.0	46.9	51.1	42.5	25.8	68.5	8.3
	75	79.3	73.4	52.4	45.2	49.3	39.9	23.6	67.0	7.2
	90	76.9	71.2	49.1	37.5	47.2	34.2	18.7	65.8	6.1

3）集流面坡度对集流效率的影响。

一般来讲，集流面坡度较大，其集流效率也较大，因为坡度较大时水流流速也大，从而相应减小降雨过程中坡面水流的厚度，降雨停止后坡面上的滞留水也较少，因而同等条件下可较少入渗水量，增加产流量。下垫面材料相同，不同坡度对集流效率的影响差别也较大。根据甘肃省的试验，同样是混凝土面或原土夯实面，不同坡度的集流效率见表7-9。因此，为了提高集流效率，集流场纵坡度应不小于1/10。但用原状土坡做集流面时，其坡度不宜过陡，以免造成坡面冲刷，一般坡度以不大于1/30为宜。

表 7-9 不同集流面材料和坡度相应的集流效率

集流面材料＼集流面坡度	1/50	1/9
混凝土	40%～50%	68%～80%
原土夯实	次降雨量超过 10mm 才能产流，效率 10%～15%	19%～30%

4）集流面前期含水量对集流效率的影响。

前次降雨造成集流面含水量高时，本次降雨集流系数就高。下垫面材料不同，这种影响差别也较大，特别是土质集流面，其前期含水量对集流效率的影响更为明显。据甘肃西峰集流场试验，原土夯实地块在前期土壤饱和度达到 95%时，集流效率可达 80%以上。集流面前期含水量对混凝土下垫面而言影响较小。

（3）集流方式。

集流方式分人工集流场集流和天然集流场集流两种。在黄土丘陵沟壑区，由于土壤透水性好、下渗能力大，一般采用人工集流场方式集流。在西南干旱山区及海岛地区多用天然集流场集流。人工集流场分固定集流场合移动集流场。移动集流场主要利用柔性防渗材料，如塑料薄膜、沥青玻璃丝油毡等，多布置在山坡、梯田，便于移动，以利于土地轮休；固定集流场常利用硬路面、屋面、场院及专门修建的混凝土、HEC 土壤固化等集流面。在黄土高原，为灌溉用水方便，将集流场及蓄水设施布置在山顶，形成秃头峁顶式集流场；利用路面作集流场，往往将蓄水设施沿路边布置，形成路边葡萄串式布置模式；在庭院，由于集流场面积限制，其集流蓄水多为庭院单点式。不同地貌条件下的集流方式如表 7-10 所列。

表 7-10 不同地貌条件下的集流方式

集流方式			适宜的地貌特征及布置
人工集流场	固定集流场	路面集流 屋面、场院集流 混凝土集流面集流 HEC 土壤固化集流面集流	路边葡萄串式 庭院单点式 秃头峁顶式
	移动或固定集流场	聚乙烯薄膜集流面集流 沥青玻璃丝油毡集流面集流 其他防渗膜布集流材料集流	山坡-梯田式
天然集流场	坡面沟壕		干旱山区及海岛地区

（4）集流面材料的选择。

集流面的防渗材料有很多种，如混凝土、瓦（水泥瓦、机瓦、手工青瓦）、天然坡面夯实、塑料薄膜、片（块）石衬砌等，应本着因地制宜、就地取材、集流效率高和工程造价低的原则选用。

1）混凝土集流面。

若当地砂石料丰富，运输距离较近。且不需要较大面积的集流面时，可优先考虑选用混凝土集流面。这种材料吸水率低、渗透系数小，在较小的雨量和雨强下即能产生径流，在降雨发生年内变化的情况下，集雨效率比较稳定，可达到70%～80%，且使用寿命长、集水成本低、施工简单、水质卫生。

2）瓦集流面。

瓦有水泥瓦、机瓦、手工青瓦等种类。水泥瓦的集流效率比机瓦和青瓦高出1.5～2倍。故应该尽量采用水泥瓦作集流面。用于庭院灌溉和人畜生活饮水的要与建房结合起来，按建房要求进行设计施工。一般瓦屋面坡度比为1/4。

3）片（块）石衬砌集流面。

利用片（块）石衬砌坡面作为集流面时，应根据片（块）石的大小和形状采用不同的衬砌方法。片（块）石尺寸较大且形状较规则时，可以水平铺垫，铺垫时要对地基进行翻整处理，翻整厚度以不低于30cm为宜，夯实后干容重不小于1.5t/m^3。若片（块）石的尺寸较小，形状也不规则，则应采用竖向按次序砸入地基的方法，其厚度一般不应小于5cm。

4）水泥土及原状土集流面。

水泥土是仅次于混凝土和水泥瓦的一种集流材料，具有较高的集流效率。水泥土的材料性能与混凝土比较有较大差异，但由于其成本较低，故比较适合于砂石料的地区。相同条件下，原状土夯实比水泥土集流的效率要低。原因是土壤表面的抗蚀力一般较弱，固结程度差，使得土壤下渗速度加快，下渗量增大，因而地表径流就相对减少，集流效率一般在30%以下。

5）防渗膜布集流面。

如果当地的人均耕地较多，可采用土地轮休的办法，用防渗膜覆盖部分耕地作为集流面，第二年该集流面转成耕地，再选另一块耕地作为集流面。这些材料集流效率较高，但个别材料使用寿命较短。常用的膜布防渗材料有聚乙烯塑料薄膜、聚氯乙烯薄膜、沥青玻璃布油毡、机织防渗布等。

6）HEC混合料集流面。

HEC混合料系列土壤固化剂是一种新材料，目前在三峡、小浪底工地都有用HEC修建的路面。该材料可以固结天然沙质土、粉质土、黏土、粉煤灰、含硫尾矿砂、含泥碎石屑、风化沙和其他工业废渣等，使之产生较高的强度、水稳定性及耐久性。该材料的最大优点是对骨料没有限制，既可作土壤固化剂使用，又可与水泥一样以砂、石碎屑为骨料，按一定比例加水振捣成型，其强度与混凝土近似，因此非常适宜就地取材，从而减少了砂石料的费用，降低了综合造价。

7）自然土石山体集流面。

选择这种形式的集流面一般是对应有较大容积的蓄水工程（如拦沟坝）。这种集流面一般面积较大，有一定坡度和植被，山体坡面土石固结较好，不易也不必要进行坡面处理，地表集流效率比土质集流面高，与片（块）石衬砌的集流面相近。这种集流面集流的最大优点是面积大。豫西汝阳、栾川、嵩县等地区近年建造的集雨节灌工程大多采用这种形式的集流面。

根据以上分析，集流场的常用防渗材料的技术指标和适用范围可归纳如表7-11所示。实际工作中选用集流场防渗材料时，不仅要考虑其技术指标，还应同时考虑其经济适应性。

表 7-11　不同防渗材料集流面及处理技术

技术方法	材料种类	厚度	指标	施工技术要求	适用情况
物理处理技术	混凝土	3～5cm	C15	土基翻夯不小于30cm，骨料干净，拌和均匀，振捣密实，分块尺寸1.5m×1.5m～2m×2m，成型后要表面平整光滑，养护及时，留有伸缩缝，缝宽1～1.5cm，充填处理不漏水	砂石丰富地区
	浆砌片（块）石			坐浆水泥砂浆不宜低于M7.5，勾缝砂浆不低于M10	石料丰富地区
	聚乙烯薄膜	0.06～0.12mm	容重为0.91～0.93g/cm³，抗拉强度大于10MPa，拉断时的延伸率大于280%	地表平整、无杂草，应喷洒除草剂，铺设时要求平整、拉直，膜之间搭接10cm，要折叠或焊接严密，不能漏水	活动集流场
	沥青玻璃丝油毡	0.5～1.0mm		地表平整、无杂草，应喷洒除草剂，铺设时要求平整、拉直，油毡之间搭接10cm，并用特定黏合剂黏结严密，不能漏水	活动集流场
	黄土夯实	10cm	干容重为1.6g/cm³	将地表挖松，除去杂草与杂物，保证夯实要求的干容重。夯实后的地表处理平整	经济条件较差的地区
	自然土石山体				对应有拦沟坝
化学处理技术	灰土	10cm	二级或三级石灰，石灰∶土为3∶7，干容重1.55g/cm³	土基翻夯不小于30cm。石灰与地表土混合后一定要搅拌均匀，再铺平，保证夯实要求的干容重。夯实后的地表处理平整	缺砂石料地区
	水泥土	5cm	325号或425号水泥，水泥∶土为1∶8，或水泥占10%，最优含水率19%～20%，干容重1.6g/cm³	土基翻夯不小于30cm，土与水泥混合后一定要搅拌均匀，再铺平夯实到要求的厚度，保证夯实后达到要求的干容重。表面要平整	缺砂石料地区
	HEC土	5cm	HEC∶土为1∶8或1∶6，干容重1.6g/cm³，最优含水率19%～20%	土基翻夯不小于30cm，HEC与水、土混合后一定要搅拌均匀，应用强制式搅拌机，再铺平夯实到要求的厚度，保证夯实后达到要求的干容重。表面要平整	缺砂石料地区

（5）集流场面积的确定。

当确定了雨水集蓄利用工程所需达到的年集水量后，由式（7-8）可导出集流面积 F 的计算公式

$$F=\frac{1000W_p}{\alpha\beta P_p} \tag{7-10}$$

式中 α——集流材料的集流效率，如果当地缺乏试验数据，可参考选用其他类似地区的值；

β——全年降雨量与降水量之比值，以小数形式表示；

P_p——用水保证率 p 相应的年降水量，mm；

W_p——相应保证率 p 的设计年集水量，m^3；

F——集流场集水面积，m^2。

2. 输水系统

输水系统主要是指截流沟和输水沟（渠）。其作用是将集雨场上的来水汇集后引入沉砂池，而后流入蓄水系统。输水沟（渠）的断面形式可采用U形、半圆形、梯形和矩形等，断面尺寸根据集流量及沟（渠）底坡等因素按明渠均匀流公式计算确定。

利用屋面作为集流面时，可将截流输水沟布置在屋檐落水下的地面上，采用C15混凝土宽浅式弧形断面渠；利用公路作为集流面时，可利用公路的排水沟，输水系统从公路排水沟出口连接到蓄水设施；利用天然山坡作为集流面时，可每隔20～30m沿等高线修建一定的截流沟，截流沟可采用土渠，坡度宜为1/30～1/50。截流沟须与输水沟连接，输水沟通常沿垂直等高线方向布置并采用矩形或U形混凝土衬砌渠道。

3. 蓄水系统

蓄水系统包括蓄水建筑物及其附属设备，其作用是存储雨水，并作简单的水质处理。蓄水建筑物主要有水窖、水窑、水池、水罐、水柜等类型，应根据当地的地形、土质、集流方式及用途进行规划布置。由于水窖建筑容易、使用方便、蒸发渗漏少、水质基本不受污染，因而在干旱半干旱地区得到了较广泛的应用。

4. 用水系统

对于以人和家畜、家禽饮用水为目的的庭院集雨工程，集雨、输水、蓄水和用水都在庭院内，一般采用电动水泵或手压泵提水，个别缺电地区也常采用人工水桶提取。当雨水集蓄主要用于农业灌溉时，用水系统即灌溉系统。雨水集蓄应采用适宜的节水灌溉方法，如滴灌、渗灌等。

（五）我国农业雨水集蓄利用面临的问题及解决途径

1. 农业雨水集蓄利用存在的主要问题

十多年来，我国雨水集流的研究和推广取得了很大的发展，雨水集流措施在干旱半干旱地区已解决了人畜饮水和部分农田补灌问题，但在有些技术和基础理论问题方面还需深入研究。如适宜于大面积推广的集水面处理方式，不同作物适宜的集水区与种植区面积之比，以及与之相配套的节水灌溉方式。同时，在集雨农业的可持续发展（包括生态持续性、资源持续性、经济持续性和社会持续性等）以及雨水集流系统的区域开发原理等方面缺乏系统研究。

2. 农业雨水集蓄利用问题的解决途径

（1）开展系统性理论体系的研发，提出导向性政策措施，实行科学规划，注重因地制宜。

雨水集蓄利用技术理论体系的形成不仅需要单项技术的支撑，更需要广泛地开展系统性的研究工作。集雨工程一定要从各地实情出发、科学规划，因地制宜的选择工程形式，确定节水灌溉技术和各种施工标准。

（2）制定区域性发展规划，统筹兼顾，进行综合性应用技术示范和推广应用。

截至目前，我国各省（自治区、直辖市）尚未形成区域性的雨水集蓄利用发展规划，各地都程度不同地存在仅凭主观臆断决策雨水集蓄利用政策，盲目安排雨水集蓄利用工程的现象，造成了工程在规划布局、数量分布、效益发挥等方面的问题。为此，从区域降水分布、雨水资源特性分析、水土资源合理匹配、水资源高效利用等环节入手，制定一个建立在调查研究、科学分析、统筹考虑、注重实效基础之上的区域性发展规划，无论对当前，还是对未来雨水集蓄利用的发展都具有重要意义。进行综合性应用技术的示范、推广，总结示范应用成果，集成、创新、完善和发展技术内容是促进雨水集蓄利用可持续发展的重要环节。

（3）搞好规范化技术培训，加强技术指导，提高科技含量，加大科普宣传和教育。

集雨工程属于微型水利工程，农民群众是投入的主体，也是受益主体。因此，在兴建过程中对农民进行技术指导至关重要。作为水行政主管部门要不断加强对基层水利技术人员和管理人员的培训，采取各种方式，提高基层人员的专业素质和技术水平。通过对雨水集蓄利用规范化、标准化综合应用技术体系的培训，使更多的工程技术和基层管理人员能够真正掌握雨水集蓄利用技术，做到规范化地指导雨水集蓄利用的实践过程，不失为确保雨水集蓄利用进一步发展的重要捷径。利用网络的迅捷、快速和公众化优势，面向大众，建立一个集技术交流、技术推介和科普宣传、决策咨询、政策制定于一体的信息平台，对雨水集蓄利用发展的作用是不言而喻的。由甘肃省水利科学研究院主办的《中国雨水网》和中国水利学会主办的《中国水网》已经在这方面做了大量的工作。

（4）加大资金投入，强化工程配套，严格项目管理，确保效益发挥。

投入不足和工程配套跟不上是影响集雨工程发展及效益不能充分发挥的重要因素，其中工程配套是重中之重。建议今后中央从水利建设基金中拿出专项资金给予重点扶持，同时将集雨工程列入西部适宜发展地区各级政府的议事日程，按照“谁投资、谁所有、谁管理、谁受益”的原则，坚持“以奖代补、先干后补；群众自筹为主，国家补助为辅”的方针，建立和完善多种投入机制，引导农民群众积极兴建集雨工程，确保“建一处、成一处、工程配套一处”。对集雨工程从规划、审批、立项、实施、验收等多个环节实行项目管理，按照“因地制宜、保证质量”的原则，合理制定“集雨工程发展规划”和“集雨工程资金管理办法”，保证专款专用。

第二节 海 水 利 用

一、海水的水质特征

根据联合国教科文组织（UNESCO）公布的数据，地球上水的总储量为13.86亿km^3，其中储存在海洋里的总水量为13.38亿km^3，占地球总水量的96.5%。

（一）海水的主要成分

海水的化学成分十分复杂，主要离子含量均远高于淡水，尤其是 Cl^-、Na^+、SO_4^{2-}、Mg^{2+}、Ca^{2+}、K^+ 和 HCO_3^- 离子，其含量是淡水的数百倍乃至上千倍（见表 7－12）。海水的 pH 值略高于淡水，其盐分主要是氯化钠，其次是氯化镁和少量的硫酸镁、硫酸钙等，见表 7－13。

表 7－12　海水主要成分的平均含量

成分	Cl^-	Na^+	SO_4^{2-}	Mg^{2+}	Ca^{2+}	K^+	HCO_3^-	Br^-	Sr^{2+}	SiO_2	10 项合计	总含盐量
含量（mg/L）	18980	10560	2560	1272	400	380	142	65	13	6	34378	34400
占总含盐量份额（%）	55.17	30.70	7.44	3.70	1.16	1.10	0.41	0.19	0.04	0.02	99.93	100

表 7－13　海 水 盐 分 组 成

盐 的 分 子 式	海水中盐分含量（g/kg）	盐分质量含量（%）
NaCl	27.213	77.751
$MgCl_2$	3.807	10.877
$MgSO_4$	1.658	4.738
$CaSO_4$	1.260	3.600
K_2SO_4	0.863	2.466
$CaCO_4$	0.123	0.351
$MgBr_2$	0.076	0.217
合计	35.000	100.00

（二）海水水质标准

我国海水水质标准见表 7－14。按照海域的不同使用功能和保护目标，海水水质分为 4 类：

（1）第一类，适用于海洋渔业水域、海上自然保护区和珍稀濒危海洋生物保护区。

（2）第二类，适用于水产养殖区、海水浴场、人体直接接触海水的海上运动或娱乐区，以及与人类食用直接有关的工业用水区。

（3）第三类，适用于一般工业用水区、滨海风景旅游区。

（4）第四类，适用于海洋港口水域、海洋开发作业区。

表 7－14　海水水质标准（GB 3097—1997）　单位：mg/L

序号	项　目	第一类	第二类	第三类	第 四 类
1	漂浮物质	海面不得有油膜、浮沫和其他漂浮物质			海面无明显油膜、浮沫和其他漂浮物质
2	色、嗅、味	海水不得有异色、异嗅、异味			海水不得有令人厌恶和感到不快的色、嗅、味
3	悬浮物质	人为增加的量≤10	人为增加的量≤100		人为增加的量≤150

续表

序号	项　目	第一类	第二类	第三类	第　四　类
4	大肠菌群≤（个/L）	10000 供人生食的贝类增养殖水质≤700			—
5	粪大肠菌群≤（个/L）	2000 供人生食的贝类增养殖水质≤700			—
6	病原体	供人生食的贝类养殖水质不得含有病原体			
7	水温（℃）	人为造成的海水温升夏季不超过当时当地1℃，其他季节不超过2℃		人为造成的海水温升不超过当时当地4℃	
8	pH值	7.8～8.5 同时不超过出该海域正常变动范围的0.2pH值单位		6.8～8.8 同时不超过出该海域正常变动范围的0.5pH值单位	
9	溶解氧＞	6	5	4	3
10	化学需氧量≤（COD）	2	3	4	5
11	生化需氧量≤（BOD_5）	1	3	4	5
12	无机氮≤（以N计）	0.2	0.3	0.4	0.5
13	非离子氮≤（以N计）	0.02			
14	活性磷酸盐≤（以P计）	0.015	0.3		0.045
15	汞≤	0.00005	0.0002		0.0005
16	镉≤	0.001	0.005	0.01	
17	铅≤	0.001	0.005	0.01	0.05
18	六价铬≤	0.005	0.01	0.02	0.05
19	总铬≤	0.05	0.10	0.20	0.05
20	砷≤	0.02	0.03	0.05	
21	铜≤	0.005	0.01	0.05	
22	锌≤	0.02	0.05	0.10	0.50
23	硒≤	0.01	0.02		0.05
24	镍≤	0.005	0.01	0.02	0.05
25	氰化物≤	0.005		0.10	0.20
26	硫化物≤（以S计）	0.02	0.05	0.10	0.25
27	挥发性酚≤	0.005		0.01	0.05
28	石油类≤	0.05		0.30	0.50
29	六六六≤	0.001	0.002	0.003	0.005
30	DDT≤	0.00005	0.0001		
31	马拉硫磷≤	0.0005	0.001		
32	甲基对硫磷≤	0.0005	0.001		
33	苯并（a）芘≤（μg/L）	0.0025			
34	阴离子表面活性剂(以LAS计)	0.03	0.10		

续表

序号	项　目		第一类	第二类	第三类	第　四　类
35	放射性核素（Bq/L）	^{60}Co	0.03			
		^{90}Sr	4			
		^{106}Rn	0.2			
		^{134}Cs	0.6			
		^{137}Cs	0.7			

二、海水利用现状及发展趋势

（一）海水利用的方式

全世界70%以上的人口居住在离海洋120km以内的区域。随着人口的不断增长、生活水平的提高和经济的发展，沿海地区的用水需求与日俱增，水资源供需矛盾日益突出。面对水资源日趋紧张的局势，世界各国纷纷将目光投向占据全球水总储量96.5%的海水，海水利用近几十年来得到蓬勃发展。与其他蓄水、跨流域调水、开采地下水等解决水资源短缺的传统措施相比，海水利用是一种可持续、长久解决水资源缺乏的途径。海水利用的方式主要有三类：一是海水直接利用，即以海水为原水，直接替代淡水作为工业用水和生活用水；二是海水淡化，即利用海水脱盐生产淡水；三是海水化学资源的综合利用，即从海水中提取化学元素、化学品及深加工，如海水制盐、海水提镁、溴、钾等。

1. 海水直接利用

海水直接利用就是以海水直接替代淡水作为工业用水或生活用水。海水直接利用主要用于工业冷却用水和大生活用水，同时也包括海水脱硫、海水灌溉、消防、制冰、印染等。

（1）海水作为工业冷却水。据统计，我国沿海工业城市中用水总量的70%～80%为工业用水，其中的70%～80%左右又是工业冷却用水。冷却水主要利用水作为导热介质，对水质的要求不是很高，没有必要使用优质淡水。海水既有充沛的水量，又有巨大的热容量，所以，在沿海工业化城市地区，利用海水替代作为工业冷却水可使总的淡水用量减少约一半，对缓解沿海城市淡水资源紧缺具有重要现实意义。

（2）海水作为大生活用水。我国城市生活用水中约有35%为冲厕用水，把海水作为大生活用水（主要是海水冲厕）可节约35%左右的城市生活用水，具有重要的社会效益和经济效益。

（3）海水用于烟气脱硫。天然海水中含大量的可溶性盐，其主要成分是氯化物和硫酸盐，也含一定量的可溶性碳酸盐。海水通常呈弱碱性，其pH值为7.6～8.3，碱度（CO_3^{2-}、HCO_3^-）为2.0～2.8mg/L。由于海水的这些特性，可被开发用于烟气洗涤，除去烟气中的SO_2，达到净化烟气的目的。海水烟气脱硫具有工艺简单、系统可靠、脱硫效率高、运行费用低等优点，被广泛应用于电力、化工等行业。

（4）海水作为灌溉用水。海水灌溉包括直接利用海水作为作物灌溉水，以及将海水与淡水以一定的配比混合作为作物灌溉水。

2. 海水淡化

海水淡化，是指经过除盐处理后使海水的含盐量减小到所要求含盐量标准的水处理技术。海水淡化后，可应用于生活饮用和生产使用等各个用水领域。地球的海水储量十分巨大，将其淡化将是解决全球淡水资源危机的最根本途径。海水淡化的主要方法有蒸馏法、反渗透法、电渗析法和冷冻法等。

3. 海水化学资源综合利用

13.86 亿 km^3 的海水是地球上最大的化学体系，除 96.5%的淡水外，还有 3.5%的无机盐类，总储量达 5×10^8 亿 t，主要为食盐，其次还包含镁、溴、钾、碘、锂、铀等。

海水淡化后的浓盐水中各种化学资源的浓度基本上为原海水的 2 倍，利用这种浓海水制造食盐、提溴、提钾，可大幅度降低能耗，提高提取率，具有广阔的发展前景。

以下主要介绍与节约用水有关的海水直接利用及海水淡化，对于海水化学资源综合利用等内容不再展开。

（二）海水利用的现状及发展趋势

1. 海水直接利用现状

（1）海水作为工业冷却用水。

海水冷却包括直流冷却和循环冷却，目前以直流冷却为主。海水直流冷却技术是以原海水为冷却介质，经换热设备完成一次性冷却后，直接排海的冷却水处理技术。海水直流冷却技术具有深海取水温度低、冷却效果好、系统运行管理简单等优点；但也存在取水量大、工程一次性投资大、排污量大、对海水污染较明显等问题。海水直流冷却技术有近 80 年的发展历史，在我国已有 60 多年的应用历史，有关防腐蚀、防海洋生物附着技术已基本成熟。

海水循环冷却技术，是以原海水为冷却介质，经换热设备完成一次冷却后，再经冷却塔冷却、并循环使用的冷却水处理技术。和同等规模的海水直流冷却系统相比，海水循环冷却系统由于海水循环使用，其取水量和排污量均少 95%以上，有利于保护环境、维护生态平衡，应用前景十分广泛。该技术的关键是海水缓蚀剂、阻垢分散剂、菌藻杀生剂、防盐雾飞溅的海水冷却塔和填料等。

海水循环冷却技术始于 20 世纪 70 年代，1978 年美国 Exxon 和 Dow 公司报道了有关海水循环冷却水处理技术的研究结果，研究选用碳钢、铜、海军铜、蒙乃尔 400 合金和钛材等材料，控制海水浓缩数为 1.5～2.0，采用自动投药系统加药进行防腐、阻垢和防生物附着处理。金属腐蚀率：碳钢 0.15mm/a、铜 0.076mm/a、海军铜 0.030mm/a，半年清洗一次换热器。目前海水循环冷却技术在美国等国家已开始大规模应用，单机海水循环量达 $152200m^3/h$。

国内研究表明：通过添加海水缓蚀剂、阻垢分散剂、菌藻杀生剂等水处理药剂，海水循环冷却技术在金属（碳钢、铜合金等）腐蚀控制、污垢控制、菌藻控制以及海水冷却塔等方面，可以达到或接近“淡水循环冷却”国家或国际有关标准规定的技术指标要求。2004 年 7 月，天津碱厂以国家海洋局天津海水淡化与综合利用研究所为技术依托，建成了我国首例 $2500m^3/h$ 海水循环冷却示范工程，突破了“淡水循环”水质标准要求的禁区，实现了以海水代替淡水作为工业循环冷却水的目标；突破了“海水冷却”系统金属选材标准要求的禁区，实现了海水冷却水系统使用普通碳钢的目标。“十五”期间，建成了 $2\times14000m^3/h$ 的万吨级海水循环冷却示范工程。并将开展 $10\times10000m^3/h$ 级海水循环冷却技术及装备研究与示范工程建设列入国家“十一五”科学技术发展规划。

目前，全世界海水冷却水量已经超过$7000\times10^8m^3$，日本工业冷却水总用量的60%为海水，每年高达$3000\times10^8m^3$；美国大约25%的工业冷却用水直接取自海水，年用量约$1000\times10^8m^3$；我国海水冷却水用量每年约$330\times10^8m^3$，海水冷却水用量与发达国家相比尚有很大差距。

(2) 海水作为大生活用水。

大生活用海水，就是将海水作为城市生活用水（主要用海水冲厕，还包括消防用水等）。香港的海水利用技术位于世界前列，其海水冲厕规模居世界之最。香港从20世纪50年代末开始采用海水冲厕，香港水务署通过对利用城市中水、淡水、海水冲厕3种方案的技术经济分析，最终选择了海水冲厕的方案。截至2006年年底，香港拥有海水抽水站29个，装机容量173万m^3/d，主要有荃湾海水抽水站（12.1万m^3/d）、长沙湾海水抽水站（9.7万m^3/d）、茶果岭海水抽水站（17万m^3/d）和大环海水抽水站（10.9万m^3/d）。海水配水库45座，总容量为30万m^3，海水管总长度1553km（直径20～1200mm）。在港总人口694万人之中，获取海水供应的人数为555万人，占总人口的80%。据统计，冲厕用水每日每人约70L，冲厕用海水最高能减少住宅用水40%。全港平均每日耗用海水量80万m^3，年耗用海水量为2.63亿m^3，节省淡水效果十分明显。同时，从海水预处理、管道的防腐到系统测漏等技术方面均已取得成功的经验，形成了一套完整的管理系统。此外，香港已立法（水务设施规划）规定冲厕水必须采用海水，未经批准使用淡水冲厕视为非法。除供用户作冲厕使用外，在香港的一些地区，海水还被用来作为市政消防用水。

我国全长1.8万km的大陆海岸线北起中朝交界的鸭绿江口，南到中越边界的北仑河口，拥有渤海（内海）、黄海、东海和南海四大海域，沿海城市大多缺淡水。全国沿海地区有2亿居民，若能借鉴香港的经验，全部采用海水作为冲厕用水，则每年可节约淡水50亿t左右。因此，海水冲厕技术具有明显的社会效益和经济效益。“九五”期间，我国组织了有关大生活用海水技术研究的重点攻关，有关示范工程已经列入“十五”国家重大科技攻关和“十一五”国家科技支撑计划中，在青岛和厦门等地组织实施。

(3) 海水用于烟气脱硫。

海水脱硫技术是应用了海水的天然碱性以及硫酸盐对海洋生态环境的亲和性原理，利用天然海水去除烟气中的SO_2，将原本排往大气而危害陆域生态的SO_2转化为对海洋生态环境友好且极为少量的硫酸盐回归海洋。海水脱硫技术为大多数电站燃煤中远低于可回收阈值的硫元素，提供了科学和环境友好的绿色通道。海水法脱硫工艺，单纯利用天然海水洗涤烟气，无需添加任何化工原料，也无相应副产物排放，具有很高的实际脱硫效率。海水法脱硫工艺与大多数脱硫工艺相似，采用了酸碱中和的化学原理，区别在于：海水法工艺单纯利用（复用）滨海电厂原有冷却海水，而其他工艺则必须依靠由人工另行开采和制备的化工原料。海水法工艺系统主要由海水输送系统、SO_2吸收系统、海水水质恢复系统组成。其流程是将待脱硫的烟气送入吸收塔，在吸收塔内用海水洗涤烟气，以清除烟气中的SO_2，干净的烟气经烟囱排往大气；洗涤后的酸性海水经过海水水质恢复系统，使排水的水质得以恢复到原水水质类别，完全符合自然环境的水质标准后流回大海。

我国火电装机的1/3在滨海，容量超过1亿kW。深圳、漳州两大工程在同一时期成为我国的海水法脱硫工艺试点工程：一个是世界上首台30万kW、一个是世界上首台60万kW燃煤机组全烟气量海水法脱硫，为海水法脱硫工艺的大规模工程应用开创先河。应用自主技术的两例海水法脱硫试点工程，经历了“十五”期间的运行考验，达到高减排量（高脱硫率和高可靠度）和超低成本的设计指标，充分体现资源节约和环境友好的优势。按2005年沿海装机容量计算，采用海水脱硫技术我国每年可节省淡水资源数亿吨，矿产资源数百万吨，少排放废渣废水数千万吨，还可节省相当数量的土地资源。

（4）海水作为灌溉用水。

海水灌溉的关键是耐盐作物的培育与种植。国外用海水大面积灌溉种植作物已取得较好的成果：如沙特早在国家经济第六个发展计划（1995～2000年）中就将“海水灌溉农业”置于国民经济的重要位置；以色列及阿尔及利亚等国将海水和淡水以一定的配比混合作为作物灌溉水；美国已培育出用海水灌溉的可作为饲料的海蓬子SOS-7、SOS-11号；印度用海水灌溉860万hm^2海滨沙丘，收获了200万～250万t谷物。我国有盐生植物400多种，其抗盐能力低的为海水的百分之几，高的可达2倍左右，长期处于自发生长状态，为耐盐作物的培育提供了丰富的种质库和基因库。目前，我国已开展海蓬子、大米草等耐盐植物的栽培实验，以及虹豆、西红柿和水稻等经济作物和粮食品种的耐盐实验。在江苏盐城，海水种植蔬菜面积已达千亩以上，获得很好的市场销量。

2. 海水淡化利用现状

海水淡化是从海水中获取淡水的技术和过程，是解决沿海城市（海岛）淡水资源短缺的重要途径之一。早在20世纪50年代，为解决“水危机”，美国从1952年起专设盐水局，1974年后转为资源技术局，不断推进水资源和脱盐技术的进步。1973年日本通产省下设造水促进中心，专门研究节能的脱盐技术。欧洲则在尤里卡等计划下推动海水淡化的发展。根据国际脱盐协会的统计数据，截至2001年底，世界上百吨级以上脱盐装置为15233套，总产水量为3240万m^3/d；截至2005年底，世界范围内共有12300个海水淡化工程，总生产能力为4700万m^3/d，其中中东地区占55%、美国占15%、欧洲9%、亚洲8%，沙特、以色列等中东严重缺水国家70%的淡水来自海水淡化。2001～2005年平均生产能力比五年前增加了25%，淡化技术已经在全世界155个国家中使用，解决了1亿多人口的供水问题。近年来发展更加迅猛，仅2006年和2007年（部分）新建的百吨级以上脱盐装置就达539套，总产水量超过650万m^3/d。目前使用最多的海水淡化技术是蒸馏法和膜法，其中蒸馏法以多级闪蒸为主，膜法以反渗透法为主，现全世界淡化水产量中，多级闪蒸法（MSF）和反渗透法（RO）产水量各占44%。

我国海水淡化技术是在政府支持和国家重点攻关项目驱动下发展起来的。1958年，首先开展电渗析海水淡化的研究。1967～1969年，国家科委和国家海洋局共同组织开展了电渗析、反渗透、蒸馏法等多种海水淡化方法的研究，为海水淡化事业的发展奠定了基础。1974年，经国务院批准，中科院和国家海洋局共同组织召开全国首届海水淡化科技工作会议，制定了发展规划，促进了西沙永兴岛200m^3/d电渗析海水淡化站的建设，标志着电渗析海水淡化技术已经成熟。从“七五”以来，反渗透海水淡化技术的开发研究一直列入国家重点攻关项目。“七五”期间完成了中、低盐度反渗透膜和组件的研制，建立了海岛苦咸水淡化示范工程。1997年，在浙江嵊山镇建造了500m^3/d反渗透海水淡化示范工程，填补了国内空白，出水水质优于自来水，吨水耗电5.5kW·h以下，技术经济指标达到世界先进水平，推进了反渗透海水淡化技术的产业化。

我国海水淡化研究起步较早，是世界上少数掌握海水淡化先进技术的国家之一，但目前仍处于产业化初级阶段，海水淡化产水量不足$20\times10^4m^3$/d，不到世界总量的3‰。近年来，海水淡化产业发展势头迅猛，沿海地区大型海水淡化装置激增（见表7-15、表7-16），大多采用反渗透技术。

表7-15　　中国2000年以来已建的主要海水淡化装置（2000m^3/d以上）

项　目	日产量（m^3/d）方法	承　担　单　位	完成时间
威海华能海水淡化装置	2000/RO	半岛水处理有限公司	2001年
大连华能海水淡化装置	2000/RO	半岛水处理有限公司	2001年
威海华能海水淡化装置	2000/RO	半岛水处理有限公司	2001年
山东石岛海水淡化工程	5000/RO	杭州水处理技术开发中心	2003年
大连石化海水淡化装置	5000/RO	美国CNC公司	2003年
黄岛电厂海水淡化装置	3000/MED	天津海水淡化与综合利用研究所	2004年
岱山本岛海水淡化工程	2000/RO	杭州水处理技术开发中心	2005年
大唐王滩电厂淡化装置	10000/RO	欧美环境工程公司	2005年
沧州市黄骅港开发区	20000/MED	法国VW S SDEM公司	2005年
浙江嵊泗海水淡化装置	2000/RO	杭州水处理技术开发中心	2006年
舟山海水淡化装置	2000/RO	杭州水处理技术开发中心	2006年
玉环县（电厂）海水淡化	34560/RO	美国CNC/GE Zenon公司	2006年
黄岛电厂海水淡化装置	3000/RO	天津海水淡化与综合利用研究所	2006年
天津大港海水淡化装置	100000/RO	新加坡HYFLUX公司	2006年
天津泰达海水淡化装置	10000/MED	法国VWS Entrop ie公司	2006年
广东玖龙纸业亚海水淡化	100000/RO	杭州水处理技术开发中心	2006年
华能营口电厂海水淡化	10000/RO	新加坡HYFLUX公司	2007年

表7-16　　中国在建和拟建的主要海水淡化厂（万吨级以上）

项　目	日产量（m^3/d）方法	承担单位	工程进程
浙能乐清电厂	21600/RO	美国CNC公司	在建
青岛黄岛电厂	10000/RO	新加坡HYFLUX公司	在建
青岛碱厂	100000/RO	西班牙BEFESA公司	在建
大连市化学工业公司	20000/RO	美国CNC公司	在建
唐山曹妃甸京唐钢铁公司	25000/MED	法国VWSSDEM公司	在建
天津北疆电厂	100000/MED	以色列DE公司	在建
天津自来水公司	100000/RO	美国GE公司	拟建
天津渤海集团	100000/RO	法国VEOLIA公司	拟建

续表

项　目	日产量（m^3/d）方法	承担单位	工程进程
沧州市黄骅港开发区	10000/MED	自行设计	拟建
天津宝成公司（出口泰国）	2×100000/MED		拟建
象山（大唐）	100000/RO		拟建
普陀区六横镇	60000/RO		拟建
玉环县滩涂亚海水淡化	10000/RO		拟建
大连核电（平海）	10000/RO		拟建
连云港核电	10000/RO		拟建
温岭市核能海水淡化	100000		拟建
烟台市核能海水淡化	160000		拟建

3. 海水淡化技术的发展趋势

（1）工程规模日趋大型化。

社会需求和技术发展使国际海水淡化工程不断向大型化、规模化方向发展。海水淡化厂的规模已从最初的每天几百吨发展到现在的每天几十万吨，且单台设备的产水量迅速增加。如韩国斗山集团在沙特承建的目前世界最大的多级闪蒸海水淡化工程（100 万 m^3/d）已于 2009 年完工，法国 Sidem 公司的低温多效海水淡化工程（80 万 m^3/d）已于 2010 年完工。

（2）成本日趋降低。

技术进步、规模大型化以及建设和运行管理机制的不断创新使海水淡化的成本逐步降低，目前淡化水的最低销售价格折合人民币已经降至近 4.0 元/m^3。

（3）海水淡化与资源利用逐步形成产业链。

海水淡化工程与发电厂相结合，利用电厂余热回收淡水和进行后续卤水综合利用，正在成为国际关注的热点。海水淡化排出的浓海水，具有已提取上岸并进行了净化、浓缩了约 2 倍、全年的水温和排出量基本稳定等特点。将浓海水直接用于盐业的制卤生产，可使制卤周期缩短，节约土地资源。在此基础上，采用新技术分别提取浓海水中的溴素及镁、钾、钙盐，最终将浓海水的氯化钠资源转化为符合生产两碱（纯碱、烧碱）的液体盐。

（4）政策支持海水资源利用的产业发展。

2004 年以来，美国国会积极推动 H. R. 1071 和 H. R. 3834 等法案（10 年内提供 2 亿美元资助脱盐设备的建造，并且每生产和销售 $1m^3$ 淡水补贴 0.16 美元）。在南加州，Metropolitan Water District（MWD）还给予当地一些水利机构财务补贴（0.2 美元/m^3），以促进海水淡化工程的实施。日本政府出资 85％建设了冲绳和福冈两大反渗透海水淡化示范工厂，通过工程示范使日本东丽、日东电工和东洋纺等反渗透膜、配套装备生产企业和工程公司走向全球。以色列政府通过控制 BOOT（兴建—营运—拥有—移转）或 BOO（兴建—营运—拥有）模式促进海水淡化厂的建设，对本国企业给予资金支持并在合同中明确政府采购淡化水的最低购买量和价格，培育本国企业，提高其竞争能力。韩国政府于 2007 年 10 月启动了支持斗山重工建设规模为 $2.7\times10^4 m^3/d$ 的反渗透海水淡化单机实验床的计划，该计划投资 7600 万美元，其中政府出资 3200 万美元。

三、海水直接利用技术

海水直接利用技术主要包括海水的净化技术、防生物附着技术、设备及管道的防腐蚀技术以及利用过后海水的处理技术。

（一）海水净化技术

海水是一个常处于热力学不稳定状态的多级体系，含有大量的悬浮物质和胶体，尤其是河口海域，被称为“胶体王国”，海水中的胶体具有较强的动力学活性。海水中有机物含量较少，只是海水中无机物含量的 $1/10^5$，但这些有机物极易吸附到悬浮颗粒物表面，形成一层“有机膜”，而这些海水中的有机物大都是亲水性有机物，吸附到悬浮颗粒物表面后便形成水化保护层。天然海水中的各种颗粒物，不管其组成如何，表面均带负电荷。正是由于表面带电荷和有一层水化保护层，使得海水中的悬浮物颗粒处于分散稳定状态。有关研究表明，在海水净化过程中，单独使用有机离子絮凝剂的混凝效果极差。而无机絮凝剂却有很好的混凝效果，常用无机絮凝剂有三氯化铁、聚合氯化铁、硫酸铝和聚合硫酸铁等，其中以铁盐混凝效果最佳。

在海水利用过程中，应根据原海水的水质选择海水净化工艺。对含泥沙较多的海水，可用沉沙池澄清；对含悬浮物多的海水，用过滤器处理；对含胶体物质多的海水，采用化学净化处理。选择海水净化工艺还要结合海水的用途，若所取海水是用来作为大生活用水，则只需经过加入杀生剂和絮凝沉降工艺即可达到所需要的水质。如果所取海水是进入反渗透法海水淡化装置，则对进水水质要求较高，一般需采用图 7－9 所示的净化工艺流程。但具体设计时还要根据实际情况对有关工序进行取舍，如大连长海县 100t/d 反渗透海水淡化示范工程的预处理工艺就没有活性炭过滤器。

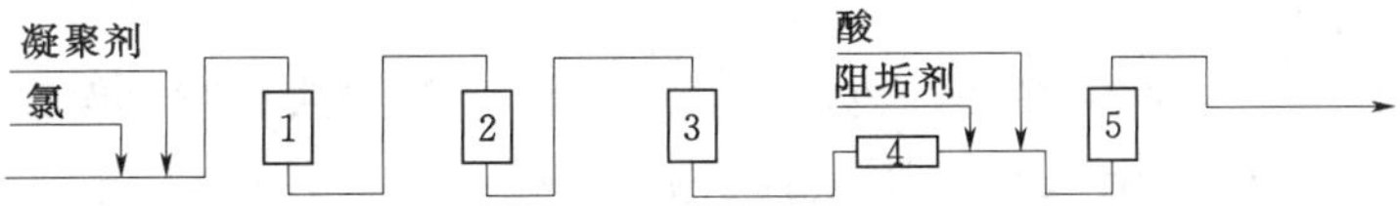

图 7－9 反渗透法海水淡化预处理工艺流程

1—粗砂过滤；2—活性炭过滤器；3—细砂过滤器；4—水箱；5—精密过滤器

（二）防生物附着技术

海洋附着生物又称为海洋污损生物，我国近海的附着生物很多。海洋生物附着不仅影响设备的运行，而且会造成腐蚀。因此海洋生物附着也是海水利用技术推广应用的限制性因素之一。防止海洋污损生物附着的技术主要包括：机械法（加滤网或采用清除装置）、物理法（调整流速、加热等）、涂料法（采用防污涂料）、化学法（投加液氯或过氧化氢、电解等）和生物法等。目前采用的主要方法为涂料法和化学法，而化学法又主要以投加液氯和电解制氯为主。青岛碱厂、青岛化工厂采用加氯杀生法防止海洋生物附着。香港每年的海水利用量超过 2 亿 m^3，解决海洋生物附着的方法为利用电解海水产生的次氯酸钠杀死海洋生物幼虫或虫卵。青岛发电厂、青岛海水厂等单位也采用此法防止海洋生物附着。

（三）防腐蚀技术

海水是含盐量很高的强电解质溶液，对金属有较强的腐蚀作用。海水对碳素钢的腐蚀速度为0.7～1.0mm/a，对一般钢材腐蚀速率则高达3.0mm/年。化工行业普遍使用的3.5mm厚的碳钢立式列管冷凝器，如果用淡水作冷却水使用期为25年，用海水作冷却水若不采取防腐措施，使用1.5年冷却器即穿孔泄漏。可见，防腐蚀技术对于海水利用的推广应用至关重要。防腐蚀技术主要包括：选择耐蚀材料、阴极保护技术和涂层防腐技术。

1. 选择耐蚀材料

根据具体情况选用不同耐蚀材料是比较好的方法。目前广泛采用的耐蚀材料有钛合金、铜合金、钛钢复合材、特种不锈钢、铸铁、玻璃钢、砷铝黄铁和塑料等。塑料管如PVC和UPVC，具有良好的耐海水腐蚀性能，但由于耐压强度较低，一般用于户内。玻璃钢也是一种塑料，不仅耐海水腐蚀性能好，而且耐压强度较高，使用寿命从理论上推导可达50年，在近几年在海水利用中受到青睐，如大连长海县1000m^3/d海水淡化工程引海水管道材质便是玻璃钢。钛在所有天然水中都是最理想的耐蚀材料，在污染海水中的钛管凝汽器使用16年，只发现稍有变色而没有任何腐蚀现象。尽管钛材抗腐蚀性能极其优异，但价格也极其昂贵，所以钛材只被用来制作关键部件，如青岛碱业股份公司碳化冷却水管、吸收与蒸馏工序的海水冷却设备采用的就是钛材。工业上常用的铸铁含碳量为2.5%～4.0%，此外还含有硅、锰、硫、磷等元素，它不仅价格低廉，而且耐海水腐蚀性能也较好。铸铁耐海水腐蚀性能与其组成有关，碳含量越低，硅含量越高，耐腐蚀性能愈好。铸铁的母体晶格结构对耐腐蚀性能也有较大的影响，耐海水腐蚀最佳的是白铸铁和灰铸铁。由于价格低廉，并具有良好的耐海水腐蚀性能，铸铁泵和管材经常被用来输送海水。不锈钢是得到广泛应用的海洋防腐蚀材料。不锈钢的耐腐蚀性能主要取决于其含铬量，因为铬能快速与氧气反应形成一层氧化铬薄膜，这层氧化膜能阻止氧气的进一步腐蚀。

2. 阴极保护技术

阴极保护不仅可防止均匀腐蚀，也可防止孔蚀、缝隙腐蚀和应力腐蚀，而且对防止冲击腐蚀和空泡腐蚀也有一定效果。阴极保护法主要包括牺牲阳极法和外加电流阴极保护法。

常用牺牲阳极材料有4种：铝阳极、锌阳极、镁阳极和铁阳极。锌阳极自调节能力最好，工作稳定可靠，但发生电量少，消耗量大。铝阳极发生电量大，是锌阳极的3倍，适用于保护大型海洋结构。镁阳极的最大优点是负电性最强，可获得最高的驱动电压。铁阳极可以保护铜，还可保护海水中的不锈钢和铜镍合金免遭缝隙腐蚀。通过外加电源使金属阴极极化从而获得保护的方法称为外加电流阴极保护法。一般来说外加电流阴极保护法比牺牲阳极法更经济。

3. 涂层防腐技术

涂层是应用最为广泛的防腐方法。主要包括金属涂层和有机涂层。金属涂层主要包括纯锌、纯铝和锌铝合金涂层，其中又以锌铝合金（铝含量大于30%）涂层防腐效果最好。有机涂层主要有：环氧树脂漆、乙烯树脂漆、氯化橡胶漆、聚氨酯漆、无机富锌底漆等。其中用于海水管道防腐性能较为优异的有环氧改性聚氨酯漆、氯化橡胶漆、环氧沥青漆和无机富锌底漆。作为换热器用涂料主要有环氧氨基漆，如TH-847涂料和环氧沥青漆。实践证明，在埋地和海底金属管道的防腐中单一使用涂层保护有一定的局限性，很难达到较长年限的防腐要求。而涂层与电化学阴极保护法相结合，不失为一种长期有效的保护措施。

（四）海水的后处理技术

因为海水的含盐量很高，给使用后的水的处理带来了很大困难。如海水作为大生活用水，其出水进入城市污水生化系统后，使系统的微生物群落发生了变化，污水中海水占到24%以上时，后生动物及更高级微生物无法存活，系统中的微生物主要以原生动物为主；污水中海水比例在48%以下时，COD去除率不会降低，基本保持在85%以上；污水中海水比例超过48%后，COD去除率开始下降。

（五）海水直接利用实例

香港位于我国南海之滨，珠江口东侧，主要包括香港岛、九龙半岛和新界三部分。虽然香港降雨量充沛，年均雨量达到2225mm，却属于水源性水资源缺乏地区，原因是缺少天然湖泊和河流，而且地下水源也不充裕。截至2006年年底，在港人口约694万，平均每日需要供应337万m^3水才能保证其蓬勃发展的工业、服务业以及市民的生活用水。对于境内既没有任何大型河流或湖泊，地质特征又不利于贮存地下水的香港来说，每天供应如此大量的淡水绝非易事。为此，香港水务署制定了《全面水资源管理计划》，实施了多项有效措施开拓水源。首先利用香港雨量较丰的优势来收集雨水，目前香港土地总面积的1/3已被发展为集水区，建设了良好的引水道和贮水库系统；其次是由临近的广东省输入淡水，这一部分水占香港用水量的70%；最令世人瞩目的开源技术是采用海水代替淡水作为生活用水，目前香港的海水利用技术位于世界前列，其海水冲厕规模居世界之最。下面对香港海水冲厕供水系统及污水后处理系统进行介绍。

1. 供水系统

香港海水冲厕供水系统中的海水净化、海生物防治、设备和管道防腐以及污水处理等方面的技术问题已基本得到解决，海水供应系统如图7-10所示。在香港利用海水冲厕近50年的过程中，未引起任何水污染或污水处理方面的问题。

海水冲厕过程如下：海水先经过格栅，以除掉较大的杂质，然后加氯消毒，投入氯的剂量为2～3mg/L。如果海水中溶解氧含量太低，则在抽水站增设曝气设备。最后用泵将经过上述处理的海水输往配水库和用户。

为防止配水库和输水管内海生物附着和繁殖，抽水泵站设有电解海水产生次氯酸钠的装置。如月供海水量为50万m^3的大埔海水抽水站内就设有两台37kW次氯酸钠发生器，每小时最高产氯量为8kg。

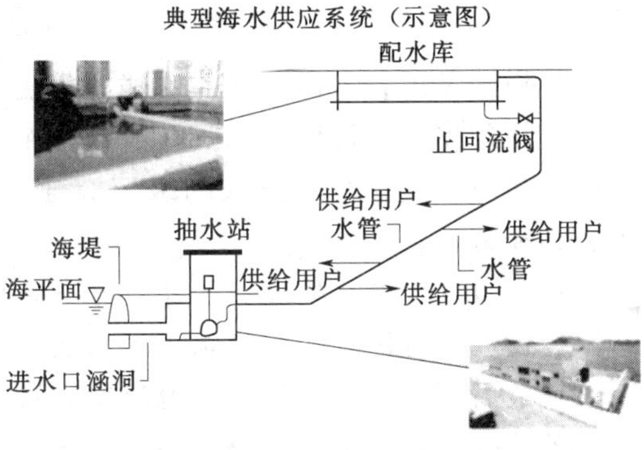

图7-10　香港海水供应系统

为防止设备和管道被海水腐蚀，对于直接与海水接触的泵部件均采用不锈钢材料；至于输送海水的管材，直径600mm以上的用内衬抗硫酸盐混凝土钢管，直径600mm以下的采用UPVC管或内衬抗硫酸盐混凝土的球墨铸铁管，户内管采用UPVC管。

2. 污水处理系统

香港冲厕后的海水经市政下水道和污水混合后，进入污水处理厂处理，最后排入大海。香港的污水处理厂主要有昂船洲污水处理厂、沙田污水处理厂、石湖庐水处理厂、元朗水处理厂、大埔水处理厂、西贡水处理厂、赤柱水处理厂，其中昂船洲污水处理厂采用化学辅助一级处理，其他污水处理厂采用二级生化处理法。沙田污水处理厂是香港最大的二级污水处理厂，下面以沙田污水处理厂为例阐述二级生化处理的工艺流程。

沙田污水处理厂位于沙田马料水厂街，为沙田及马料山区 60 多万市民提供污水处理的服务。沙田污水处理厂的第一期和第二期分别于 1982 年及 1986 年落成启用，并于 2005 年完成第三期的扩建工程，目前沙田污水处理厂每天可处理 34 万 m^3 的污水。沙田二级生化处理工艺流程过程如图 7-11 所示。

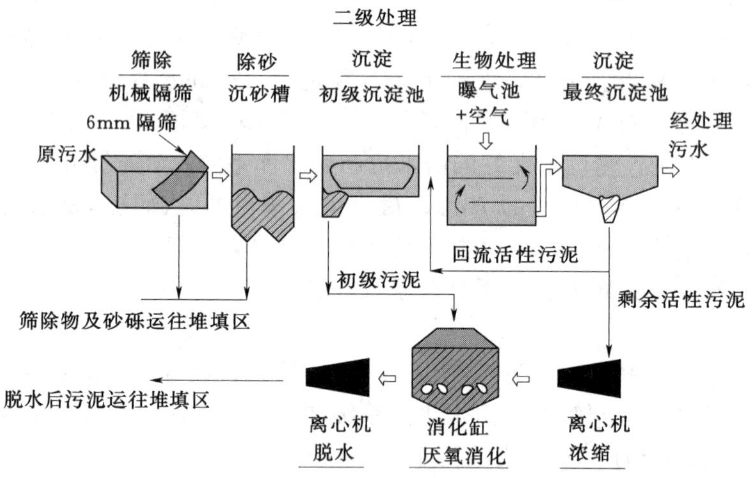

图 7-11 香港的二级生化处理系统

(1) 隔筛及沉砂。污水经污水输送管道送到进水口，开始污水处理程序，超过 6mm 的固体废物首先利用机械式的隔筛清除，而砂砾则在氧旋沉砂槽沉淀。

(2) 初级沉淀。污水进入初级沉淀池，大约 50%的悬浮固体会沉淀成为初级污泥，并被收集和带走。

(3) 二级（生物）处理。压缩空气不断地输送到曝气池，为微生物提供所需的氧气，这些微生物会分解污水的污染物。污水在曝气池中的停留时间大约为 6～8h。

(4) 最后沉淀。污水从曝气池流出后被引进最后沉淀池，在曝气池内产生的活性污泥会在此沉淀和分离出来。部分活性污泥会回流到曝气池以便维持所需的微生物数量，剩余的活性污泥则经浓缩后进入污泥消化缸处理。

(5) 污泥消化。初级污泥连同浓缩后的过剩活性污泥被送至污泥消化缸进行无氧消化。在无氧消化的过程中会产生甲烷气，是再生能源。

(6) 污泥脱水。消化后的污泥首先以离心式脱水机脱水，再运往堆积区弃置。

(7) 排放标准。沙田污水处理厂的排放标准见表 7-17。

表 7-17 沙田污水处理厂重要参数及排放标准

重要参数	排放标准
设计流量	340 000m^3/d
总悬浮固体	≤30mg/L
五日生化需氧量，20℃	≤20mg/L
氨氮	≤5mg/L
总氮	≤20mg/L

四、海水淡化技术

根据分离过程，海水淡化主要有蒸馏法、膜法和冷冻法等。因蒸馏法需要较高的操作温度，有时也称其为热法。蒸馏法主要有多级闪蒸法、多效蒸馏法、压汽蒸馏法、太阳能蒸馏法等。膜法主要包括反渗透、电渗析法等。虽然海水淡化技术很多，但目前形成产业规模的主要有多级闪蒸法（MSF）、多效蒸馏法（MED）、压汽蒸馏法（VC）和反渗透法（SWRO）。

多级闪蒸技术虽有动力消耗大的缺陷，但由于技术成熟、运行可靠仍有大量应用；低温多效蒸馏技术由于更加节能，近年发展迅速，装置的规模日益扩大，成本日益降低；反渗透海水淡化技术发展更快，工程造价和运行成本持续降低，对海水水质的适应范围、系统稳定性尚有进一步提高的空间。虽然国外对各种海水淡化技术做了多种实验对比，以期明确孰优孰劣，但时至今日，热法和膜法技术均各有广泛的用户，说明各项技术仍在不断发展，均有各自的技术优势、适用的环境条件及降低成本的空间。

（一）蒸馏法

蒸馏法是将海水加热气化，再将蒸汽冷凝成淡水的淡化方法。蒸馏法海水淡化技术是最早投入工业化应用的淡化技术，与膜法海水淡化技术相比，蒸馏法具有可利用电厂和其他工厂的低位热能、对原料海水水质要求低、装置的生产能力大等优点。从优化能源和资源配置的战略高度来看，可利用沿海电厂余热或核能等其他能源推广蒸馏法海水淡化技术。

蒸馏法是海水淡化的成熟方法之一，几十年来一直保持着应用的优势，其优点主要有：①不受原水浓度限制，更适用于海水做原料；②淡化水纯度较高，尤其一次脱盐的效率是其他方法难以达到的；③适合建造规模大的海水淡化厂（可达到百万吨级规模）。

蒸馏法的主要问题是：①结垢严重，使传热系数降低，效率下降；②对设备腐蚀较重，使用寿命短；③排放的浓热盐水对近岸生态产生一定影响。

按照所采用设备、流程和能源的不同，蒸馏法海水淡化工艺可分为多级闪蒸法、低温多效蒸馏法、压汽蒸馏法、太阳能蒸馏法等类型。

1. 多级闪蒸法（MSF）

多级闪蒸技术是多级闪急蒸馏法的简称，由英国 R. S. Silver 教授于 1957 年发明。其工作原理如图 7-12 所示，是将原料海水加热到一定温度后引入闪蒸室，由于闪蒸室中的压强控制为低于热盐水温度所对应的饱和蒸汽，所以热盐水进入闪蒸室后即成为过热水而急速地部分汽化，所产生的蒸汽在冷却水管外壁冷凝为所需淡水，同时热盐水自身的温度降低。原料海

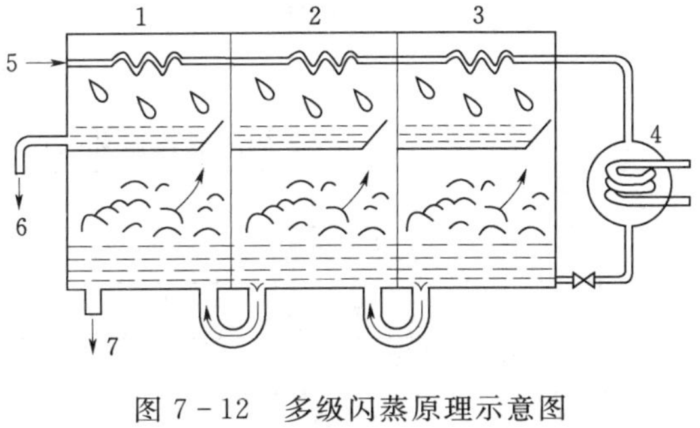

图 7-12 多级闪蒸原理示意图

1～3—闪蒸室；4—加热器；5—原料海水（冷却水）；6—淡水；7—浓盐水

水在进入加热器前作为冷却水冷凝闪蒸室中的蒸汽，换热后温度上升，可以节约大量能源。多级闪蒸的整个设备由多个闪蒸室构成，每一级闪蒸室里面可以完成一个完整净化过程。热盐水依次流经若干个压强逐渐降低的闪蒸室逐级蒸发降温，浓度逐级增大，直到温度接近（但高于）天然海水温度。

多级闪蒸技术利用热能和电能，适合于可以利用热源的场合，通常与火力发电站联合建设与运行。由于其技术成熟、海水结垢倾向小、设备简单可靠、易于大型化、运行安全性高以及可利用低位热能和废热等优点而得到了广泛应用，目前全世界淡化水产量的44%系采用多级闪蒸技术得到。应用该法可进行淡化水的规模化生产，淡化水可作为沿海地区的稳定供水水源。如沙特阿拉伯 Jubom 海水淡化厂，拥有 46 台单机，单机容量为 $23\times10^4 m^3/d$，日产淡水量超过 $100\times10^4 m^3/d$。多级闪蒸装置级数一般可达 30～40 级。图 7－13 是规模为 $9100m^3/d$ 的多级闪蒸再循环式海水淡化装置的系统流程图。该装置采用盐水再循环、蒸汽射流总体串联抽气工艺流程。蒸馏装置共由 25 级闪蒸室组成，分层布置（上层 14 级、下层 11 级）。该装置在最高海水温度下的运行工况如表 7－18 所列。

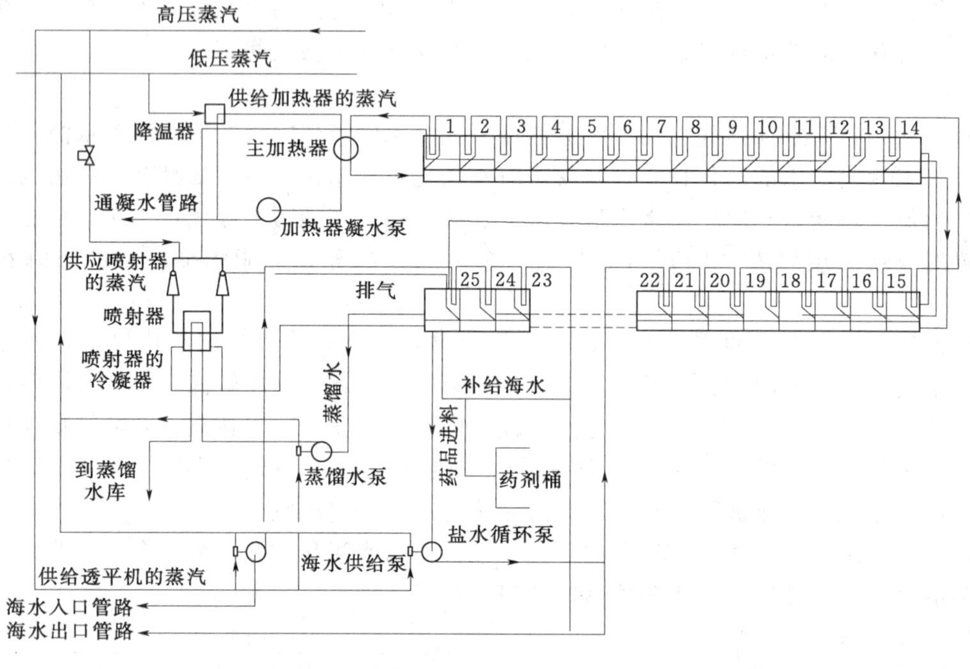

图 7－13　多级闪蒸再循环式海水淡化装置的系统流程图

表 7－18　多级闪蒸再循环式海水淡化装置的运行参数

序　号	参　数　名　称	单　　位	参　数　值	备　　注
1	生产能力	m^3/d	9100	
2	造水比	—	8	蒸馏水量/所需蒸汽量
3	循环比	—	12.8	
4	浓缩比	—	1.5	
5	海水入口水温	℃	32.3	

续表

序 号	参 数 名 称	单 位	参 数 值	备 注
6	浓缩水出口水温	℃	90.5	
7	高压蒸汽量	t/h	29.6	1.4MPa、371℃
8	低压蒸汽量	t/h	16	0.07MPa、126℃
9	所需海水总量	m^3/d	2730	
10	海水溶解性固体量	mg/h	48200	

2. 低温多效蒸馏法（MED）

虽然多效蒸馏法是最早使用的海水淡化技术，但由于结垢和腐蚀等问题，一直未得到广泛的应用。随着20世纪80年代中期大型低温多效海水淡化装置的出现和发展，其所占的市场份额正不断扩大。低温多效蒸馏法的工作原理如图7－14所示，低于70℃的低温蒸汽进入第一效蒸发器，使其中的海水加热气化，气化产生的二次蒸汽被引至第二效蒸发器，供加热来自第一个蒸发器的浓缩含盐水之用，同时又被冷凝成蒸馏水（淡水）。第二效与第三效蒸发器之间的汽、水流程与上一级情况相似，如此类推。为了依次降低各级蒸发器中含盐水的沸点，系统中应用真空泵由后向前依次在各级蒸发器中形成真空，其真空度亦依次减小。显然，蒸发器的级数越多，系统的热效率越高，水处理成本越低。

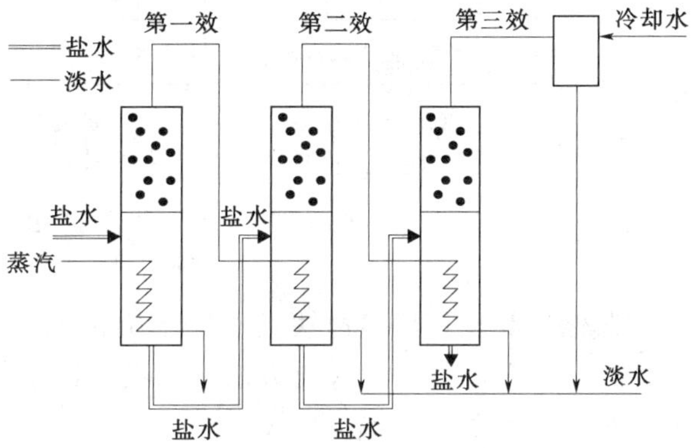

图7－14 三效蒸发淡化系统工作原理示意图

低温多效蒸馏法具有耗能低，经济效益高的突出优势，目前已被许多国家和地区采用。以色列淡化工程技术公司制造的AQUAPORT设备，日产淡水能力100～1200m^3，以其热效率高、腐蚀速度低、结垢慢以及能耗小等特点成为世界诸多海水脱盐装置的佼佼者，被世界上40多个旅游胜地的海水淡化厂所选用。法国国际海水淡化工程公司生产的低温多效蒸发装置，日产淡水9000m^3，能耗小于5.5kW·h。

3. 压汽蒸馏法（VC）

压汽蒸馏技术发明较早，20世纪70年代初随着压汽、密封和传热技术的提高开始迅速发展。该技术的原理是：经预热的海水至蒸发器中受热气化，产生的二次蒸汽经压缩，提高其饱和温度和压力后，引入到蒸发器的冷凝侧换热，供给所需热量，冷凝水从蒸发器内抽出，并与进料海水换热而冷却。到2001年底，采用压汽蒸馏技术的淡化工厂数目占全球的7.2%。压汽蒸馏需要蒸汽作为热源和冷却水，具有设备结构紧凑、过程效率高、可长期无故障运行等优点；缺点是压汽机造价高、设备容易结垢、规模较小。

（二）膜法

膜法海水淡化是以外界能量或化学势差为推动力，利用天然或人工合成的高分子薄膜将海水溶液中盐分和水分离的方法，由推动力的来源可分为反渗透法、电渗析法等。

1. 反渗透法（RO）

（1）基本原理。

反渗透是一项膜分离技术。其原理如图 7-15 所示，用只允许水分子透过而不允许溶质透过的半透膜将纯水与咸水（海水）分开，则水分子将从纯水一侧通过膜向咸水一侧透过，结果使咸水一侧的液面上升，直至到达某一高度处于平衡状态，这个过程称为渗透过程。此时半透膜两侧存在水位差或压力差，称为渗透压 π。当咸水一侧施加的压力 P 大于该溶液的渗透压 π 时，咸水中的水分子将透过半透膜到纯水一侧，而盐分留在咸水一侧，形成反渗透过程，结果使盐与水得以分离，完成含盐水（海水）的淡化过程。

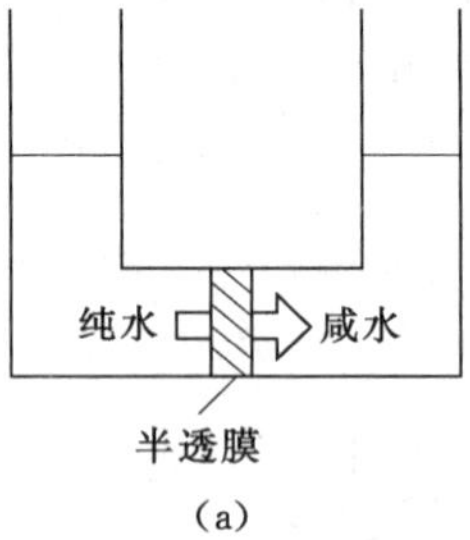

图 7-15　渗透与反渗透原理示意图

(a) 渗透；(b) 平衡；(c) 反渗透

与蒸馏法相比，反渗透法具有以下突出的优点：①反渗透海水淡化过程不发生相变化，所以是最节能的海水淡化方法；②设备简单，效率高；③占地面积小；④操作方便，控制容易；⑤设备投资低，建设周期短。其主要缺点是对进水水质要求较高。

（2）半透膜的结构与性质。

半透膜是实现海水反渗透淡化的关键材料，因而国内外反渗透技术的研究始终是围绕膜组件而进行的。根据半透膜在反渗透海水淡化中的任务，要求其应具有一定结构形式的微孔，孔隙率大、压实性小、机械强度高，具有高的化学和生物稳定性，质地薄而均匀、使用期长、性能衰变慢，加工制造方便。

20 世纪 50 年代末，劳伯和索里拉金开发了不对称醋酸纤维素膜，将膜材料的发展引入了新的阶段。不对称膜（也称作薄膜复合膜）有两个连贯的部分：第一部分是与盐水溶液接触的表层（截留层），决定膜的性能；另一部分是多孔支撑层，支撑上述表层，同时允许水通过。现在生产中使用的膜绝大部分是不对称膜，它允许被复合的材料具有最佳的表层截留特性，同时背衬材料具有防压实的特性。

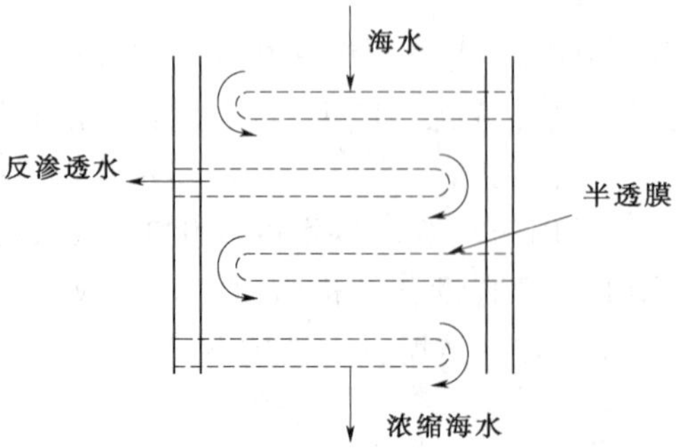

图 7-16　板式反渗透装置

（3）反渗透淡化装置及工艺。

根据半透膜的成型组装形式，反渗透装置分为板框式、管式（内压管与外压管式）、卷式和中空纤维式等 4 种基本类型，图 7-16 为板式反渗透装置。

在原水含盐量（以 NaCl 计）为 5000mg/L，脱盐率达 92%～96%的情况下，各种反渗透器的性能见表 7－19。

表 7－19 各种型式反渗透器的性能比较

类 型	膜装填密度（m^2/m^3）	操作压力（MPa）	进水率[m^3/（m^2·d）]	单位体积透水量[m^3/（m^2·d）]
板框式	492	5.5	1.02	501
管外（外径 1.27cm）	328	5.5	1.02	334
卷式	656	5.5	1.02	668
中空纤维式	9180	2.8	0.073	668

反渗透海水淡化工艺流程由预处理、高压泵、膜组件和后处理 4 个部分组成（如图 7－17所示）。其中，预处理是对进料海水进行处理，通常包括去除悬浮固体，调节 pH 值，添加临界隐蔽剂以控制碳酸钙和硫酸钙结垢等，目的都是为了保护膜，预处理需达到的水质如表 7－20 所示。高压泵用于对进料海水加压，使之达到适合于所用膜和进料海水所需要的压力。膜组件的核心是半透膜，它截留溶解的盐类，而允许几乎所有不含盐的水通过。后处理主要是进行稳定处理，包括 pH 值调节和脱气处理等。

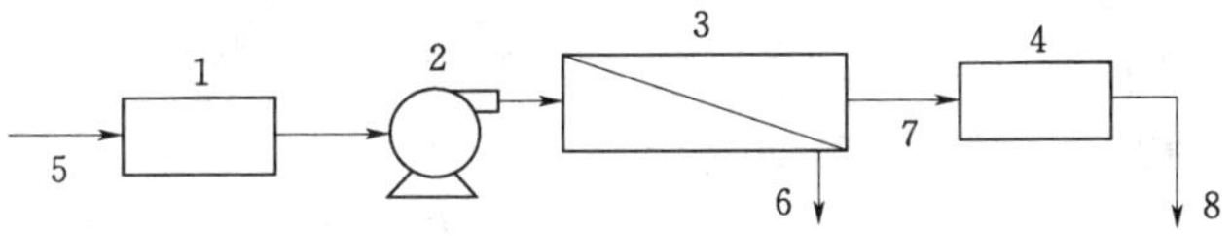

图 7－17 反渗透海水淡化系统示意图

1—预处理；2—高压泵；3—膜组件；4—后处理；5—原料海水；6—浓盐水；7—淡水；8—产品水

表 7－20 膜分离对进水水质指标的要求

项 目	电 渗 析	反 渗 透	
		卷式膜	中空纤维膜
浊度（度）	1～3	＜0.5	＜0.3
色度（度）	—	清	清
污染指数 *FI* 值	—	3～5	＜0
pH 值*	—	4～7	4～11
水温（℃）	5～40	15～35	15～35
化学耗氧量（以 O_2 计）(mg/L)	＜3	＜1.5	＜0.5
游离氧（mg/L）	＜0.1	0.2～1.0	0
总铁（mg/L）	＜0.3	＜0.05	＜0.5
锰（mg/L）	＜0.1	—	—

注 实际操作时一般将 pH 值* 调节至 5.5～6.2，以防止某些溶解固体沉积于膜面而影响产量。

反渗透工艺中，通过改变膜组件的数量和组合方式可以达到不同的效果。目前的工艺主要有单级、并联、串联和混合型四种。单级是最简单的组合，只有一个适当容量的膜组件（如图 7－17 所示）；并联是指多个膜组件并联以提高产量，系统的脱盐率和回收率不改变；串联是指从第 1 级截留的浓缩盐水作为第 2 级的进料水，可以提高系统的回收率；混合型是指多个膜组件之间既有并联又有串联地相互连接，混合型非常适合海水脱盐，从第 1 级出来的淡水作为第 2 级的进料液，可以提高脱盐率，同时从第 2 级出来的截留水还可与原料海水混合进行再处理，提高回收率，如图 7－18 所示。

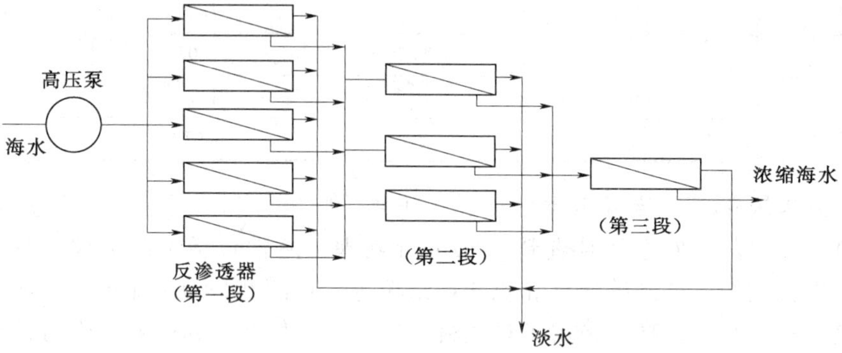

图 7－18 混合型反渗透主工艺流程

（4）反渗透的压力与能耗。

如前所述，为保持反渗透装置正常运行，须使盐水一侧的运行压力 P 高于相应条件下的渗透压 π，其值可用式（7－10）计算

$$P > \pi = \frac{ASRT}{V} \tag{7-11}$$

式中 P——工作压力，MPa；

π——渗透压，MPa；

A——含盐量常数，可取 0.000537；

R——气体常数，0.00821；

S——含盐量的千分数（海水盐度一般为 34.4‰），‰；

T——热力学温度，（等于 $273+t$，其中 t 为摄氏温度），℃；

V——水的克分子容积，0.018。

如当海水的含盐量为 34.4‰、水温 25℃时，$\pi=2.48$MPa。

2. 电渗析法（ED）

电渗析法也属于膜分离技术，所用的膜为离子交换树脂膜。离子交换树脂膜有阳膜、阴膜之分，阳膜只允许阳离子透过，阴膜只允许阴离子透过。电渗析是在外加直流电场作用下，利用离子交换膜的选择透过性，使水中阴、阳离子作定向迁移，从而将离子从水中分离的一种物理化学过程。

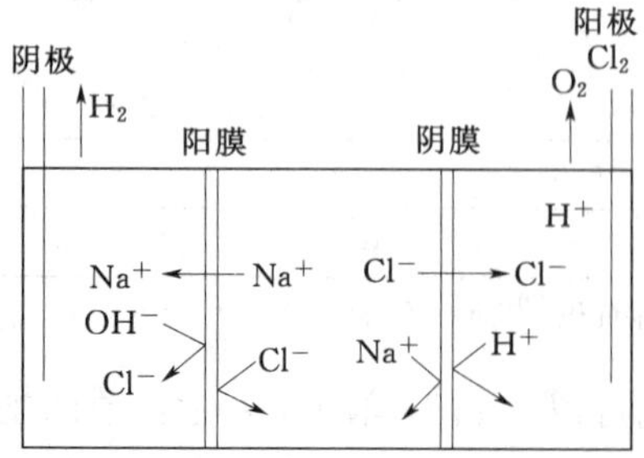

图 7－19 双膜电渗析槽工作原理示意图

图 7－19 为双膜电渗析槽的工作原理。由图可见，电渗析槽被阳膜、阴膜分隔成三室。中室（处于阴膜和阳膜之间）充以 NaCl 溶液，当两端电极

接通直流电源后，中室溶液中的 Na^+ 离子不断地透过阳膜向阴极方向迁移，并通过阳膜进入阴极室，同时发生电极反应：

$$2H_2O \longrightarrow H^+ + OH^-$$

$$2H^+ + 2e^- \longrightarrow H_2 \uparrow$$

所以，阴极室 OH^- 浓度增加，呈碱性，并有氢气逸出。相反，中室溶液中的 Cl^- 离子不断地透过阴膜向阳极方向迁移，并通过阴膜进入阳极室，同时发生电极反应：

$$H_2O \longrightarrow H^+ + OH^-$$

$$4OH^- + 4e^+ \longrightarrow 2H_2O + O_2 \uparrow \quad 或 \quad 2Cl^- + 2e^+ \longrightarrow Cl_2 \uparrow$$

所以，阳极室 H^+ 浓度增加，呈酸性，并有氧气和氯气逸出。

由此可见，中室内的溶液将因 Na^+ 离子和 Cl^- 离子的不断去除而逐渐变成淡化水。

为了有效利用电能，提高水处理效率，实际上电渗析装置都是由多对阳膜和阴膜组成的，如图 7-20 所示。进入浓室的含盐水，由于阳离子在向阴极方向迁移中不能透过阴膜，阴离子在向阳极方向迁移中不能透过阳膜，溶质被“束缚”在浓室内；而进入淡室的含盐水，由于阳离子在向阴极方向迁移中可以透过阳膜，阴离子在向阳极方向迁移中可以透过阴膜，溶质被“放离”淡室。这样，浓室中的溶液因不断接收由邻近淡室迁移透过的离子而变成浓盐水；淡室中的溶液因不断去除离子而淡化。随着反应的进行，在阴极不断排出氢气，在阳极则不断产生氧气和氯气。阴极室呈碱性，在阴极上会生成 $CaCO_3$ 和 $Mg(OH)_2$ 水垢，阳极室溶液呈酸性，对电极造成强烈的腐蚀。

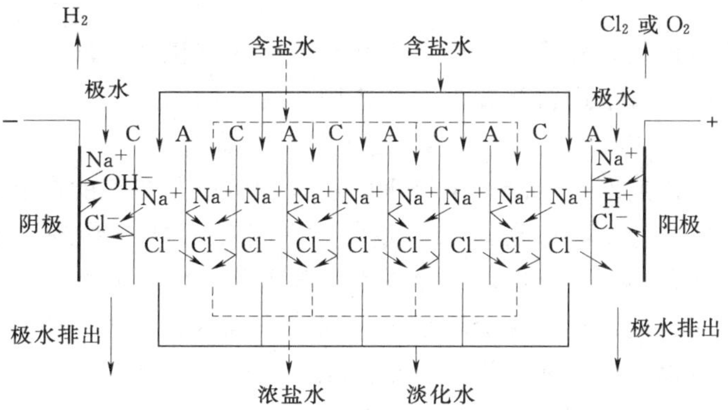

图 7-20 电渗析工作原理示意图

C—阳膜；A—阴膜

电渗析技术 20 世纪 50 年代初始于美国，当时用于苦咸水的淡化，1974 年日本率先应用于海水淡化工艺。目前电渗析法较少用于海水淡化。

（三）冷冻法

冷冻法的原理是：海水在结冰时，盐分被排除在冰晶以外，将冰晶洗涤、分离和融化后即可得到淡水。该法不需要对原水作预处理，在低温下操作，结垢和腐蚀轻微，能耗低、污染少。但由于还有一些技术问题没有解决，因而冷冻法目前还难以进入实用阶段。

（四）海水淡化主要方法的比较

虽然海水淡化技术很多，但目前形成产业规模的主要有多级闪蒸法（MSF）、多效蒸馏法（MED）和反渗透法（SWRO）。下面就能耗、预处理要求、淡化水水质、环境影响、占地面积、装置规模等方面对各种方法进行综合比较。

1. 能耗

能耗的高低是评价各种海水淡化方法的主要指标。只要初始状态、终结状态相同，各种海水淡化方法理论能耗值就相同，即 $1.41kW \cdot h/m^3$。但由于技术水平的限制，目前海水淡化的能耗远远大于理论值。由于反渗透法不发生相变，所以其能耗比热法要低。

蒸馏法的能耗占总运行成本的比例要高于反渗透法。造成这种差异的主要原因是它需要更高的操作温度。蒸馏法脱盐需要的温度范围在 40～120℃，而反渗透法的操作温度范围仅 0～40℃。蒸汽是蒸馏法主要消耗的能量形式，许多 MSF 海水淡化厂都与电厂合建，通过利用电厂产生的废热来提高经济性。而反渗透法并不需要蒸汽，其大部分的能耗来自于使盐水透过膜元件所需要的压力。

2. 预处理要求

预处理系统对海水淡化工厂长期稳定运行至关重要。其目的是去除对淡化设备有害的物质，如悬浮物、胶体、细菌、微生物、有机物、溶解气体等。海水预处理的内容主要有杀菌、降浊、阻垢、脱气等。不同的海水淡化方法，对预处理系统要求也各不相同。

在蒸馏法中，海水中溶解的气体能在传热面上而形成气膜，减低传热速度；此外，溶解氧会加速设备和管道的腐蚀；CO_2 的存在会引起钙镁结垢。因此蒸馏法必须严格脱气，而反渗透法则不需要。但总体而言，与反渗透法相比，蒸馏法对进入装置的海水水质要求不高。

由于反渗透膜不耐氯等氧化性物质，而且海水中的有机物、藻类、细菌会导致膜的污染，因此需要妥善的对海水进行预处理以防止膜的污染和结垢。

3. 淡化水水质

由于蒸馏法是经过蒸发、冷凝产生淡水的过程，所以蒸馏法的产品水质比反渗透法要好。蒸馏法淡化水的含盐量一般在 5～10mg/L 范围，而一级反渗透法所产淡水的含盐量为 300～500mg/L 左右。反渗透产水纯度很大程度上与进水水质有关，可利用二级反渗透工艺来提高出水水质，但这种方法会增加投资和操作成本。不过，值得一提的是，膜工艺在脱盐的同时，还可以去除一些污染物，如杀虫剂、微生物等。

4. 环境影响

由于海水淡化属于新兴产业，因此海水淡化对环境的影响还不太被关注。海水淡化对环境的最主要影响是高盐水的排放和高温水的排放。

浓盐水排入海洋后，在风浪和海流的作用下，与海水发生混合稀释，浓度会逐渐下降。但据对地中海阿利坎特海水反渗透淡化厂（生产能力 $50000m^3/d$，水回收率 40%）排放的浓盐水进行的监测分析表明，海水自身的稀释作用并不像人们想象的那么强。在邻近排放口附近的海域内，稀释作用比较强，随着与排放口距离的增加，稀释作用减弱，在距离排放口 4km 处，出现了稳定的高盐度区。海水盐度的增加会对海洋生态系统造成一定程度的影响和破坏，如改变一些种群的结构、组成和多样性，降低生物的繁殖率、成活率，破坏种群生物链等。

利用电厂余热进行海水淡化具有很高的经济价值，但废水中的热能会使局部海域水温升高，导致某些浮游生物急剧繁殖和高度密集，从而产生“赤潮”，造成海洋生物大量死亡。海水水温的升高还会使海水中溶解氧的含量降低，影响生物的新陈代谢，甚至使生物群落发生改变，破坏海洋生物的栖息环境。

尽管有些环境专家认为高温或浓盐水的排放还不足以对海洋生态造成负担。但是，随着海水淡化事业的蓬勃发展，海水淡化产业规模的不断扩大，必须对海水淡化对海洋环境（包括水质、生物等）的影响予以重视，避免重蹈像陆地水域那样“先发展，后治理”的覆辙。

5. 占地面积

土地作为一种特殊的自然资源，具有稀缺性。以日产 37850m^3 的海水淡化厂为例，多级闪蒸、多效蒸馏和反渗透的占地面积分别为 5000m^2、6000m^2 和 3000m^2，由此可见，反渗透法占地面积比蒸馏法要小得多。

6. 装置规模

多级闪蒸具有大规模生产的优点，单机容量可达 6 万 t/d。而低温多效蒸馏的单机容量仅为每天几千至两万吨。由于反渗透淡化装置采用模块化设计，可使多台组合使用，且可具有较大的操作弹性。

综上所述，各种海水淡化方法都有各自的优缺点，在具体选用时必须根据实际情况而定，包括规模大小、海水水质、淡化水用途、能源费用、气候条件等。其中反渗透法由于其综合优势决定了它必将成为今后海水淡化的主流。

五、我国海水利用中的问题及解决途径

（一）海水利用存在的主要问题

1. 对海水利用认识不足，缺乏利用积极性

长期以来，我国没有把海水作为水资源看待，当面临供水不足时，首先想到的是仍然是常规水源（拦蓄地表水、跨流域调水、抽取地下水等），对海水利用的优势宣传不够，海水利用知识普及不够。对于把利用海水作为优化沿海地区水资源结构的认识不到位，主观上缺乏积极能动性。对于普通民众来说，甚至还存在一些认识上的误区，认为“淡化水的水质不利于健康”。其实，淡化水与市场上的纯净水品质一样。当初国家制定纯净水标准时就是依据早期海水淡化厂的淡化水的数据测算的。

2. 海水淡化成本较高，缺乏市场竞争力

尽管我国海水淡化的成本已降到目前的 5 元/m^3 左右，但相对于自来水价格而言，仍然偏高，这是制约海水淡化发展的最直接和最主要因素。除技术和材料等因素外，规模小也是使得成本居高不下的重要原因。目前我国海水淡化的规模和单机淡化能力都比较小，一般在 3000m^3/d 以下，最大为 5000m^3/d。由于成本较高，供水市场很难打开，淡化规模也就不易扩大，从而阻碍了海水淡化的发展。海水淡化产业化规模不够、市场需求量不大与高海水淡化成本是互为因果的，难以形成“扩大生产规模→降低成本→打开市场需求→再推动生产规模”的良性循环。

3. 海水利用的政策法规体系还不完善

虽然 2005 年 8 月，国家发展和改革委员会、国家海洋局和财政部联合颁布实施了我国首部《海水利用专项规划》，并将海水利用列入“十五”、“十一五”规划和《当前国家

重点鼓励发展的产业、产品和技术目录》，但尚缺乏具体的扶持政策。相比于自来水一直享受保护性价格优惠而言，海水淡化产业从一开始就是完全按成本核算，完全按照市场经济方式发展，在发展初期就受到了很大限制，影响了企业的积极性。同时，目前我国对于有条件利用海水但不利用的情况，没有法规约束。

（二）海水利用主要问题的解决途径

1. 确立海水替代在沿海地区经济社会发展中的战略地位

加快研究制定有利于海水利用的沿海地区水资源发展战略。沿海地区特别是沿海缺水省（直辖市）确立以海水作为替代淡水资源、立足于海水利用的开源战略和海洋经济发展战略。特别是严重缺水的沿海城市，为缓解缺水的瓶颈制约，除采取全面节水和必要的调水工程等措施外，充分利用海水替代淡水既是现实选择，也是长远发展的战略。通过海水利用，实现淡水资源的替代，使海水利用成为我国沿海地区改变和优化水资源结构的有效途径，并形成海水作为沿海城市用水的第二水源的战略定位。

此外，通过各种形式普及海水利用知识，提高公众对海水利用重要性的认识，为海水利用产业发展创造良好的氛围。

2. 依靠科技进步，提高海水利用规模化和产业化水平

加快海水利用技术研发、示范和完善化的步伐，大力支持海水利用技术的产业化发展。重点发展海水淡化和海水冷却、海水脱硫等海水直接利用技术。海水淡化要加快万吨/日级技术的示范和产业化、10 万 t/d 级的研发；加快反渗透法海水淡化中的膜组件、能量回收和高压泵的开发和国产化；在电力、化工、石化、钢铁等高用水工业加快推广应用海水直流冷却技术，积极发展海水循环冷却技术，加快循环量为每小时万吨级的示范和产业化；要加快海水化学资源综合利用技术的研发。

因地制宜选择海水淡化技术。能提供低品位热能的，可采用蒸馏法技术，如火电厂利用余热进行海水淡化；电价较低或不能提供低品位热能的，海水淡化可采用反渗透法技术。寻求和应用可为大规模海水淡化提供热能的技术，如运用核能技术为海水淡化提供热能。

加快发展具有自主知识产权的海水利用技术装备（包括海水淡化成套设备）；加强国家海水利用技术支撑基地建设；鼓励有条件的企业和科研院所到国外承揽海水淡化与综合利用工程，参与国际竞争，发展具有竞争力的海水利用产业，培育新的经济增长点。

3. 制定和实施促进海水利用的产业政策，加快调整步伐

强化源头控制。严格限制在沿海缺水地区新建以淡水为水源的高用水项目，加强市场准入管理。沿海地区火电、石油石化、化工、冶金等高用水企业的新建或改扩建工程新增用水应优先使用海水及海水淡化水。对有条件利用海水的已建企业，给予一定改造期限，逾期可采取限制使用淡水的措施。

4. 综合运用各种经济政策，大力扶持和促进海水利用的发展

加快水价改革，形成合理的水价机制。对海水淡化水特别是对进入城市供水管网的海水淡化水给予一定的补贴，或统筹考虑与自来水价格的衔接，形成城市供水的综合水价，以提高海水淡化水的竞争力。

重点支持重大示范项目、海水利用综合示范区（城）、海水淡化、海水直接利用和海

岛海水利用项目等。对以供应居民用水为主要目的的海水淡化厂及其管网设施，应视为与自来水供应设施一样，实行相应的补贴，创造公平竞争环境，扶持海水利用设施建设，促进国内海水淡化的大规模发展。在投资导向上，对采用海水淡化以及电水联产、海水直接利用等应优先立项，重点支持。

研究鼓励海水利用的财税政策。如有关海水淡化水、海水利用的税收减免（包括增值税和所得税优惠政策）、海水利用技术（设备）的研发和重要示范项目给予财政资金支持等财税政策。

5. 加快政策法规和标准体系建设，强化依法管理

强化法规规范，促进海水利用的法规建设和依法行政。在法规中明确以下几个重点：一是规定个人和单位利用海水的责任和义务，对有条件利用而不利用的，要规定相应的法律责任（香港的法规中就规定使用淡水冲厕为违法），如沿海缺水地区用水大户必须使用一定比例的海水（包括海水淡化水）；二是明确政府促进海水利用的政策措施；三是明确海水利用的若干法律制度。

加快研究海水利用标准体系，制订和实施相关标准。建立和完善海水利用基础标准、管理标准、方法标准和产品标准，推动海水利用产品（设备）认证，进一步促进海水利用规范、有序发展。

第八章　节水型社会建设规划

第一节　概　　述

一、节水型社会建设的内涵

节水型社会的研究与实践是近年来学术界和管理层十分关注的一个课题。国外节水工作以先进的节水技术、完善的节水法规等为核心，没有明确提出节水型社会的相关概念。因此，对节水型社会概念的理解，主要是国内学者从不同观点出发提出的。各类学者专家提出的节水型社会内涵各不相同，归纳起来主要有节水防污、经济调节、节水法规、社会制度建设等角度的剖析。之所以难以形成统一的定义，原因就在于节水型社会是一个耦合水资源系统、经济系统、社会系统在内的多层次化复合问题。

如果说节水型社会是一种我们希望达到的状态，则节水型社会建设强调的是达到上述状态的一种过程。所以，节水型社会建设的内涵可以理解为：是以提高水资源利用效率和效益为中心，通过法律、经济、行政、技术、宣传等措施，在全社会建立起节水的管理体制和运行机制，在水资源开发利用的各个环节，实现对水资源的节约和保护，逐步杜绝用水的结构型、生产型、消费型浪费，最终实现以水资源的可持续利用支持经济社会的可持续发展。

当前我国节水型社会建设主要包括 3 种基本模式：一是宏观的国家模式，即确立节水型社会建设的基本理念，强调经济、社会与资源环境的和谐发展；二是纵观的区域模式，即在节水型社会建设基本理念的指导下，结合区域资源、环境、社会、经济和文化等特征，建立特定区域节水型社会建设的总体思路和重点建设方向；三是微观的基层模式，如节水型企业、城市、灌区或社区建设等。从整体上看，我国当前的节水型社会建设实践主要以区域模式为重点和主导，不断推动节水型社会建设理论的完善。

二、国内外节水型社会建设进展

20 世纪 60～70 年代以来，随着全球水资源短缺和水污染问题的加剧，世界上许多国家纷纷将节水作为缓解水资源危机的有效途径，采取管理、经济、技术、政策、法制、宣传和教育等一系列手段，推进节水，提高水资源利用效率。例如，美国环保署于 1998 年颁布了节水计划导则；斯里兰卡政府在国家水资源战略中突出了以节水为主体内容的水资源需求管理；英国根据南北差异，分别专门制定了以提高用水效率和防污为侧重点的双重节水战略；菲律宾在 1997 年大旱后，政府专门发动了为期一年的“公众对用水负责”节水运动；新加坡和日本在节水技术方面尤为先进，节水管理更加强调经济手段。联合国也积极推动节水意识和技术的普及，2002 年联合国亚太地区经济和社会委员会在菲律宾召开“提高公众节水意识”专题会议。总体来看，国际上在农业节水、工业节水、生活节水以及替代水源开发的设施和技术方面较为先进并取得一系列突破，在宣传和教育上也有许多创新的做法，但完整意义上的节水型社会理论和方法研究仍不多见。

我国节水型社会建设实践和研究始于20世纪末21世纪初，目前其理论和方法研究仍处于起步和探索阶段。虽然开展节水型社会建设实践和研究的时间不长，但我国节水工作历时已久。1988年以来，水利部在中央水利工作方针的指导下，进行了可持续发展的探索，对水资源利用和管理的思路也发生了重大改变。2001年全国节水办公室批复了天津节水试点工作实施计划，初步具备了节水型社会建设雏形。2002年张掖市作为全国第一个节水型社会建设试点，正式拉开了我国节水型社会建设试点的帷幕。通过包括甘肃张掖、四川绵阳和辽宁大连等地区在内的第一批节水型社会试点建设工作，总结了不同水资源条件和经济发展水平下建设节水型社会的工作特色，为今后全国节水型社会建设的推广提供了宝贵的实践经验。目前在试点地区逐步实现了总量控制、定额管理、一体化管理、市场调节、公众参与的有效运行机制，通过各种措施的实施，显著地提高了水资源的利用效率和效益。其后国家又相继开展了一批全国建设试点和94个省级一级试点。2003年10月，汪恕诚在全国水资源工作暨节水型社会建设试点经验交流会上，作了题为《建设节水型社会工作要点》的讲话。2005年4月29日，国务院副总理曾培炎出席全国水价改革与节水工作电视电话会议时，强调要统一思想，明确目标，通过深化水价改革、加强水资源管理、优化产业结构、建立节水制度等措施，大力推进全社会节约用水，提高用水效率，切实保护水环境，为促进社会的全面协调和可持续发展做出新的贡献。

从以上国内外节水和节水型社会建设动态与研究进展可以看出，对节水型社会建设，国外无成熟的经验可供借鉴，国内也处于探索的初期阶段，迫切需要从现有实践出发，通过自主创新，尽快形成一套符合中国国情和水情的节水型社会建设理论和技术方法体系，以满足当前和今后一个时期我国节水型社会建设的实践需要。

三、节水型社会建设的发展阶段

节水型社会建设的实现是一个循序渐进的过程。按照社会发展的不同阶段，将节水型社会发展分为3个阶段：强制式发展阶段、自律式发展阶段、自觉式发展阶段。

在节水型社会建设初期（强制式发展阶段），节水主体的节水意识不高，主要靠政府的行政法规等硬性措施强制节水，此时的节水制度与约束尤为重要。在节水型社会建设中期（自律式发展阶段），通过市场经济手段和社会激励机制，节水主体在进行用水活动时能够主动考虑用水成本及无效用水对自身和社会造成的消极后果而选择采取合理的用水方式。在节水型社会建设的高级阶段（自觉式发展阶段），全社会节水氛围已经形成，良好的资源道德观深入人心，节水已经成为各类用水主体的用水行为准则，节约用水行为并不是价格或规范约束的结果，而是自身所具有的节水意识时时刻刻地支配着用水主体的节水行为选择。

从这3个阶段可以看出，节水型社会建设取决于节水主体的节水意识。节水主体具有“经济人”和“道德人”的双重身份，如何将其“道德人”的身份充分调动起来，将节水行动变为节水主体的自发行动，需要政府行政手段→市场经济手段与社会激励手段→软环境制度建设手段的相互补充和过渡。节水型社会的整个建设过程中各种作用机制的关系应当是：以市场经济调节为主的节水机制，辅以适当的行政手段，最终通过节水型社会良好环境氛围的建立，使节水成为节水主体的自发、自觉行为。

四、节水型社会建设规划的技术框架

节水型社会建设是一项复杂的系统工程，应当以水文学、水资源学、环境学、生态学、经济学和社会学等多学科理论为指导，以现代水文水资源技术、大系统分析技术和地理信息技术为关键技术支撑，在野外踏勘调查与室内分析集成相结合的基础上实施。

在实测信息、统计信息和已有相关规划成果及全方位踏勘调查的基础上，建成节水型社会建设规划的工作数据库。在进行水资源及其开发利用评价的基础上，明晰区域水资源"家底"及存在问题；分析节水潜力；基于不同规划水平年供水、需水预测剖析水资源供需平衡态势。以此为基础，确定节水型社会建设的目标及控制性指标，构建节水型社会建设的四大支撑体系；对近期建设实施方案及重点建设项目进行整体部署，并提出相应的保障措施。总体技术框架如图 8-1 所示。

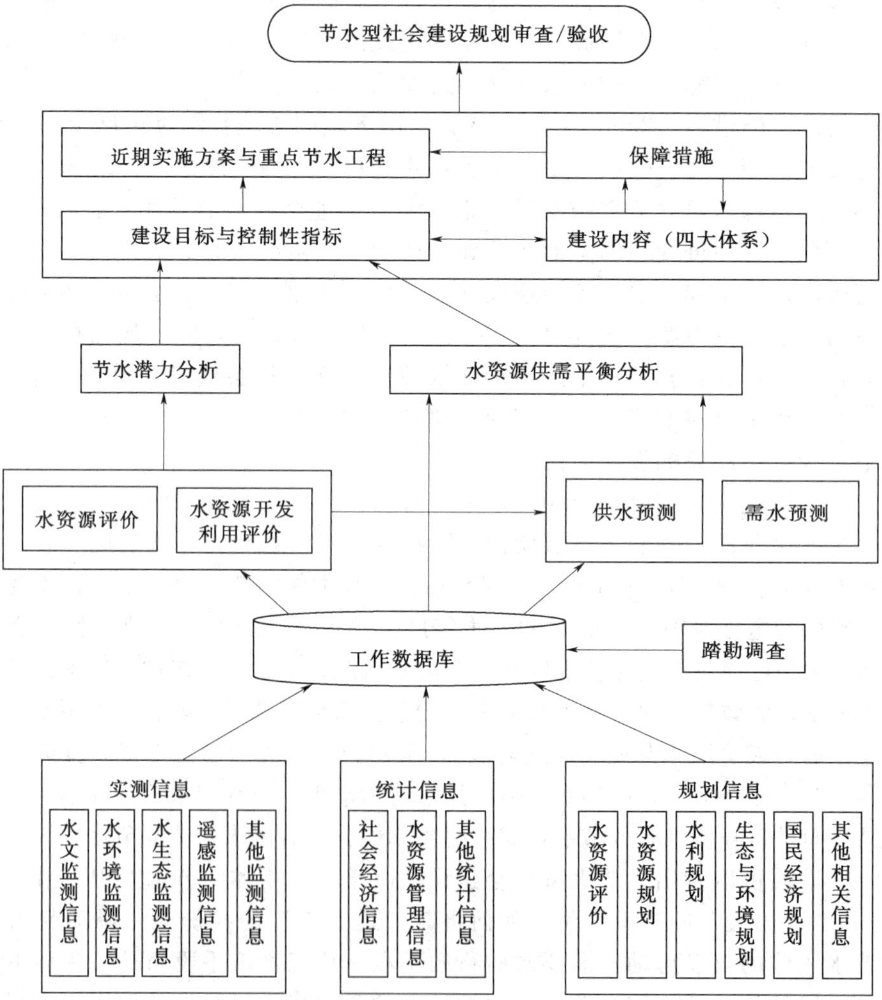

图 8-1　节水型社会建设规划技术框架图

第二节　节水型社会建设规划的编制

编制节水型社会建设规划，首先要确定规划的范围和水平年，然后在明确规划的指导思想、编制要求和主要依据的基础上完成规划编制。本节将从普遍意义上对编制节水型社会建设规划所涉及的上述各项逐一进行介绍，以期为各地结合实际编制节水型社会建设规划提供参考。

一、节水型社会建设规划的时空范围

从空间范围上看，节水型社会建设需要统筹考虑流域与行政分区，以行政分区为主，由水行政主管部门负责本区域节水型社会建设的协调。

从时间范围上看，通常以编制节水型社会建设规划的前 1 年为规划现状年（或称基准年），如缺少前 1 年的必要统计数据，可按编制规划的前 2 年为规划现状年。节水型社会建设的期限一般为 15～25 年。其中，近期规划期限一般为 3～5 年，远期规划期限一般为 10～20 年。

二、节水型社会建设规划的指导思想

节水型社会建设规划的编制，要贯彻落实科学发展观，根据中央建设资源节约型、环境友好型社会的要求，以提高水资源利用效率和效益为核心，以水资源统一管理体制为保障，以建立健全节水型社会管理制度、形成节水防污机制为根本，转变经济增长方式、调整经济结构、推进产业优化升级、加快科技进步，转变用水观念、创新发展模式，充分发挥市场对资源配置的基础性作用，建立政府调控、市场引导、公众参与的节水型社会体系，综合采取法律、行政、经济和技术工程等手段，加大宣传教育力度，促进经济社会发展与水资源相协调，为全面建设小康社会提供水资源保障，从当地实际出发，全面部署今后一段时期的节水型社会建设工作。

三、节水型社会建设规划的主要原则

节水型社会建设规划将成为规划期内节水型社会建设的行动指南，所以在规划编制时，必须遵循实用性、前瞻性和整体性。

（一）实用性原则

要结合规划区域的水资源条件、社会经济发展特点，揭示本地区对节水型社会建设的内在需求，制定出符合本地实际的建设目标和建设内容；实施方案要具体、明确，保障措施要适时、可行。为保证实用性，规划编制要与已有的经济社会发展规划、城市规划、生态环境规划、流域综合规划、水资源综合规划以及其他相关规划成果相协调和衔接。

（二）前瞻性原则

前瞻性是指，规划的编制要充分考虑规划地区在规划期的整体发展态势，充分融合节水型社会建设相关理论与技术研究的新进展与发展趋势，确保建设目标和建设内容的先进性。

（三）整体性原则

整体性是指，规划的目标要充分体现区域对节水型社会建设的内在需求，所布置的建设内容要与建设目标高度吻合，并对建设目标提供有效支撑；不同阶段的实施方案要形成一个有机整体，并有针对性强、可操作性好的保障措施。

四、节水型社会建设规划的主要依据

节水型社会建设规划应严格按照国家法规及相关政策、部委相关指导性文件以及地方相关法规与规划，主要依据如下。

（一）国家法规及相关政策

（1）《中华人民共和国水法》；

（2）《中华人民共和国水污染防治法》；

（3）《中华人民共和国环境保护法》；

（4）《中华人民共和国水土保持法》；

（5）国务院《关于开展资源节约活动的通知》（国发［2004］30号）；

（6）国务院《关于做好建设节约型社会近期重点工作的通知》（国发［2005］21号）。

（二）部委相关指导性文件

（1）国家发展和改革委员会（以下简称发改委）、科技部、水利部、建设部、农业部联合发布的《中国节水技术政策大纲》（2005年第17号）；

（2）水利部《关于印发开展节水型社会建设试点工作指导意见的通知》（水资源［2002］558号）；

（3）水利部《关于印发节水型社会建设规划编制导则（试行）的通知》（水资源［2004］142号）。

（三）地方相关法规与规划

（1）规划区域与水资源管理、节水型社会建设相关的地方法规。

（2）规划区国民经济发展规划、水资源综合规划、城市规划、生态环境规划等。

（3）《水资源评价导则》、《地表水环境质量标准》、《地下水质量标准》、《节水型企业评价导则》、《工业用水分类及定义》、《工业企业水量平衡测试方法》、《工业用水考核指标及计算方法》、《取水许可技术考核与管理通则》等有关标准及规划地区已颁布的用水定额等。

五、节水型社会建设规划的主要内容

节水型社会建设规划的主要内容包括基本情况分析、水资源供需分析和水资源配置、提出建设目标、安排建设内容、制定实施方案、建立保障措施以及评价实施效果等7个方面。

（一）基本情况分析

掌握规划地区自然与社会经济各方面的基本情况，是编制节水型社会建设规划的基础。基本情况分析包括以下两个方面。

（1）区域自然地理与社会经济发展状况分析。如地理位置、地形地貌、水文地质、气候气象、河流水系、土壤植被、人口、经济发展规模与结构等。

（2）水资源及其开发利用现状分析。如水资源数量评价、水资源质量评价，水资源供、用、耗、排水评价等，并识别其中存在的主要问题。

（二）水资源供需分析和水资源配置

水资源供需分析包括供水预测、需水预测、供需平衡分析等内容，其中需水预测应以不同水平年经济社会发展指标预测为基础。水资源配置是指在规划范围内，坚持公平性、有效性和可持续性原则，遵循自然系统承载能力、稀缺资源配置准则和市场经济规律，采取各种工程与非工程措施，合理抑制需求，保障有效供给，维护和改善生态环境质量，对多种可利用水源在不同区域、不同部门和不同用户等供水目标之间进行科学分配，实现区域水资源供需平衡的基本过程。水资源配置是区域水资源供需平衡目标下的各项调控措施综合集成和比选的基础平台，藉此确定节水型社会建设规划不同调控措施的有效组合和优先序，同时也能明晰分项调控措施对实现区域水资源供需平衡的各自贡献。

（三）提出节水型社会建设目标

节水型社会建设的目标定位十分重要。应根据经济社会可持续发展对水资源可持续利用的总体要求，在水资源供需分析与水资源配置的基础上，综合考虑规划地区的水资源供需矛盾、生态与环境状况、节水潜力、规划水平年的经济技术水平、当前水资源开发利用存在的主要问题等，系统地提出节水型社会建设的指标体系，以及各项指标在近期规划水平年、远期规划水平年应达到的指标水平。

1. 总体目标

按照逐步建成制度完备、设施完善、用水高效、生态良好、持续发展的节水型社会建设的总体要求，从当地实际出发，在分析形势与问题、理清基本建设思路、明确重点的基础上，系统提出规划地区节水型社会建设的总体目标。

对可以量化的建设目标，应当提出具体的量化指标。综合性指标包括用水总量控制指标、万元 GDP 用水量、人均综合用水量等。其中用水总量控制指标要与水资源综合规划成果以及上一级行政区的水资源配置方案相协调。

2. 主要用水行业节水目标

（1）农业节水目标。

提出农业节水发展目标及具体指标。主要指标包括农田灌溉水有效利用系数、亩均灌溉用水量、节水灌溉工程面积比例等。

（2）工业节水目标。

提出工业节水发展目标及具体指标。主要指标包括万元工业增加值用水量、工业用水大户主要产品用水定额、工业用水重复利用率、工业废污水处理回用率等。

（3）生活节水目标。

提出生活节水（包括居民生活用水节水和城镇公共生活用水节水）发展目标及具体指标。主要指标包括城镇公共供水管网漏损率、城镇节水器具普及率、用水户装表计量率、城镇生活人均综合用水量等。

（4）非常规水源利用目标。

有条件的地区，应当提出非常规水源利用的发展目标及具体指标。非常规水源包括再生水、雨水、海水、苦咸水等。主要指标包括再生水、雨水、海水、苦咸水等非常规水源的利用量（或替代淡水资源量）、再生水利用率等。

3. 水生态与环境有关目标

提出水生态环境保护及修复的目标及有关指标。主要指标包括水功能区水质达标率（含饮用水源地水质状况）、工业废水排放达标率（应为 100%）、城市生活污水集中处理率等。对地下水超采、地下水污染地区或者生态用水尚未得到有效保障的地区，应当提出具体的治理目标。

（四）安排节水型社会建设内容

为了节水型社会建设目标的实现，应切实安排能够为建设目标提供有效支撑的建设内容。节水型社会建设内容主要包括节水型社会管理体系、适水型经济结构体系、节水工程技术体系和自觉节水的社会行为规范体系（简称四大体系）的建设。应根据规划地区实际情况确定本地区节水型社会建设的主要任务。

1. 节水型社会管理体系建设

在节水型社会建设规划中，应明确规划区在节约用水法规体系、水资源及节水管理体制、用水总量控制与定额管理、取水许可和水资源有偿使用、用水计量与监督管理、水功能区和退排水管理的任务，以及在运用价格、财税、金融政策促进水资源节约和高效利用等方面的任务。

2. 适水型经济结构体系建设

在节水型社会建设规划中，应确立规划区在构建与本地水资源和水环境承载能力相适应的经济结构体系方面的任务。包括调整经济结构，调整种植结构，促进产业结构升级，促进节水型工业、农业和服务业发展。严格控制不符合本地区水资源承载能力的项目建设，对新增的基本建设项目，严格实行水资源论证制度等。

3. 节水工程技术体系建设

在节水型社会建设规划中，应明确规划区在水资源配置工程、农业节水工程、工业节水改造、城市供水管网改造、节水器具普及、非常规水源的利用、城市污水处理，以及研发和推广先进适用的节水技术等方面的任务。

4. 自觉节水的社会行为规范体系建设

节水型社会建设的关键在于形成全社会的节水氛围，要充分利用舆论的宣传和引导，提高公众的节水意识，自觉选择节水行为。节水的宣传教育非一朝一夕之功。在节水型社会建设规划中，应明确提出规划区在宣传教育、舆论监督、群众参与节水型社会建设等方面的任务。

（五）制定节水型社会建设实施方案

节水型社会建设实施方案是在已确立建设目标和建设内容的基础上，为落实建设内容的具体开展和建设目标的逐步实现而制定的。实施方案中除了应包括更细化的建设内容和进度安排外，还应包括重点领域的节水措施和重点节水工程。

1. 重点领域节水措施

（1）农业节水。

以提高灌溉水利用效率为核心，结合新农村建设，联系本地实际，提出调整农业种植结构、合理配置水资源、建设高效输配水工程等农业节水基础设施、对现有灌区进行续建配套和节水改造、推广和普及节水技术等方面的内容。

（2）工业节水。

结合规划地区实际，重点提出高用水、重污染工业行业的节水策略。在合理调整工业布局，加快产业结构调整、严格市场准入及限制高消耗、高排放、低效率、产能过剩行业盲目发展的同时，通过加强用水管理、技术改造以及非常规水源替代淡水等措施，降低单位产品取水量和排污量。

（3）生活节水。

提出城镇供水管网改造、强化城镇用水管理、合理利用多种水源、推广使用节水器具，加强供水和公共用水管理，加强计划用水和定额管理，全面普及计量设备，以及推行村镇集中供水和农村生活节水等方面的内容。

（4）非常规水源利用。

根据当地水资源供需平衡情况，结合实际情况，提出开发利用非常规水源替代淡水资源的具体内容。

（5）水生态与环境的保护和治理。

提出加强水功能区管理，核定水功能区纳污能力，实行排污总量控制，保障生态环境用水；加强入河排污口监督管理，强化饮用水源地保护，加大污水处理和再生利用力度；加强企业废水处理设施的运行监控管理等方面的内容。

2. 重点节水工程

为确保实现规划确定的节水型社会建设目标与任务，要建设一批重点节水工程。重点节水工程要进行投资匡算和节水量（对于非常规水源工程为替代淡水量）等效益估算。工程项目要说明资金来源，并注明是实施本规划所需投资，还是已在其他规划中的所列投资。

（1）农业节水重点工程。

根据当地实际情况，依据《全国节水灌溉规划》、《全国大型灌区续建配套与节水改造规划》以及《全国农业综合开发重点中型灌区节水配套改造建设规划》，重点安排灌区节水改造、节水灌溉示范、雨水集蓄以及旱作节水灌溉示范、牧区节水灌溉饲草料基地示范、养殖业节水示范等工程。

（2）工业节水重点工程。

根据当地实际情况，结合《中国节水技术政策大纲》，确定重点高用水工业行业节水改造项目、废水处理回用等项目。

（3）生活节水重点工程。

结合本地实际情况，提出城市供水管网改造、节水器具推广、建筑单体和居民小区中水利用示范、城区雨水利用示范及推广等项目。

（4）非常规水源利用重点工程。

依据《全国城镇污水处理及再生利用设施建设规划》、《海水利用专项规划》、《矿井水利用专项规划》，规划城镇污水集中处理再生利用、矿井水利用和再生水利用等工程，在沿海缺水地区推进海水冷却工艺，建设海水淡化工程。

（5）能力建设重点工程。

从规划区实际需要出发，重点考虑取、用和排水计量设施，水资源管理信息系统和节水执法监督能力等能力建设项目。

（六）建立节水型社会建设保障措施

节水型社会建设作为一项复杂系统工程，在其建设过程中应采取有效措施，调动全社会的力量实现。节水型社会建设的保障措施主要包括加强领导、落实责任，理顺体制、完善法规，保障投入、加强监督，依靠科技进步、加强宣传教育等方面。

（七）评价节水型社会建设实施效益

采取定性与定量相结合的方法，对规划实施后可达到的经济效益、社会效益、生态与环境效益进行分析。

经济效益包括节省水费及污水处理费，减少供水、排水、污水处理工程投资等。节水项目经济效益估算的内容将在本章第四节中阐述。

社会效益包括建设节水型社会对推动新农村建设、促进经济增长方式的转变、促进经济社会又好又快发展的分析；对规范用水秩序、避免水事纠纷、促进社会稳定方面的分析；对促进社会公众资源节约和环境保护意识提高方面的分析；对促进经济社会可持续发展的分析；对全国节水型社会建设的示范作用等方面的分析等。

生态与环境效益方面的分析包括提高水资源利用效率效益、节约水资源情况分析；通过降低经济社会发展的取水量、维持基本生态用水方面的分析；通过节水减少排污以及建设治污工程等对改善生态与环境情况的分析，建设节水型社会对提高水资源承载能力和水环境承载能力，促进水资源可持续利用方面的分析等。

第三节　节水型社会建设规划的编制实例

本节阐述N区节水型社会建设规划内容，以加深读者对节水型社会建设规划的认识。

一、规划范围

N区位于我国西北地区东部，面积6.6万km^2，其中3/4的面积处于干旱、半干旱地带。

二、规划水平年

规划现状年（基准年）为2004年。近期规划水平年为2015年，远期规划水平年为2020年。

三、水资源及其开发利用状况

该区多年平均年降水量不足300mm，当地水资源人均占有量不足200m^3，约为全国平均值的1/12和黄河流域的1/3；亩均占有量不足50m^3，为全国平均值的1/28和黄河流域的1/6。受季风影响，天然降水年内分布不均，年际变率大，全区绝大部分地区70%的降水集中于7～9月，4～6月降水量仅占15%，难以保障作物苗期对水分的基本需求。

该区水资源短缺，时空分布与耕地、人口及经济布局不相匹配。水资源总量与发展需求之间、生产用水与生态用水之间、黄河分配水量指标与区域发展需求之间，存在着极其尖锐的矛盾。主要表现在：水资源供需矛盾日益突出；传统的用水结构难以适应经济建设的需要；水资源利用效率不高；水环境承载能力不足。

随着人口增长，经济发展，工业化、城市化进程加快，以及人民生活水平的提高和生态环境的改善，对水资源需求量进一步增加，对水的安全保障要求越来越高，水资源供需矛盾日益突出。在近期引用黄河水资源总量不增加的前提下，节水和提高水资源利用率将是解决水资源供需矛盾的必然选择。因此，建设节水型社会，以农业节水支持工业化和城市化建设，工业反哺农业，是该区经济社会发展的迫切需要。

四、规划目标

（一）总体目标

广泛开展宣传教育，全面提高公众节水意识，在全社会形成珍惜水、节约水、保护水的社会氛围，使节水工作贯穿于国民经济发展和群众生产、生活的全过程。建立与区域水资源承载能力相适应的经济结构、水利工程、水资源管理、水利投入和科学合理的价格体系。形成符合该区实际的区域水资源安全保障与高效利用体系、一体化的水资源管理与运行体系、技术推广服务与科技创新保障体系、多目标多功能高效益的水土保持综合防治体系。全面推广、普及节水新技术，发展节水型产业，建设节水型城市，优化用水结构，实现水资源利用从粗放型向集约型转变，初步建成节水防污型社会的基本构架，实现水资源优化配置和可持续利用。

（二）近期目标（到 2015 年）

建立健全科学管理、法制和技术推广服务体系，建立与社会主义市场经济体制相适应的节水运行机制和节水产业，全民节水意识普遍增强。

全区总耗水量控制在 40 亿 m^3 以内，从农业用水指标中节水 6.9 亿 m^3，保障工业化和城市化建设用水。全区生活、生态、工业、农业耗水比例由 2.2∶7.2∶2.8∶87.8 调整为 4∶11∶9∶76。

对引黄灌区、库井灌区进行全面续建配套和节水改造，自流灌区渠系水利用系数由 0.44 提高到 0.5，亩均综合灌溉定额由 509m^3 下降到 455m^3；扬水及库井灌区水利用系数由 0.6 提高到 0.65。单方水的粮食生产量由 0.6kg 提高到 1kg。

工业万元增加值取水量由 328m^3 下降至 170m^3，重复利用率由 45%提高到 60%。

完成 5 个地级市的污水处理设施建设，提高城市生活污水处理率，主要工业废水达标排放，中水重复利用率由 20%提高到 60%，水重复利用率由 45%提高到 60%。

封闭主要城市地下水超采区工业企业自备机井，城市水源地得到进一步保护，饮用水源水质达标率 100%。城市供水管网漏损率由 20%降至 15%。

控制人为造成的水土流失，治理程度达到 68%，基本遏制生态环境恶化趋势。

万元国内生产总值用水量由 1150m^3 下降到 590m^3。

（三）远景目标（到 2020 年）

完成扬黄灌区、库井灌区节水改造工程和支、斗渠量水设施配套建设，全区节水灌溉面积达到 720 万亩，实现农业节水 10 亿 m^3 的目标。

全区水土流失面积治理率 100%，进一步遏制荒漠化，提高森林覆盖率和城镇绿化率，使生态环境走上良性循环的轨道。

完成县城、中心城镇污水处理设施和工业企业废水处理装置建设，工业废水和城市生活污水全部实现达标排放，提高污水处理回用率，引黄灌区各排水沟入黄口水质达到地面水质Ⅲ类标准。

工业万元总产值用水量、农业亩用水量以及单方水的产出率均接近全国平均水平。

五、建设内容

根据 N 区的实际情况，从节水型社会管理体系建设、适水型经济结构体系建设、节水工程技术体系建设和节水行为规范体系建设等方面，确定本区节水型社会建设的主要任务。

（一）管理体系建设

（1）综合决策体系建设。完善政府负责、部门分工、密切合作的协调机制。把节水型社会建设规划纳入该区各级政府经济和社会发展的长远规划与年度计划。定期召开节水型社会建设联席会议，审议建设计划、协调解决重大问题、提高综合决策水平。

（2）法制体系建设。制定N区节水条例、水资源管理条例、用水定额、水价管理、农业用水水权交易、城市污水回收利用管理办法等地方性法规、政策，为依法用水、治水和节水提供法律保障。

（3）管理体制建设。进一步深化水务管理体制改革，推进城乡水务一体化管理。各级水务部门对水资源开发利用实行统一规划、调配、发放取水许可证、征收水资源费、管理水量水质。逐步建立统一领导、分级管理、职责明确、运转协调、行为规范的水资源统一管理体制。加强水务管理机构自身建设，大力推进水务管理现代化、监测标准化、监理规范化、宣传普及化、信息网络化，建立一支政治坚定、作风扎实、业务精湛、廉洁务实的水管队伍。

（4）运行机制建设。在政府宏观调控下，发挥市场在水资源配置中的基础性作用，完善民主决策程序，提高政策制定过程中的公开度和透明度，鼓励公众广泛参与水资源管理的各项工作，形成政府调控、市场引导和公众参与的运作机制。组建各类用水者协会，逐步建立分水和用水的民主协商、水价听证会、信息公布等制度，使用水者有知情权和发言权。

（5）信息系统建设。建立以信息管理、水量调度和防洪为主要内容的水务信息网络，重点建设全区防汛指挥、水资源管理决策支持和调配、节水管理信息、水质监测和评价、水土保持监测与管理、水利政务信息等系统，及时、准确、有效地提供信息服务。对区域水质变化趋势进行预测预报，建立早期预警制度，制定突发水污染事故处理预案，提高应对突发事件的能力。

（二）相关机制建设

（1）建立水资源有偿使用制度。建立健全以水资源有偿使用为核心的用水总量控制、取水许可、排污许可、水环境容量有偿使用等制度，运用价格杠杆调整用水结构。

（2）建立合理的水价形成机制。根据市场供求关系、产业调整方向、用户承受能力和供水成本，合理核定基本水价，逐步实现按成本收费。深化农业水费制度改革，加快“一费到田”、“一票到户”和“终端水价”改革步伐，切实减轻农民水费负担。城市生活供水实行定额内执行基本水价、超额用水累进加价以及节约有奖、转让有偿的阶梯式水价制。

（3）建立节水投入机制。坚持“谁投资谁受益、谁污染谁治理”的原则，进一步拓宽节水治污投融资渠道，引导企业和公众加大节水治污投资，鼓励民间资本参与节水治污产业开发。

（4）建立水权交易制度。提高全社会的水商品意识，培育和发展水市场。逐步建立符合区情的水权交易制度、交易规则和规范交易行为。允许水权拥有者通过水权交易市场，平等协商，将其节约的水有偿转让其他用户，形成合理利用市场配置水资源的有偿使用制度。

（三）经济结构调整

积极推进农业产业化，大力发展枸杞等四大战略性主导产业和优质稻麦等六大优势特色产业及一批区域性地方特色产品，扩大低耗水高收益作物种植面积。加快东部能源重化工、新材料产业基地建设和传统工业的改造升级，大力推进工业化。以省会城市建设为重点，实施中心城市带动战略，加快城市化进程。进一步调整和优化产业结构，形成以第一产业为基础、第二产业为主导、第三产业为支撑的经济格局。

（四）工程技术体系建设

建设一批灌区续建配套与节水改造工程、雨洪水及污水资源利用工程、城市供排水改造工程、生态建设与环境保护工程。

加强与科研院所的合作，从N区的四水（降水、地表水、土壤水、地下水）循环转化关系研究入手，分析研究该区引用、排泄和消耗的水资源量，以此为基础计算水资源的承载能力，建立区域水资源合理配置模型、确定生态和经济社会发展相互协调的水循环调控模型、水资源合理配置和生态环境修复的调控模型等。深入开展苦水、咸水、污水处理回用等非常规水源的开发研究与综合利用。开展人工影响天气研究，促进水资源合理配置和降水资源的高效利用。同时积极引进和推广适合于本区的新技术、新工艺、新设备。

（五）公众参与体系建设

充分利用广播、电视、报刊等新闻媒介，通过多种途径和方式，广泛开展宣传教育，使全社会转变用水观念，提高节水意识，使节水成为人们的基本行为准则。鼓励公众开展节水技术创新，把节水变为公众的自觉行动。

六、实施方案

（一）实施步骤

N区建设节水型社会分3个阶段。

(1) 典型示范阶段（2004～2010年）：重点进行节水型灌区、节水型城市（试点县）、节水型企业建设，改革水资源管理体制、运行机制及规章制度，积累经验，逐步推开。

(2) 重点突破阶段（2011～2015年）：全面推进节水型社会建设，初步形成节水型社会的框架。

(3) 全面建设阶段（2015～2020年）：完善各项制度，巩固建设成果，初步建成节水型社会。

（二）重点领域节水措施

1. N1区

N1区面积占规划区总面积的25%，是全区经济发展中心和全国商品粮生产基地之一，虽有得天独厚的引黄条件，但工程老化、用水量大、利用率低。年平均耗水量31.3亿m^3，占全区总耗水量的83%，人均耗水1020m^3，耕地亩均耗水645m^3，高于全国平均水平，有很大的节水潜力，是规划区节水型社会建设的重点地区。拟采取的主要节水措施如下。

(1) 农业节水方面。以提高灌溉水的利用效率为核心，加快基础设施更新改造，提高灌溉工程配套水平，结合农业结构调整和耕作制度改革，改进地面灌溉技术，大力推广水稻控制灌溉、小畦灌、膜上灌、沟灌、间歇灌、滴灌、喷灌等节水灌溉技术，同时利用水价等经济杠杆推动节水灌溉的发展，实现传统农业向现代农业的转变。

(2) 工业节水方面。结合产业结构调整、技术改造升级以及产品的更新换代，加强用水定额管理，积极推进清洁生产，发展循环经济、节水型产业和企业，加快节水技术的推广应用，提高污水处理和回用水平，使重点工业企业全部达到节水型企业标准，万元工业增加值取水量低于全国同行业的平均水平。

(3) 城镇生活节水方面。在保证不降低居民生活标准的前提下，加快城市供水管网技术改造，减少输配水损失和用水环节的跑、冒、滴、漏；推广节水器具，引导居民更换符合节水标准的生活用水器具；强化计划用水和定额管理，合理核定各类企业营业用水和居民生活用水定额，实行定额内用水价低、超定额用水加价的阶梯水价制度，减少浪费、控制用水。

2. N2 区

N2 区面积占规划区总面积的 53%，多年平均降水量 250mm，径流少、水质差，人均占有量 132.8m^3，耕地亩均占有量 13m^3，是整个规划区最为干旱缺水的地区，人畜饮水十分困难，荒漠化严重，生态系统退化。拟采取的主要节水措施如下。

以改善生态环境为目标，采取封山禁牧、退牧还草、围栏封育、飞播种草等措施，重点抓好以灌、草为主的植被建设，利用生态系统的自我修复能力恢复植被，增加林草覆盖度，控制荒漠化。以沙区边缘地带小型绿洲为依托，修建大口井、带子井、蓄水池等微型水利工程。调整优化农业结构，形成粮食作物、经济作物和饲草料作物的三元种植结构，大力发展草畜产业，努力建设成为规划区的畜牧业基地。

工业生产依托畜牧业资源和非金属矿产资源优势，发展肉食、皮毛、地毯为主的畜产品加工业和煤炭、白云岩、瓷土等矿产资源的开采和加工业，企业用水控制在定额之内。

城镇居民生活用水采取供水管网改造和节水生活器具推广以及实行阶梯水价等措施，减少损失和浪费，保证居民生活用水。同时有计划地对生活污水和工业废水进行处理回用。在农村通过修建水源工程，打井打窖蓄集雨水，解决人畜饮水困难。

3. N3 区

N3 区面积占规划区总面积的 22%，多年平均降水量 450mm，水资源人均占有量 382m^3，耕地亩均占有量 83m^3。水土流失严重，生态环境和农业基础条件脆弱，工业发展缓慢，城镇化水平低，人畜饮水困难，农村贫困人口多、分布面广，是国家重点扶贫开发地区之一。拟采取的主要节水措施如下。

以大流域为骨干，以小流域为单元，以治理水土流失为重点，以修建高标准梯田和沟坝地等基本农田为突破口。在改造配套库、井灌区和病险水库除险加固的同时，积极兴建库、坝、塘、窖等小型雨水积蓄设施，发展集雨节灌，解决人畜饮水困难。推广抗旱节水品种、地膜覆盖、秸秆还田、少耕免耕等节水增产技术。积极稳妥地实施退耕还林工程，大力发展草畜、马铃薯等后续扶贫支柱产业，实现以种粮为主向草畜产业为主的转变。

工业节水结合产业结构调整，依托优势农产品和非金属矿产资源，发展耗水少、无污染的绿色食品、饲草料和畜产品加工业。严格限制并关停高耗水、高污染、低效益的企业，将企业用水严格控制在规定的行业用水标准之内。

城镇生活节水结合县城供水扩建工程和小城镇建设，提高城镇供水能力和自来水普及率，推广普及节水器具，有效节约用水。在人畜饮水困难的农村，重点发展水窖，集蓄雨水，保障人畜饮水的安全。

七、保障措施

（一）切实加强领导，强化政府宏观调控作用

各级政府要把节水型社会建设列入考核目标，按照管理权限将建设任务分解到各职能部门，统一安排、密切配合，在纵向、横向两方面同时推进，真正做到责任、措施和投入三到位。实行首长负责制，各级政府都要成立由主要领导任组长，水务、发改委、财政、科技、农牧、林业、经委、环保、城建等职能部门负责人为成员的领导小组，负责协调各方面的关系，制定相关政策，确定发展目标和建设重点，安排建设资金，及时研究解决建设过程中出现的重大问题。领导小组下设办公室，负责日常工作。

（二）拓宽筹资融资渠道，建立稳定的投入保障机制

在积极争取国家有关部门专项经费支持的同时，加大地方配套资金的筹措力度，确保用于节水型社会建设的财政支出与全区财政支出同步增长。加快利用市场机制筹措建设资金的步伐，鼓励区内外社会各界积极参与城镇供水、节水灌溉、中小型水电、污水处理等项目的投资建设和经营管理。对于投资少、见效快的农村小型水利工程和水土保持、生态建设等项目，采取“官助民办”方式，由政府适量补助，受益者自筹解决。逐步采取租赁、承包经营等方式，盘活存量资产。建立以国家和地方政府投资为主，以企业和社会投资为辅，积极引进外资的多元化投融资体系。

（三）组建专家委员会，为节水型社会建设提供咨询服务

聘请国内相关科研院所的知名专家组成专家指导委员会，为制定节水型社会的总体规划、政策措施和重大技术问题提供咨询服务。针对建设中出现的重大技术问题，积极开展科学研究，进行科技攻关，研制、开发、推广节水新技术、新产品，为节水型社会建设提供技术支撑。

（四）加大执法力度，依法保护建设的正常秩序

认真贯彻落实《中华人民共和国水法》、《中华人民共和国水土保持法》、《中华人民共和国环境保护法》、《中华人民共和国排污法》等有关法律，配套、完善地方性法规。积极开展法制教育，普及法律知识，用法律规范全社会的取水、用水、节水行为，不断提高全民的法制观念，强化法律监督，依法查处和打击各种违法犯罪行为，创造良好的法制环境，为节水型社会建设提供法律保障。

（五）严格控制人口增长，减轻水资源压力

全面贯彻计划生育方针，大力提倡优生优育，完善计划生育利益导向机制，对实行计划生育的家庭按规定进行奖励和补助，在扶贫进村入户项目中予以重点扶持。对生存环境恶劣的地方，有计划地实行生态移民。通过劳务输出，引导农民向乡镇和城市转移，合理调整人口布局，减轻水资源的压力，实现人口、资源、环境协调发展。

八、建设效果评价体系

（一）效果评价内容

（1）宏观整体评价。节水型社会建设是与经济社会发展和生态系统保护相互关联、协调统一的社会经济活动。建设节水型社会，必将引起经济社会、生态环境和资源配置的变

化。其整体效果需要从宏观层面上进行评估。

（2）微观节水评价。节水型社会建设前后的具体变化，直接体现在用水量的减少和用水效益的提高方面，其具体效果需要从微观层面上进行评估。

（二）评价指标

1. 宏观评价指标体系

宏观整体评价主要从经济社会发展、资源状况和生态系统等 3 个方面进行评估。其具体指标体系包括：发展模式、发展速度、居民生活水平、用水秩序、社会参与程度、资源、天然生态系统评价等内容。

2. 微观评价指标体系

微观节水评价主要从综合用水效益和各个产业用水效益两个方面进行评估。其具体指标体系包括：综合、农业节水、工业节水、生活节水、生态用水评价指标等内容。

（三）评价时间

根据节水型社会建设进度，分 3 次进行。第一次评价在典型示范阶段结束时进行，第二次评价在近期目标完成后进行，第三次评价在实现节水型社会建设目标后进行。

（四）评价方式与组织领导

由 N 区人民政府和国家水利部共同组织，邀请国家有关部门领导、国内水利、农业、林业、生态、环保、经济等方面的专家，组成检查评估组，按照预先设定的评价指标体系，进行评估验收、写出评价报告。

综上可以看出，节水型社会建设确实是一项复杂系统工程，其内容包括工业节水、农业节水和生活节水，而不论是工业、农业还是生活节水，都需要法律、行政、经济、技术等多种手段联合运用，既与自然科学有关，也与社会科学、管理科学有关，综合性极强。而回顾全书，还不难发现，前 7 章的内容在节水型社会建设规划中均得到了体现。因此，本书最后一章既是对节水型社会建设这个当前政府和公众关注的热点问题的探讨，也是对全书内容的贯通和总结。

参 考 文 献

[1] 董辅祥，董欣东．城市与工业节约用水理论．北京：中国建筑工业出版社，2000.

[2] 崔玉川主编．城市与工业节约用水手册．北京：化学工业出版社，2002.

[3] 董增川．水资源规划与管理．北京：中国水利水电出版社，2008.

[4] 姜弘道，董增川，郑垂勇，等．水资源需求管理概论．南京：河海大学出版社，2009.

[5] 祁鲁梁．我国节约用水的现状、措施和发展趋势．中国发展研究基金会2005高层论坛．2005.

[6] 全国节约用水办公室．全国节水规划纲要及其研究．南京：河海大学出版社，2003.

[7] 常明旺，孔繁荣，谷太华，等．工业企业水平衡——测试、计算、分析．北京：化学工业出版社，2007.

[8] 常明旺，李贵宝，张永爱，等．工业用水标准化及用水定额．北京：中国标准出版社，2008.

[9] 国家发展和改革委员会环境和资源综合利用司．工业企业取水定额国家标准实施指南（一）．北京：中国标准出版社，2003.

[10] 林洪孝．用水管理理论与实践．北京：中国水利水电出版社，2003.

[11] 张凯．水资源循环经济理论与技术．北京：科学出版社，2007.

[12] 冯尚友．水资源持续利用与管理导论．北京：科学出版社，2000.

[13] 张会艳．我国城市生活节水对策及其有效性分析．北方环境，2004，29（5）：12-14.

[14] 李本高，汪燮卿．污水回用技术进展与发展趋势．工业用水与废水，2006，37（4）：1-6.

[15] 罗金耀．节水灌溉理论与技术．武汉：武汉大学出版社，2003.

[16] 吴普特，牛文全．节水灌溉与自动控制技术．北京：化学工业出版社，2002.

[17] 李宗尧．节水灌溉技术．北京：中国水利水电出版社，2004.

[18] 郭宗楼．节水灌溉工程．杭州：浙江大学出版社，2008.

[19] 万育生，张继群，姜广斌．我国水资源管理制度的研究．中国水利，2005（7）：16-20.

[20] 国家质监局，国家标准化委员会．企业水平衡测试通则（中华人民共和国国家标准GB/T 12452—2008）．北京：中国标准出版社，2008.

[21] 国家质监局，国家标准化委员会．节水型企业评价导则（中华人民共和国国家标准GB/T 7119—2006）．北京：中国标准出版社，2006.

[22] 徐建新，陈南祥．北方山丘区集雨节灌综合技术研究与应用．郑州：黄河水利出版社，2006.

[23] 水利部农村水利司．雨水集蓄工程技术．北京：中国水利水电出版社，1999.

[24] 车武，李俊奇．城市雨水利用技术与管理．北京：中国建筑工业出版社，2006：12-13.

[25] 胡继连，葛颜祥，李春芳．城市雨水资源化利用政策研究．山东社会科学，2009（1）：80-84.

[26] 唐小娟．关于中国雨水集蓄利用发展前景的几点思考．中国农村水利水电，2009（2）：52-54.

[27] 全新峰，张克峰，李秀芝．国内外城市雨水利用现状及趋势．能源与环境，2006（1）：19-21.

[28] 曹书珍，郭爱枫．浅析城市雨水利用的发展．水土保持应用技术，2008（2）：23-24.

[29] 金龙，王志标．我国城市雨水利用适用技术．市政技术，2007，25（1）：51-56.

[30] 杜玉柱，宋松柏．我国城市雨水利用存在问题及对策探讨．山西水利科技，2007（4）：68-69.

[31] 曹永强，田富强，胡和平．雨水资源综合利用研究．中国农村水利水电，2004（11）：45-46.

[32] 阮国岭，冯厚军．国内外海水淡化技术的进展．中国给水排水，2008，24（20）：86-90.

[33] 何炳光．我国海水利用现状、问题及对策建议．节能环保，2004（4）：14-15.

[34] 周洪军．我国海水利用业发展现状与问题研究．海洋经济，2009（4）：19-23.

[35] 《节水型社会建设标准指南》编写组. 节水型社会建设标准指南. 北京：中国水利水电出版社，2007.
[36] 王树雨. 沈阳市节水型社会建设规划. 郑州：黄河水利出版社，2007.